U0160476

数据链理论与技术

主　编　谢　伟　黄　健
副主编　何　俊　苏　芮

科 学 出 版 社
北　京

内 容 简 介

本书围绕数据链基本理论和关键技术，首先介绍数据链的基本概念、组成功能和技术体系架构；然后围绕数据链信息传输技术、组网技术、信息融合技术和网络管理技术深度剖析数据链采用的技术点位和在数据链中的应用，并以 Link-16 和 Link-11 波形协议为例，系统性地阐述了这两种数据链的信息流程、工作方式、组网运用等内容；最后以军事应用需求为牵引，分析了数据链能力发展方向和技术发展需求。

本书可作为高等学校通信工程、电子信息类等专业本科生及研究生的教材，也可作为从事数据链管理、维护的工程技术人员的参考书。

图书在版编目(CIP)数据

数据链理论与技术 / 谢伟，黄健主编. — 北京：科学出版社，2023.3
ISBN 978-7-03-075177-5

Ⅰ. ①数… Ⅱ. ①谢… ②黄… Ⅲ. ①数据链理论－研究
Ⅳ. ①TN919.1

中国国家版本馆 CIP 数据核字(2023)第 043505 号

责任编辑：潘斯斯 张丽花 / 责任校对：王 瑞
责任印制：张 伟 / 封面设计：迷底书装

科学出版社出版
北京东黄城根北街 16 号
邮政编码：100717
http://www.sciencep.com
天津市新科印刷有限公司印刷
科学出版社发行 各地新华书店经销
*
2023 年 3 月第 一 版 开本：787×1092 1/16
2023 年 8 月第二次印刷 印张：13 1/2
字数：320 000

定价：59.00 元

(如有印装质量问题，我社负责调换)

编 委 会

主　编：谢　伟　黄　健
副主编：何　俊　苏　芮
参　编：王　敏　宋孝先　程永靖
张友根　吴健平　袁山洞
周　晗　任　云

前　　言

第二次世界大战(简称二战)后，随着作战空间由地面逐步向空中和海上拓展，各类喷气式飞机、导弹等高机动性武器的出现，以及雷达等新式探测装备的迅速发展和广泛运用，传统的话音通信在实时性、精确性和直观性等方面已无法满足作战指挥的需求。作为一种特殊的信息系统，数据链能够实现陆基、空基和海基等多类平台的快速高效信息交换，为作战指挥人员和战斗人员提供直观的战场态势，达成高效指挥控制活动。数据链的出现和广泛运用，使信息的获取途径、传递速度、处理效率产生了质的飞跃，对丰富作战样式、变革指挥方式、拓展作战范围、提升作战效能产生了极大的推动作用。随着智能化、无人化时代到来，数据链是主战武器平台接入作战体系关键的“链接”手段，是构建未来分布式动态“杀伤链”的神经系统，是催生未来作战样式发展演变的重要推动力量。

为使读者在较短时间内对数据链形成初步的认识和理解，激发深入学习和探索数据链知识的热情，编者查阅了大量国内外文献资料，梳理总结了数据链基本理论和关键技术，提炼升华了教学科研中最新理论研究成果，集中力量编写了本书。

本书共分 7 章，重点围绕典型战术数据链系统的基础理论和关键技术进行全面的论述。其中，第 1 章数据链概述，主要介绍数据链系统基本概念、组成功能、数据链技术体系架构等；第 2 章数据链信息传输技术，从信道特性、调制/解调技术、扩频调制技术、编码/译码技术出发，介绍数据链通信信道的相关知识和理论；第 3 章数据链组网技术，介绍典型数据链网络拓扑结构、多址技术基本原理以及典型数据链系统的组网方式；第 4 章数据链典型波形协议，介绍了 Link-16 和 Link-11 两种数据链典型波形协议；第 5 章数据链信息融合技术，重点介绍数据链中的相对导航技术、数据融合与数据关联技术、航迹管理与航迹融合技术；第 6 章数据链网络管理技术，介绍数据链网络规划技术和数据链网络监控管理技术；第 7 章数据链发展趋势，介绍新型作战概念发展趋势、数据链能力和技术的发展需求。

数据链系统是一个新兴、复杂的系统，其理论研究和运用涉及的范围很广，相关的技术和装备都在不断发展，需要探讨和研究的问题很多，加之编者理论水平有限，书中难免存在不妥之处，敬请读者批评指正。

编　者

2022 年 12 月

目　　录

第 1 章　数据链概述

现代作战是陆、海、空、天、电多域一体的综合性体系对抗，在广阔的作战区域内，敌我双方数量众多的武器平台交织在一起，情况和位置复杂多变，各级指挥机构和指挥员必须实时掌握敌我态势，了解所属部队和武器的最新状态，聚合作战单元形成合力。数据链是适应作战需求牵引和信息技术发展的产物，它的出现和广泛运用，使信息的获取途径、传递速度、处理效率产生了质的飞跃，对丰富作战样式、变革指挥方式、拓展作战范围、提升作战效能产生了极大的推动作用。

1.1　基 本 概 念

现代作战中，对指挥控制系统、传感器平台和武器平台一体化运用要求越来越高，各军兵种作战部队、舰船、飞机等作战平台之间需要快速传送情报信息和交战指令，各级指挥员要实时共享战场态势，实现快速精确的联合作战行动。数据链实时、高效和自动传送格式化消息的特性，能够形成贯通预警探测、指挥控制、火力打击、电子对抗的战术信息保障链路，为各级指挥员、战斗员提供实时高效可靠的态势共享、指挥引导与控制、战术协同手段。外国军事专家认为：数据链是未来作战武器装备的生命线，成为整合未来军队作战力量的黏合剂，提高部队战斗力的倍增器。

1.1.1　产生背景

数据链是军事作战需求和军事信息技术发展的产物。在数据通信技术出现之前，战场作战平台间的战术信息传输以模拟通信为主，战场指挥员以话音方式向战机飞行员、战舰驾驶员或单兵下达作战命令，协调指挥战场作战。该阶段军兵种作战战场相对独立，各自完成较为单一的作战任务，传输信息以战术指挥指令为主，信息种类和信息数量少，模拟体制的话音通信方式基本上能满足作战需求。

二战后，随着喷气式飞机、导弹等高机动武器平台的出现和雷达等各类传感器的迅速发展和广泛应用，使得陆、海防空及空中作战的节奏大为加快，新型作战飞机可达到数倍音速以上，敌我态势瞬息万变，当遇到多架飞机不断地改变航向或多架飞机同时交战时，指挥员仅仅依靠无线电话音持续通报敌机飞行线路和状态，并引导己方作战平台交战已经十分困难了。同时，雷达等新式传感器的发展与广泛运用，产生的战场信息种类不断增加，规模不断扩大，对信息的实时性要求日益迫切，难以通过简单的话音报告来传递情报。另一方面，计算机技术、通信网络技术和信息处理自动化技术的发展，使作战平台间以格式化报文的方式迅速地交换自身的位置、状况以及所获得敌情信息，同时将各类情报数据及作战指令处理后，以格式化报文方式，使用无线电信号传送给相关作战平台，直接自动控制作战平台任务系统，或以图形的形式直观呈现在显示系统上，使各级指挥员及时掌握战场态势并采取相应行动成为可能。而话音只能在接收方人员头脑中形成抽象的概况态势，或者由人工将话音的信息转成文字或符号，再标注到图板上形成战场态势图，除耗费人力外，在时效性或数据更新率上远远不能满足现代作战要求。

以航空作战为例，从作战装备的性能发展看：执行作战任务的战斗机从二代螺旋桨飞机、三代喷气式飞机到四代隐身超声速飞机，巡航速度、机动性能越来越高；雷达等探测设备从二坐标雷达、三坐标雷达到相控阵雷达，探测距离、探测跟踪目标数越来越大，探测精度越来越高；实施打击的导弹等武器从一般武器发展到精确制导武器，探测、定位、跟踪目标的精度越来越高。从作战模式的发展看，从军兵种独立作战到联合作战，从空中近距交战到超视距、防区外攻击，作战平台数量、作战距离、攻击目标数越来越大。这些作战需求的变化，对战术信息的快速、高效、自动传输提出了新的要求。

另外，相关资料指出，现代战争“先敌发现，先敌攻击”的条件在于信息优势。美国军方及战斗机飞行员认为，决定现代空战结果的主要因素，既不是飞机的灵活性，也不是武器的射程，而是在整个作战过程中获得和保持比敌方更全面、更准确的态势感知(Situation Awareness，SA)能力，即飞行员拥有动态的空中态势图，包括己方和敌方所有参战单元位置、航向以及航速等。信息优势需求同样对战术信息的通信传输提出了新的要求，如表 1-1 所示。

表 1-1　作战需求与战术信息通信需求关系

作战战场		作战需求	通信需求
作战装备	战斗机：二代→三代→四代(无人平台)	巡航速度↑ 机动性能↑ 作战范围↑ 信息容量↑	实时性↑ 高效性↑ 精确性↑
	雷达：二坐标→三坐标→相控阵	探测距离↑ 探测精度↑ 探测目标数↑	信息量↑ 信息内容↑ 信息粒度↑
	武器：一般武器→精确制导武器	打击精度↑	实时性↑ 信息粒度↑ 信息精确性↑
作战模式	军兵种独立作战→联合作战 近距交战→超视距、防区外作战→多域联合作战	平台数量↑ 作战距离↑ 目标类型↑	通信容量↑ 传输距离↑ 信息类型↑
作战理念	平台优势→信息优势	态势感知能力↑	实时性↑ 信息量↑

针对不断发展的作战需求，传统通信方式在时效性和准确性方面存在很大问题。主要表现如下。

(1) 传递的信息类型有限。早期的战术信息以指挥控制指令为主，很少传输空情、地理环境、天气环境等保障信息，更无法传输图像。因此作战平台使用人员获得的信息量很小，难以对战场态势的敌、我、友状态全面掌握，限制了单平台作战能力的发挥。

(2) 传递的信息量有限。模拟体制下多采用人工操作的方式处理、传输战术信息，此时作战人员成为“接口”，受限于人工处理、存储与显示能力，传输信息数量、传输信息内容、传输信息粒度明显受限。

(3) 信息处理速度有限。战术信息依靠作战人员进行人工处理，速度慢，无法实现自动和快速处理。

(4) 信息传递的实时性有限。依托人工的处理方式，使得一次通信时间至少在秒级以上，信息的“保鲜度”低，难以适应现代快速作战要求。

(5) 通信容量有限。通信容量的直接反映是指挥引导容量。受话音通信设备和指挥人员人工指挥方式的限制，每个指挥控制台最多可以同时完成几批战机的指挥引导任务，指挥引导容量较小，无法组织实施大规模、多任务的空战。

(6) 信息传递的距离有限。话音方式传输距离无法自动实现超视距，需要依靠地面通信网等其他通信装备的辅助才能实现。

话音通信与现代空战通信需求的对比如表 1-2 所示。从表中看出，模拟通信技术无法满足现代空战对实时性、信息种类、传输带宽、通信容量、抗干扰等通信传输性能的要求。20 世纪 50 年代开始发展的数据通信技术，具有强大的数据处理能力和自动化能力等优点，能够形成自动处理数据、自动高速传输数据的通信链路，提供新的数据通信性能，满足现代空战新的作战需求。

表 1-2　话音通信与现代空战通信需求对比

对比项	话音通信性能	通信需求
通信的信息类型	指挥控制指令、攻击目标	指令、态势、图像
通信的信息量	很低	较高
通信处理速度	人工处理，速度慢	自动、快速处理
通信的实时性	秒级以上	秒级以下
通信容量	≤3 批飞机	>3 批飞机
通信效果	指挥人员指挥控制能力低	指挥人员高效的指挥控制能力
	飞行员态势信息感知能力差	飞行员大量态势的实时感知能力
	飞行员作战能力发挥不充分	

可以说，数据链是战争形态和信息技术演进发展到一定历史阶段的产物，是作战需求牵引和信息技术推动共同促成的结果，它的出现和广泛运用，使信息的获取途径、传递速度、处理效率产生了质的飞跃，对丰富作战样式、变革指挥方式、拓展作战范围、提升作战效能产生了极大的推动作用。其中数据链系统装备是数据链系统功能和技术特征的物化载体。

1.1.2　定义与内涵

1. 基本定义

准确地理解数据链的定义和基本概念，要从以下几个相关概念进行认识。

1) 数据

数据，是对一切事物的本质运动及其外在形态变化的数字化表述。数据由数字、字母和符号等组成。在军事领域中，数据是对部队、人员、装备、物资、设施、位置、态势、情报、指挥、行动、军语和报文等与军事活动密切相关的信息的数字化表述。数据可以表述事物的形态，如一架飞机在空中飞行，它的高度、速度、航向、空间位置、外表形状等。数据可以反映事物的变化，如侦察监视敌方电磁信号多少、飞机起落的架次、舰艇活动的范围等。数据可以控制事物的运动，如下达“向×号高地发起进攻”“击毁××目标”等命令，都可以变成一串串数据直接传递到部队或武器平台，指挥控制部队或武器平台实施作战。可以说，从人们的日常生活，到国家的政治、经济活动，以及军队的各种行动，都离不开数据的支持。

2) 数据通信

数据通信，是按照一定的通信规定或协议在计算机或数字设备之间完成数据的传输、交换、存储和处理的整个通信过程。数据通信的三个最基本要素是：数据终端、通信设备和标准规定。数据终端是数据通信的核心，将话音、图像、文字、数字等各类信息内容转换成数字信号；通信设备是数据通信的基础，传递、交换和处理数据信息；标准规定包括数据编码规则、通信组网协议等，是数据通信的灵魂，它将各类信息统一变成计算机和通信设备能识别、交换和处理的数据或联网的标准。数据通信，是世界上发展速度最快、内容最丰富、应用领域最广泛的通信方式。目前，地球上最大的数据通信网是国际互联网。

3) 数据链

数据链起源于美军，美军认为：“战术数字信息链路通过单网或多网结构和通信介质，将两个或两个以上的指控系统武器系统链接在一起，是一种适合于传输标准化数字信息的通信链路，也简称为 TADIL”。近年来，国内的相关研究人员从不同的角度，对“什么是数据链”进行过多种表述。比较一致地认为：“数据链是按照统一的消息标准和通信协议，主要以无线信道链接指挥控制系统、传感器平台和武器平台，实时处理、分发战场态势、指挥控制、战术协同、武器控制等格式化消息的信息系统”。

从字面来看，“数据链”这个词由“数据”和“链”组成。“数据”主要是数据链网络内各类传感器获取的目标信息、武器平台发出的状况信息，以及各类指控系统产生的指控信息。有统计表明，实时性很强的目标位置类信息，在战场传递的战术信息中超过了 80%。这类特殊信息要求传输实时、应用即时。数据链就是针对这种需求，遵循特定的数字编码标准，对战术信息进行统一、简明的格式化表述，并形成消息标准体系。格式化消息便于机器直接识别和处理，提高了信息表达和传输效率，比如一条空中航迹消息就可以包含有经度、纬度、高度、航向、速度、飞行员代号、编队内架数等含义丰富、无歧义的信息，加上纠检错等冗余信息后依然可以在毫秒级的时间内发送完毕，接收方接收后可以由机器按照统一的消息标准进行自动解析和处理，解决了传统的话音通信系统传输效率低、速度慢、难以自动处理等问题。

就“链”而言，与“食物链”等其他形式的链类似，数据链同样具有一定的链接对象、链接手段和链接关系。从链接对象来看，主要是处于某一区域内的各种机动武器平台、各类传感器和各级指控系统。由于数据链从数据的读取、传输、处理到使用都是通过机器自动进行，因此，作战平台本身具有数字化、信息化的物质基础，是成为数据链链接对象的基本条件。从链接手段来看，由于数据链主要用于机动环境，因而无线通信是数据链主要的通信手段，如短波、超短波、微波和卫星等。从链接关系来看，是根据作战任务的需要，实时传输敌、我双方的目标航迹信息，或发送战术动作指令，而在各武器平台与指挥控制平台之间构成的战术组合关系，如空空协同、舰空协同、舰舰协同、对空指挥引导等。

此外，对数据链的定义还有很多，下面列出几种有代表性的定义供读者参考。

定义一：数据链是在传感器、指控系统和武器平台之间，实时传输和处理战术态势、指挥控制、战术协同等格式化消息的战术信息系统。

定义二：数据链由数据链系统地面支撑网、数据链系统组网中心系统、机动式/固定式地面站，以及指挥所、武器平台和传感器平台数据链系统应用系统等组成，主要担负指挥所、武器平台和传感器平台间态势共享、指挥控制、战术协同、武器协调等实时格式化消息，以及自由文电和数字话音的传输和处理。

定义三：战术数字信息链是经参谋长联席会议批准的、适合于传输数字信息的一种标准化通信链路。战术数字信息链路采用一种或多种网络体系结构及多种通信手段，连接两个以上指控或武器系统，用于交换战术信息。

定义四：战术数据链是一种采用格式化消息集和通信设施，适合于为指挥控制和武器引导而连接两个以上不同位置的相同或不同的计算机化战术数据系统，传输数字信息的标准化信息交互系统。

表 1-3 分别从作战效能、战术功能、关键技术等不同角度对数据链进行阐述。根据数据链产生原因的分析，数据链是基于数据通信技术、支持多个作战平台完成作战任务的一种军事通信系统。因此，数据通信技术是数据链的核心，通信是数据链的本质内涵。

表 1-3　关于数据链定义的多种描述

序号	对数据链的描述
1	数据链是武器装备的生命线，是战斗力的“倍增器”，是部队联合作战的“黏合剂”
2	数据链是现代战争的“神经网络”
3	数据链是获得信息优势，提高作战平台快速反应能力和协同作战能力，实现作战指挥自动化的关键设备
4	数据链是全球信息栅格的重要组成部分，也是实施网络中心战的重要信息手段
5	数据链是链接数字化战场上的传感器、指挥中心、武器平台、作战部队的一种信息处理、交换和分发系统
6	数据链通过无线信道实现作战单元数据信息的交换和分发，采用数字相关和信息融合技术来处理各种信息
7	数据链是采用无线电通信装备和数据通信规程，直接为作战指挥和武器控制系统提供支持、服务的数据通信与计算机控制密切结合的系统
8	数据链是采用网络通信技术和应用协议，实现机载、陆地和舰载战术数据系统之间的数据信息交换，从而最大限度地发挥战术系统效能的系统
9	数据链是一种按照统一的数据格式和通信协议，以无线信道为主对信息进行实时、准确、自动、保密传输的数据通信系统或信息传输系统
10	数据链是一种链接各种作战平台、优化信息资源、有效调配和使用作战“资源”的信息系统
11	数据链采用无线网络通信技术和应用协议，实现海陆空三军战术数据系统间的实时传输，使战区内各种指挥控制系统和各种作战平台无缝链接、融为一体，最大限度地提高作战效能，实现真正意义上的联合作战

此外，从定义中可以进一步分析数据链的基本内涵。

一是格式化消息，解决“传什么”的问题。数据链系统传输的内容是特定的作战信息，这些信息都按照统一的标准进行简短、扼要的数字化表述，因而提高了信息表达效率，便于机器直接识别、快速处理，也是多军种信息共享的基础。格式化消息由作战需求所确定，它规定了数据链系统传送的信息内容，因而实质上决定了数据链系统的作战使用功能。

二是实时化传输，解决“怎么传”的问题。数据链系统传输的目标信息和各种指挥引导信息实时性很强，如果不在规定的时间内完成处理和传输，这些信息将失去意义。数据链系统利用短波、超短波、微波和卫星等多种信道，采用高效、简明的通信协议，通过灵活的组网方式、直达的传输路径，从而保证了信息传输的实时性。如预警机获取敌机信息后，以广播方式，可即时传到所有的地面有关指挥所。

三是一致化时空，解决“传得准”的问题。为实现各作战平台的高精度定位和目标航迹的统一，数据链系统各参与单元采用共同的时间、空间基准，利用到达时间进行精密测距和数据处理，实时、精确的确定自己的时间、位置、速度、航向；在此基础上，提高对雷达目标的数据融合处理精度，实现目标航迹的统一。时空一致化，为达成跨平台时空一致的信息共享，进行各种条件下精确定位、导航和武器打击奠定了基础，为联合作战创造了有利条件。

四是一体化链接，解决“传给谁”的问题。数据链系统通常直接嵌入传感器、武器和指挥控制平台(简称指控平台)，同信息获取或信息处理设备紧密结合，实现自动控制、在线显示。通过数据链系统，地面指挥所可控制机载雷达开机时机，控制雷达天线对准目标扫描，还可控制飞机自动驾驶仪；机上的显示器能够为飞行员提供战场敌我态势、飞行航路、目标位置、目标分配及投弹点等直观图形和相关数据等信息。单个平台的局限性，通过数据链系统这个纽带，可以利用其他平台资源加以有效克服，从而形成体系对抗能力。

2. 链接对象

数据链是链接信息化、智能化战场上的不同类型作战平台(传感器平台、指挥控制平台和武器平台)，处理和传输(交换、分发)战术消息(态势消息、平台消息和控制指令等)的网络化信息系统。数据链设备主要搭载于传感器平台、指挥控制平台和武器平台上并通过作战平台发挥作用。

1) 传感器平台

传感器平台是数据链系统的情报信息源，分为侦察监视和预警探测两大类平台，为系统提供侦察监视情报信息和预警探测情报信息，通过数据链将各类情报信息进行共享。

例如，侦察监视类传感器平台主要包括侦察机、无人机、气球、侦察卫星以及技侦设备等，其示例如图 1-1(a)所示。该类平台的作用是：搜集、积累、掌握敌方的基本信息，为制定战略决策提供信息依据；战时及时发现、定位、识别和确认目标，有效地支撑作战决策；战后评估打击效果。从应用层面上讲，它主要用来侦察敌方意图、作战编队、作战装备、作战能力、兵力部署、防御工事和障碍、作战特点、指挥机构和通信枢纽位置，以及作战地区的地貌、气象、水文等情况。

预警探测类传感器平台主要包括雷达、预警机、电子对抗飞机等，对特定区域实施目标警戒，能够及早发现、识别和跟踪各种目标，为作战部队提供足够的预警时间。平时可用于对周边国家的监视，或对某一特定地区的监控；战时可用于多种预警探测传感器组成的防空预警网络可执行防空预警任务。以预警机为例，它是一种特殊用途的飞机，其主要任务是对空中目标的警戒监视和对空中作战的指挥控制，综合实现巡逻警戒、指挥、控制等功能，是预警探测传感器的重要组成部分，如美军 E-3 预警机，如图 1-1(b)所示。

(a)“全球鹰”侦察无人机

(b)E-3 预警机

图 1-1　传感器平台示例

2) 武器平台

武器平台主要包括陆基、海基、空基和天基等武器平台，它是作战任务的具体执行者，遂行拦截、攻击、干扰等不同作战任务。其中，陆基武器平台以坦克、战车、防空高炮和导弹为代表，海基武器平台以航母、驱逐舰、护卫舰和潜艇为代表，空基武器平台则以各类三代、四代飞机为代表，天基武器平台以卫星武器为代表。如图 1-2 所示，美军 F-22、F-35 为代表的第四代战机，是以隐身、超声速巡航、超机动性、高度综合的航电系统为主要特征的新一代空中武器平台。

图 1-2　美军第四代 F-22 战斗机

3) 指挥控制平台

指挥控制平台是实施作战决策、指挥控制、兵力运用的核心，包括各级各类地面指挥所和机动指挥所等，它们分散在陆、海、空等不同地理空间，通过数据链链接成一个作战整体，快速交互作战信息，共同完成作战任务，如图 1-3 所示。其链接关系反映各作战平台之间的战术组合关系，如分布在空中某一区域的飞机编队、分布在海上某一区域的舰艇编队等。数据链与作战平台的链接关系有两种：一是链接异类型平台，将异类型平台组网，如图 1-3 中椭圆链接的传感器平台、武器平台和指挥控制平台；二是链接同类型平台，将多个同类型平台组网，如图 1-3 中指挥控制平台的圆形代表链接多个指挥控制平台。

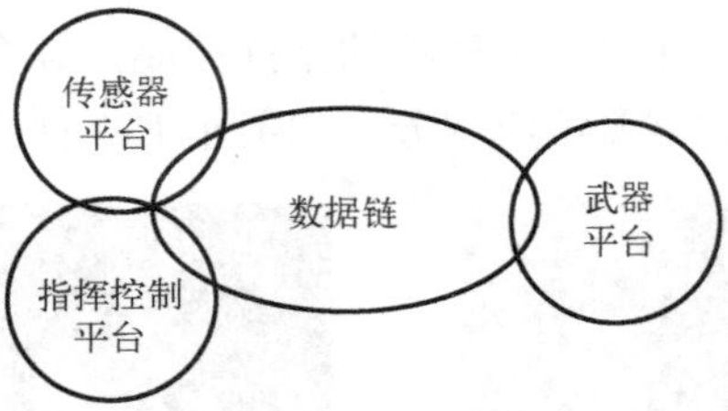

图 1-3　数据链与作战平台的链接关系

随着数据链技术的发展和新型作战平台的出现，数据链链接平台的种类将扩展，链接关系复杂度将增加，数据链系统网络的边界将延伸。

3. 传递信息

各类平台搭载的不同载荷设备会产生相应类型的战术信息，如传感器平台搭载的雷达设备产生目标探测消息，指挥控制平台搭载的指控软硬件设备产生指挥控制消息等。数据链将各平台所产生的战术消息进行自动化传输与共享。目前，数据链在平台间传输的消息主要包括战术消息和管理消息两大类。

1) 战术消息

战术消息是数据链传输的主要消息，所占比重很大。战术消息产生于作战平台，与作战任务相关为不同的战术任务，其战术消息类型和内容就不同。基本消息类型包括目标探测消息、态势消息、平台状态消息、指挥控制消息等。

传感器平台所获取的目标探测消息分为预警探测消息和情报侦察消息。情报侦察消息是对敌方阵地、战略要地及重要设施的探测消息，包括敌方兵力部署、武器配置、武器性能、地形地貌气象情况等；预警探测消息是对警戒距离内全天候的目标探测消息，包括目标定位、目标参数、目标属性等。态势消息是对目标探测消息融合处理后得到的相对更为精确的目标信息，如目标位置、航向、速度等。平台状态消息表示武器平台自身的状况参数，如飞机位置、航向、速度、油量以及挂载武器状态等。指挥控制消息是指挥人员对武器平台发送的引导控制指令，如左转、开加力、接敌等。

根据战术任务，战术消息还将包括电子战、控制交接、战术协同等消息。数据链的任务功能越复杂，所传输的战术消息种类就越多。

2) 管理消息

管理消息是维护数据链正常运行的消息，一般由管理控制中心产生，如网络管理消息和信息管理消息。网络管理消息对数据链通信网络进行初始化、模式控制、运行管理和维护；信息管理消息对情报消息进行合批、分批、变更等处理。

需要说明的是，在传递各类消息的基础上，数据链通过数据、文本、话音等方式进行传递，但数据链中传递的内容是一种标准化、格式化的战术和管理类消息，消息类型与作战应用密切相关，消息类型多样，消息类型可扩展等。数据是数据链的主要通信业务，以战术消息为主。例如，Link-4A 数据链提供数字化舰对空战术通信，传输 12 种 V/R 系列消息，其通信传输速率为 5Kbit/s；Link-11 数据链提供数字化地海对空和空对空的战术通信，传输 M 系列消息，其通信传输速率小于 3Kbit/s。另外，话音、字符、文字经过信源编码后，在数据链中也以数据业务形式进行传输。话音是模拟通信的主要业务，但在数据链中通常编码为数字话音信号进行传输。例如，Link-16 数据链提供数字化地、海、空平台间的信息分发和战术通信，可同时传输 J 系列战术消息和两路数字声码话音。

在军事作战中，对一些特殊、紧急、提示性的战术消息，都要生成文本业务进行传输，数据链中通常称为自由文本消息。字母、符号、数字、控制符等字符编码(如 ASCII 码、BCD 码)，以及汉字编码(如区位码)等，都属于文本业务。

1.1.3　基本分类

根据应用领域，数据链有军用和民用之分。民用数据链应用于民用航空领域，如 ADS-B 系统自动广播航班位置和速度信息；军用数据链应用于战场作战领域，如战术数据链和宽带数据链传输作战指令和侦察情报。

(1) 按使用信道种类的数量划分，可分为多信道数据链和单信道数据链。例如，美军的 Link-11、Link-22 属于多信道数据链，可使用 HF 信道、VHF、V/UHF、卫星等信道组网；美军的 Link-16 属于单信道数据链，仅工作于 Lx 频段。

(2) 按使用信道频段划分，可分为 HF 数据链(如 Link-14)、VHF 数据链(如 VDL-2 空中交通管理数据链系统)、UHF 数据链(如 Link-4/Link-16)和卫星数据链(如 S-CDL 卫星情报侦察数据链系统)等，如表 1-4 所示。

表 1-4　数据链分类

划分标准	分类	典型链路
信道种类数量	单信道数据链	Link-16
	多信道数据链	Link-11、 Link-22
信道频段	HF 数据链	Link-14
	VHF 数据链	VDL-2
	多频段数据链	Link-11、 Link-22
	UHF 数据链	Link-4、Link-16
	卫星数据链	S-CDL
任务功能	情报侦察监视数据链	DDS、TRIXS、TIBS、CDL
	指挥控制数据链	Link-11、Link-16
	武器协同数据链	CEC、TTNT
服务对象	通用数据链	Link-16
	专用数据链	CEC、SADL、EPLRS

(3) 按任务功能划分，可分为情报侦察监视数据链、指挥控制数据链和武器协同数据链等。例如，美军自 1998 年“网络中心战”提出之后，数据链装备按照 C^4ISRK 体系化发展要求，逐步形成指挥控制数据链、情报侦察监视数据链和武器协同数据链三大系列。其中，情报分发数据链是以搜集和处理情报、传输战术信息、共享信息资源为主的战术数据链，包括数据分发系统(Data Distribution System，DDS)、战术侦察情报交换系统(Tactical

Reconnaissance Intelligence Exchange System，TRIXS)、战术信息广播服务(Tactical Information Broadcasting Service，TIBS)和通用数据链系统(Common Data Link，CDL)等；指挥控制数据链是以常规通信命令的下达，战情的报告、请示，勤务通信以及空中战术行动的引导指挥等为主的战术数据链系统，包括 Link-11、Link-16 系统等；武器协同数据链是以传输处理跟踪级精度的目标信息、武器平台协同信息，实现任务协同、交战协同为主的战术数据链系统，包括协同作战能力系统(Cooperative Engagement Capability，CEC)和战术目标瞄准网络技术(Tactical Targeting Network Technology，TTNT)等。

(4) 按服务对象划分，各军兵种有不同的作战特点，使用要求也各不相同，所应用的数据链也不同，可分为军种专用数据链和诸军兵种联合使用通用数据链。

此外，部分专用数据链应用于某个特殊军事战术领域，如某个兵种或某型武器，是战术数据链系统的一类特殊分支，如表 1-5 所示。

表 1-5 美军的典型专用数据链

名称	应用/功能	备注
E-8 联合监视目标攻击雷达系统专用监视控制数据链系统	E-8C 飞机与多个地面站间的监视控制数据链系统	Ku 波段 12.4～18GHz 1.9Mbit/s
制导武器系统专用数据链系统	提供武器引导的数据链系统，如中远程空空导弹、空对地武器	
防空导弹系统专用数据链系统	地面防空兵使用的数据链系统	
增强型定位报告系统	陆军数据分发系统的主要组成部分，在军及军以下部队提供数据分发	UHF 频段 420～450MHz 单网 14.4～100Kbit/s 多网最高 525Kbit/s
态势感知数据链系统	通过美国陆军的 EPLRS，将美国空军的近距离空中支援飞机与陆军数字化战场整合，为空军飞行员提供陆空协同的战场态势图	
协同作战能力	美国海军新型宽带高速数据链系统，具有综合跟踪与识别、捕捉提示与协同作战三大功能，是战术数据链系统与宽带数据链系统的融合	C 波段 2～5Mbit/s
自动目标交换系统	直升机用于近距离空中支援等对地任务的数据链系统	1.2～16Kbit/s

这些专用数据链系统的功能和信息交换形式单一且固定。例如，监视与控制数据链(Surveillance and Control Data Link，SCDL)是 E-8C 侦察机上专用的数据链系统，用于链接 E-8C 侦察机与机动地面站，将飞机上的报文和雷达获取的动目标及图像数据发送给地面站使用，并将地面站的服务请求传输到 E-8C 平台，同时对地面站之间的数据进行中继。

1.1.4 主要特征

数据链与传统数字通信既有联系又有自身显著的特点。数字通信技术是数据链的重要技术基础。现有数字通信网更关心如何将用户信息透明传输，即完成信息“承载”业务，通常不关心所传输数据信息本身，数据本身由更高层的应用系统来处理后形成信息。而数据链除了完成数据传送功能外，数据链终端还要对数据进行处理(如信息过滤与融合)，提取自己关心的信息，直接服务于战术行动；数据链消息标准中蕴涵了很多战术理论、实战经验和信息处理规则，将数字通信的功能从数据传输层面拓展到信息共享范畴；此外，数据链的组网方式也与战术应用密切相关，应用系统可以根据战术情况的变化，适时调整网络配置使之与战术行动相匹配。总之数据链是将传统的通信技术与作战应用紧密结合的产物。从技术和网络两个侧面来看，主要特点如下。

1. 技术特点

(1) 链路平台一体化。数据链是以无线传输为主的战术信息系统，可工作在短波、超短波和微波等频段，信道特性不同，数据链的性能也不尽相同。数据链系统一般是直接嵌入指挥控制要素或作战平台，同态势显示设备、火力控制装置或运动姿态控制设备直接连通，将一般通信系统的“人－机－人”工作方式转变为“机－机”工作方式，支持传感器平台、指挥控制平台及武器平台的互联、互通、互操作。链路平台一体化，是实现武器系统和信息系统无缝连接的有效手段，能充分发挥各平台的作战效能，形成体系对抗的能力。

(2) 传输内容格式化。在自然世界中，人类之间的交流，乃至其他动物之间的交流，都离不开语言。在一定意义上，传输格式化消息就是使数据链系统具备一种特殊的“语言”。严格科学的格式化消息，是数据链的灵魂。为避免信息在网络间交换时因格式转换造成延时，保证信息的实时性，数据链规定了描述作战行动的消息和消息格式，以便于作战平台之间的自动识别、处理目标，诸军兵种信息共享，和系统间互联、互通、互操作。需要指出的是，目前数据链中规定的格式化消息主要描述的是支持战术行动的消息，这也是将数据链称为战术数据链的由来。

(3) 信息传输实时化。信息传输实时化是指数据链根据作战单元的使用要求，在规定的时效内将信息传送给用户。信息传输实时化是数据链系统的立身之本，也是数据链的生命力所在。为了实现战术信息的实时传输，数据链采用了不同于其他通信系统的设计理念：压缩信息量，尽可能提高信息表达效率；选用传输效率高、简单实用的通信协议；可靠性服从于实时性；采用相对固定的网络结构和直达的信息传输路径；在实时性极高的应用场合直接采用点到点的链路传输；综合考虑实际信道的传输特性、信号波形、通信协议、组网方式和消息标准等技术环节，统一进行设计，从而提高数据传输的速率，缩短各种机动目标信息的更新周期。

(4) 时间空间一致化。由于传感器对目标监测时的采样频率、观测坐标系不同，即使是对同一目标，各传感器的观测数据也会有很大的差异。为了提高网络的实时性和终端信息处理的可信度，充分利用观测信息，必须对异步观测数据进行时间和空间对准。因此，通过数据链传输的传感器信息要能被其他作战平台所共享，就必须采用统一时间和空间基准，把目标数据变换到一个统一的空间坐标系上，并与目标数据库或航迹文件中的其他目标数据建立关联，从而便于数据融合，形成统一的战场态势。

2. 网络特点

数据链网络是一种精确规划设计的网络，其组网应用是一个精确设计规划的过程。一是组网约束条件比较多。涉及网络类型、网络数量、网络成员数量、平台性质、任务类别、指挥协同关系、信息交互关系、消息类别、频率管理、干扰环境等；二是网络设计规划要求较高。网络规划方案批准前必须经过反复验证；三是每一个平台都有唯一的一套初始化参数，网络一经运行就难于修改网络参数。这些与传统通信网络的功能和组织运用有较大的区别。

数据链是提供适时、适域、适用、适量信息的网络。一是数据链提供的信息依据平台的属性、任务、作战能力和作战空间，经过信息自动分类、分时、分区提供给特定用户；二是数据链通常采用简单的组网协议和紧凑的消息格式，以相互广播的方式达成实时的数据共享，并借助标准的消息格式提高互操作性和处理效率。

数据链是适用于军队动态作战的网络。数据链网络主要应用于战术层次，实时共享数据信息和良好的“动中通”能力是数据链最主要的设计目标。它主要提供各种目标参数及指挥引导数据，这些信息强调的是即时报知和高效执行，对于增强高速作战平台在作战行动中的灵活机动、快速反应和整体协调作战能力至关重要。

1.2　组 成 功 能

数据链系统是数据链与其链接的作战平台共同形成的应用系统，支撑完成作战任务。本节主要介绍数据链系统的要素构成和主要功能，分析数据链系统与其他信息系统的区别与联系。

1.2.1　要素构成

数据链系统是具有一定拓扑结构的网络化信息系统，用来实现战术消息的高效、实时传输。因此，数据链系统组成有着明显的战术特点，并不是数据通信系统组成的简单照搬。依据数据链的定义与内涵，数据链系统主要包括链路设备、通信协议和消息标准三个基本要素。

1. 链路设备

由于应用场合和搭载平台(如飞机、舰艇、车辆等)的不同，数据链链路设备的表现形式也有所不同。链路设备决定着数据链的覆盖范围、抗干扰能力、抗毁能力和系统用户容量等特性。任一数据链系统链路设备的最小集(不可或缺)包括战术数据系统(Tactics Data System，TDS)、消息处理器和信道设备，如图 1-4 所示。

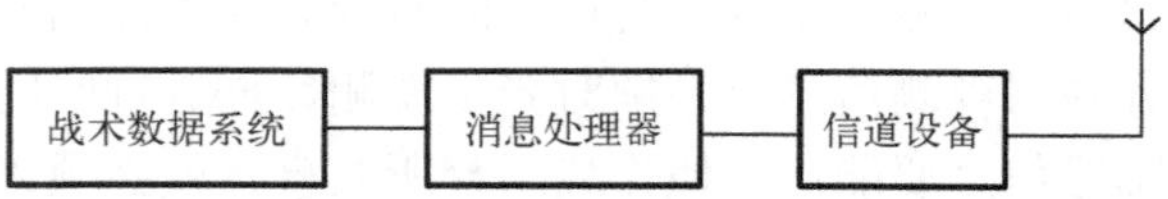

图 1-4　数据链系统链路设备

(1) 战术数据系统，也称为战术计算机系统(Tactical Computer System，TCS)或数据链系统应用系统，是数据链的信源与信宿，例如安装在水面舰船上的计算机数据系统称为海军战术数据系统，安装在飞机上的战术数据系统称为机载战术数据系统，战术数据系统的主要功能有：一是为其他设备提供战术数据，即把战术数字信息传送给数据链系统路的参与者；二是接收其他设备发来的战术数据；三是维护战术数据库，支持链路管理、目标识别和武器选择，允许平台操作人员对作战系统执行控制；四是控制数据显示设备等。

(2) 消息处理器，主要用于完成数据链系统的消息格式转化，它是数据链系统的核心设备。消息处理器的主要功能包括：将战术数据系统输出的数据翻译成标准的格式化报文，并通过终端发射出去，或将终端设备输入的格式化报文翻译成便于战术数据系统自动识别、处理、存储的数据，使格式转换的时延和精度损失减至最小；当存在多条数据链路且消息标准不同时，还要完成不同消息格式的转换，实现数据在不同数据链系统路间的转发和交换。例如，在美军“宙斯盾”驱逐舰中，其数据链系统的消息处理器，就是用于接收从战术数据系统输出的信息，翻译并格式化后分别通过 Link-16、Link-11 或 Link-4A 数据链系统完成信息发送。

(3) 信道设备，通常由无线和有线信道设备构成。端机可以发送数据，也可以接收数据。端机设备在通信协议控制下完成格式化报文与数字信号的转化、报文数据的加密/解密、信号的调制/解调、差错控制、模/数和数/模转换、信号发送/接收处理等功能。

综上所述，可以看出，数据链系统的工作过程：指挥控制系统将需要传送的战术信息发送到战术数据系统进行识别、融合和处理，由消息处理器完成数据链系统的消息格式转化形成格式化消息；端机设备在通信协议的控制下完成格式化报文与数字信号的转化，加密后通过天线发射出去。配置在指挥所或武器平台的端机设备收到信号后，进行解密，并在通信协议的控制下完成数字信号与格式化报文的转化；消息处理器完成数据链系统的消息格式转化；经战术数据系统处理后提供给信息使用者。在数据链系统使用过程中，这些工作通常都是在计算机控制下自动完成，实现机器到机器的处理过程。

2. 消息标准

消息标准是约束战术信息的内容、格式和交换协议，达成信息统一认知、高效表达和相互操作的一系列规范，由消息格式和消息交换协议组成。消息格式规定了消息传输的内容、量程、精度和编排，消息中的有效载荷是战术消息，是数据链系统真正需要交互的信息，消息中的位置信息、身份信息、指令信息、管理信息等，是正确传输必不可少的内容；消息交换协议规定了消息发送和接收规则、消息优先级、数据处理方式和应答机制。

与一般的通信和指挥控制系统相比，数据链系统最本质的特征就是用消息标准约束信息内容形成格式化消息，提高了信息表达的准确性和高效性，实现了各作战平台的紧密铰链。数据链系统消息标准中蕴涵了很多战术理论、实战经验和信息处理规则，它将数字通信的功能从数据传输层面拓展到信息共享范畴。

在一般数据通信中，“数据”有明确的定义：能被计算机处理的一种信息编码(或消息)形式。数据是预先约定、具有某种含义的一个数字或一个字母(符号)以及它们的组合，如 ASCII 码。同样，数据链系统平台产生的战术信息也需要进行明确规定，但它与数据通信中的数据定义方式有很大不同。在计算机网络中，由于有线信道的低误码率和高传输速率(10Mbit/s 以上)，数据的定义通常面向字节，如数字$(1)_{10}$表示为$(00000001)_2$。而数据链系统多为无线传输，无线信道的高误码率和有限带宽(Kbit/s 量级)，使数据链系统采用面向比特的方式规定战术消息格式，以提高信道利用率。下面举例说明。

在数据链系统消息标准中，信息内容由多个数据元素组成，如高度、速度、方位、平台 ID 号等。当数据链系统的数据元素以比特方式表示时，比特数的多少决定数据元素的粒度以及消息帧的长度。以某航迹消息中的高度数据元素为例，假设高度的数值范围是 −620～19820m，以 10bit 表示，粒度为 20m，具体表示如表 1-6 所示。

表 1-6　高度数据元素的数值表示示例

高度值/m	比特表示值	数值转换	备注
0	$(0000000000)_2$	0×20m=0m	
20	$(0000000001)_2$	1×20m=20m	
40	$(0000000010)_2$	2×20m=40m	
…	…	…	
19800	$(1111011110)_2$	990×20m=19800m	
19820	$(1111011111)_2$	991×20m=19820m	最大高度
	$(1111100000)_2$		初始预置值
−620	$(1111100001)_2$	(993−1024)×20m=−620m	最小高程
−600	$(1111100010)_2$	(992−1024)×20m=−600m	
…	…	…	
−40	$(1111111110)_2$	(1022−1024)×20m=−40m	
−20	$(1111111111)_2$	(1023−1024)×20m=−20m	

针对计算机处理，数据链消息标准规定某个形式的数值表示方法，需要相应代码量的格式处理和数值转换程序。例如，对空中目标进行探测，某个目标的航迹参数中高度数值为 4000m，则比特表示值为$(0011001000)_2$→200×20m=4000m。

格式化消息是数据链系统传送的主要数据内容，它确定了机器可以识别的格式化信息，传输的数据可以用于控制武器平台，也可以产生图形化的人机界面。消息格式主要包括固定消息格式、可变消息格式两种类型，如图 1-5 所示。固定消息格式中所包含数据的比特长度是固定的，并由特定的标识符识别各种消息的类型，如美军 Link-11/11B 采用 M 系列消息格式、Link-4A 采用的 V 和 R 系列消息格式和 Link-16 采用的 J 系列消息格式均属于固定消息格式；可变消息格式中所包含数据的比特长度是可变的，它通过特定指示器字段控制相关的数据字段(或字段组)是否发送，或是否重复发送，使消息的长度随有用信息的大小而改变，如美军 VMF 数据链系统采用的 K 系列消息格式属于可变消息格式。为实现不同数据链系统功能，不同数据链系统的消息标准不尽相同，美军先后发展数十型数据链系统，也有不同的消息标准与之匹配。典型数据链系统消息标准分类如表 1-7 所示。

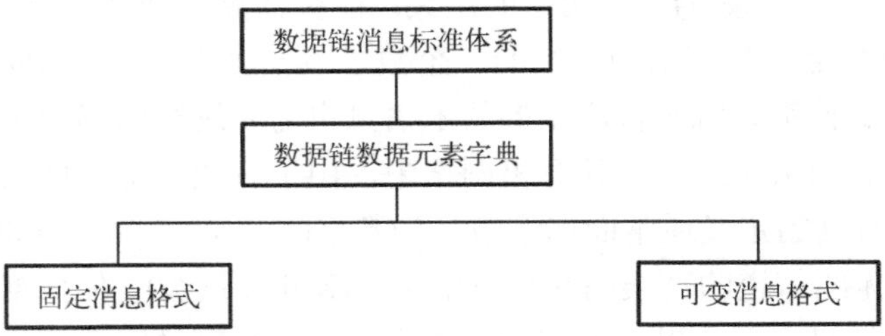

图 1-5　数据链系统消息格式体系

表 1-7　美军典型数据链消息标准分类

系统	TADIL-A/B Link-11/B	TADIL-C Link-4A/C	TADIL-J Link-16	TADIL-F Link-22	ATDL-1	Link-1
消息标准	MIL-STD-6011A STANAG 5511	MIL-STD-6004 STANAG 5504	MIL-STD-6016 STANAG 5516	STANAG 5522	MIL-STD-6013A	STANAG 5501
消息类别	M 系列	V 系列 R 系列	J 系列	F 系列 FJ 系列	B 系列	S 系列

数据链系统的战术消息与作战任务(如防空、反潜、电子战等)密切相关，不同类型的数据链系统，其信息帧结构、信息类型、信息内容、数据元素粒度有较大差异，即消息标准不同。应当说明的是，格式化消息标准制定是随数据链系统的使用范畴、传输信道特征和作战应用需求而变化的。不同消息标准在不同数据链系统之间传输，为此，各种数据链系统消息之间需要进行格式转换，以便采用不同消息格式的数据链系统之间能够互联互通。

3. 通信协议

一个数据通信网络的正常运行，需要制定通信规则，明确信息的传输时序、传输流程、传输条件及传输控制方式。数据链的通信协议是关于战术信息传输顺序、信息格式和信息内容及控制方面的规约，主要解决各种应用系统的格式化消息如何可靠地建立链路和有效地进行信息交互。它主要包括信道传输协议、链路控制协议、网络通信协议、加密标准、接口标准以及操作规程等。数据链系统一般采用高效、简明的通信协议，保证了信息传输的实时性。

信道传输协议包括信道编码、调制/解调以及各种抗干扰措施，保证数据信号在物理介质上可靠、有效的传递。链路控制协议包括信道访问控制、流量控制、差错检测与控制等内容，其主要作用是保证消息在逻辑链路上无差错地传输。网络通信协议主要解决组网中的信道分配和用户接入问题。美军主要数据链系统通信协议标准如表 1-8 所示。

表 1-8　美军主要数据链系统通信协议标准

数据链系统	通信标准	消息标准
Link-4A	STANAG 5504	MIL-STD-6004
Link-11	STANAG 5511	MIL-STD-6011
Link-16	STANAG 5516	MIL-STD-6016

通信协议标准是便于人们阅读和理解的文档形式，应用程序代码是通信协议的实现形式。在数据链系统各节点加载应用程序并初始化后，各节点按照通信协议的操作控制和时序规定，自动生成、处理、交换战术信息，建立通信链路，形成一定拓扑结构的通信网络，满足作战任务的实时、可靠通信需求，实现作战任务。不同数据链系统通信协议有所不同，如当前数据链系统主要使用的轮询协议和时分多址协议。

1.2.2 主要功能

现代战争具有信息化程度高、战争进程快、战场空间范围广、作战方式多样化、作战力量一体化等特点。数据链系统能够实现陆上、海上、空中、网电等领域作战平台的联网，提高战场上各作战单元的快速反应能力、协同作战能力和情报共享能力，从而保障指挥实时、作战顺畅。数据链系统的广泛应用对信息化战场上情报活动、指挥活动、作战行动高效实施和对武器装备性能的发挥都带来了重大的影响。在数据链系统出现之前，作战平台及装备的性能是影响作战效能的关键因素，数据链系统的应用，使独立的作战平台相互“链接”，平台间的关系由松耦合变为紧耦合，通过平台优势互补和资源共享，形成体系作战能力。目前，数据链系统功能主要集中在态势共享、指挥控制与战术协同等方面。

1. 态势共享功能

数据链系统将分布在战场空间的侦察探测系统连为一体，并使所有侦察系统获得的信息在整个作战指挥网络中实现信息共享，这种战场全时空的一体化情报侦察使得整个战场空间内的各个作战平台都能共享情报信息，大大增强了各级作战指挥系统对整个战场态势感知的能力。数据链系统能够帮助指挥员绘制实时的战术图像，使指挥员直观、快速掌握敌、我、友等基本态势。有人说，决定现代战争结果的主要因素，既不是飞机的灵活性，也不是武器的射程，而是在整个作战过程中获得和保持比对手更好的态势感知的能力。在某战争中，美军为使卫星、预警机、侦察机等传感器平台互联，共用了多种数据链系统，对伊拉克地面和空中目标形成了全天候、立体的监视侦察体系，形成了相对透明的战场优势。

2. 指挥控制功能

在机械化作战中，指挥员为了集中必要的兵力与火力，往往采取自上而下的逐级指挥控制方式保证行动同步。但由于接受指挥的作战部队反应速度不高，指挥协同困难，因此对部队的控制能力不强。在使用数据链系统的作战空间里，通过数据链系统和指挥控制系统构建了“侦、判、打、评”的闭合回路，形成了迅速、完整的信息链路，贯通了各级指挥所和武器平台之间的指挥链，使实时发现、实时决策、实时打击、实时评估成为可能。基于数据链系统，指挥员可引导传感器平台去收集战场情报侦察信息和损伤评估信息，并快速把信息和图像分发出去；能借助数据链系统实现统一战场态势感知，判明情况，定下决心；辅助指挥控制系统按照威胁等级和目标性质，选择适当武器平台，科学安排打击强度和密度，控制武器平台快速对敌打击，显著提升作战效能。

3. 战术协同功能

在机械化战争中，为避免参战各单元相互之间的冲突和作战行动的脱节，指挥员需明确区分参战单元相互间的主次地位，强调以计划协同、时间协同为主，而且作战方案一旦实施，协同作战的各军兵种、部(分)队，往往只能严格地按此执行。在信息化作战中，装备了数据链系统的各作战平台共享战场目标航迹数据，由一些平台对目标实施跟踪和计算，而另一些平台实施平台控制或火力控制。各级指挥员和作战部队都能够掌握自身环境情况和战场态势变化，上级能够及时做出更加符合战场实际的决策，下级能够准确实时地了解上级意图，友邻也能顺畅进行横向协作交流，准确把握协同关系和相互影响。不同功能的作战部队围绕同一目标，选择最有利的地理位置、最合适的时间和打击方式对敌发起攻击，实现真正意义上的多维一体联合作战。此外，数据链还能支撑于武器平台间分发、处理和共享火控级高精度目标信息，形成实时精准目标态势，可直接为武器平台装订参数，实现雷达协同跟踪、武器协同制导和火力协同攻击等作战应用。

应当说明的是，在充分肯定数据链系统作战支撑功能的同时，也必须认清它的能力范围和适用场合。数据链系统的服务对象及战术特征要求它采用相对简单、固定的组织方式或网络结构，以满足战术级的实时性要求。这种组织方式往往很难满足大规模军事系统和复杂战场环境的大容量信息传输要求。而且，数据链系统的基本功能就是指挥控制、战术协同和战术数据的分发，不能提供诸如资源管理等更加高级的网络功能，不能完全替代指挥通信、协同通信等其他通信手段。因此，尽管数据链系统对于体系作战能力形成有着非常重要的意义，但绝非支撑体系作战的唯一信息系统。

1.2.3　数据链系统与其他信息系统的关系

数据链系统与传感器、指控系统、武器平台、信息对抗平台等任务系统深度铰链，同其他军事通信网络相互依存、相互补充，共同完成战术层次的作战保障任务。

1. 数据链系统与通信系统的关系

现代军用数据通信链路已经从原始的简单点对点数据通信网络发展成为由多种技术体制、多种传输介质、作战组网方式组成，应用于不同层次的作战任务的数据通信系统，具有不同的应用特性和适用场合，支持从战略指挥到战术平台的不同层次的信息交换。数据链系统仅仅是这个复杂的综合数据通信网中的一部分，它用于特定的作战区域，为执行同一作战任务的各作战平台中的战术数据系统提供数据交换服务的计算机网络。

数据链系统与通信系统相比，通信系统更关心如何将用户信息高效准确传输，即完成信息“承载”业务，通常不关心所传输数据信息本身，数据本身由更高层的应用系统来处理后形成信息。数据链系统则是一种与各种信息探测、处理、传输和控制系统紧密交链的系统，它交换信息不只是从数据到数据，而是包含有一定的战术，即从思想到思想，它支持的是连续不断的时敏信息交换，尤其是态势信息和即时控制信息的交换。

数据链系统除了完成数据传送功能外，终端还需要自动进行数据处理(如信息过滤与融合、信息分类分发)，提取自己关心的信息，直接服务于战术行动。在传输内容上以全网统一的格式化消息为主，确保数据链系统终端设备能够完成自动处理，无需人工参与。在组织运用上，数据链系统是一个精确预规划的信息网络，在网络的运行过程中只能进行有限调整。

2. 数据链系统与指控平台、武器平台、传感器平台之间的关系

数据链系统本身并不具备指控平台的指挥控制功能、传感器平台的预警探测和情报处理功能，以及武器平台的打击破坏功能，数据链系统仅是通过嵌入各类战术信息系统和作

战平台，实现指挥控制、情报侦察、战术协同等信息实时共享及指控平台、传感器平台与主战武器平台系统紧密铰链的桥梁。

数据链系统战术功能的发挥不仅依赖于数据链系统本身的功能性能和组网使用，更依赖于数据链系统与指控平台、武器平台、传感器平台的铰链水平，以及基于数据链系统的作战系统战术功能的开发。只有加强作战系统软硬件功能开发和完善，使其与数据链系统提供的格式化信息处理能力相适应，才能实现数据链系统与指控平台、武器平台、传感器平台构成无缝交链，形成体系能力。

1.3 数据链技术体系架构

数据链是以数据通信为技术基础，根据作战任务而设计的。以数据通信技术为基础设计的无线通信系统有很多，典型的有移动通信系统。由于用户需求存在差别，使得每个无线通信系统的技术各具特点。因此，数据通信技术是“基础”的或者“普适”的技术，而数据链技术具有“专用”技术的特点。本节首先给出数据链的关键技术，并分别描述各关键技术在数据链中的作用；然后，从数据链系统设计和实现的角度出发，给出了其技术分层体系结构。

1.3.1 数据链的关键技术

数据链的关键技术主要包含多址接入技术、消息编码技术、调制技术、扩频技术、信道编码技术、消息处理协议、信息加密技术、认证技术、中继技术、转发技术、消息过滤技术、相对导航技术、航迹融合技术、网络管理技术等，如表 1-9 所示。

表 1-9 数据链的关键技术及其作用

关键技术	作用
多址接入技术	无线信道的共享接入
消息编码技术	有效的信息交互
调制技术	有效的信息交互、安全的信息交互
扩频技术	有效的信息交互、安全的信息交互
信道编码技术	可靠的信息交互
消息处理协议	可靠的信息交互
信息加密技术	安全的信息交互
认证技术	安全的信息交互
中继技术	广域和多系统互联
转发技术	广域和多系统互联
消息过滤技术	广域和多系统互联
相对导航技术	融合的战场态势
航迹融合技术	融合的战场态势
网络管理技术	多样和时变的作战需求

1. 无线信道的共享接入

在无线通信系统中，各网络节点共享传输介质资源。当网络中两个节点在同一时刻传输数据时，就可能发生冲突，如图 1-6 所示。

根据香农公式，我们知道在带宽受限且有高斯白噪声干扰的信道的极限、无差错的信息传输率

$$C = B\log_2\left(1+\frac{S}{N}\right)$$

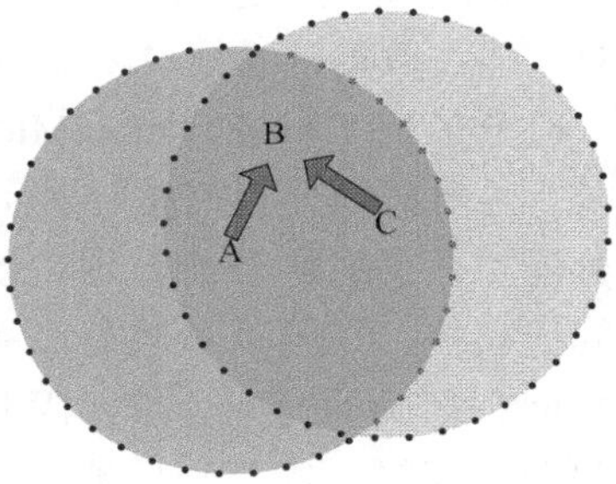

图 1-6　传输冲突

为了避免传输冲突，最简单的方法就是在传输之前先检查信道上是否有其他节点正在传输数据，如果有，则表示此时不能传输数据，需等待信道空闲后再进行传输。这种方法称为载波监听。但该方法存在隐藏节点(图 1-7)和虚假冲突(图 1-8)问题。

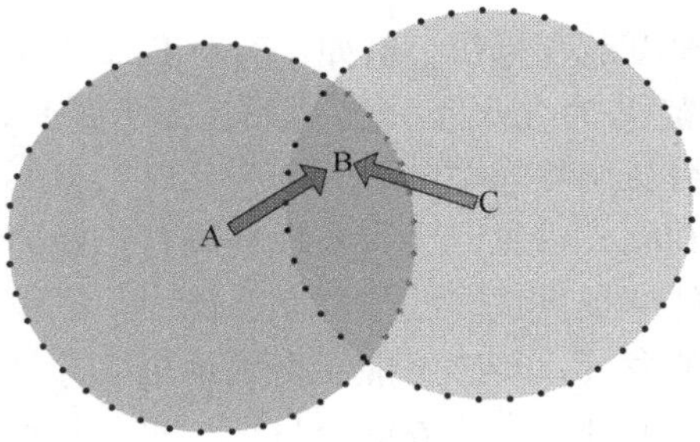

图 1-7　隐藏节点

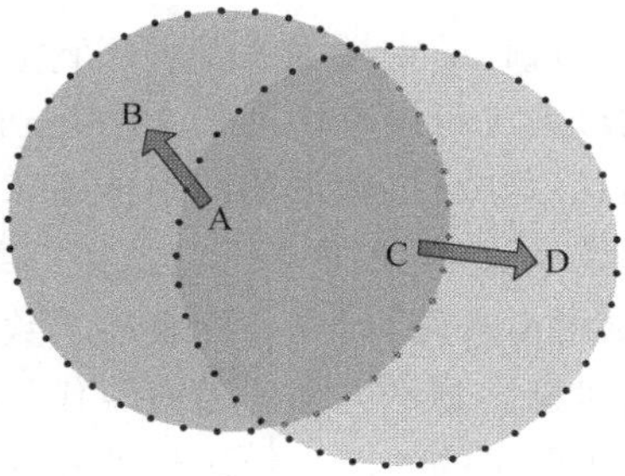

图 1-8　虚假冲突

在图 1-7 中，节点 A 需要向节点 B 传输数据。此时，节点 C 正在向节点 B 传输数据，但节点 A 在节点 C 的信号传输距离之外。因此，节点 A 监听信道时无法收到 C 的信号，误认为此时信道空闲，同时传输向节点 B 传输数据将导致 B 处发生传输冲突。

在图 1-8 中，节点 A 需要向节点 B 传输数据。此时，节点 C 正在向节点 D 传输数据。节点 A 在节点 C 的信号传输距离之内，因此节点 A 能够在信道上监听到节点 C 的信号，将认为信道繁忙，此时不能向节点 B 传输数据，需等待信道空闲后再进行传输。称之为虚假冲突。因为节点 B 在节点 C 的信号传输距离之外，并且节点 D 在节点 A 的信号传输距离之外，所以节点 A 可以同时向节点 B 传输数据，并不会出现任何传输冲突。虚假冲突降低了信道的利用率。

因此，我们需要一种更有效的多址接入技术，以便能够在保证信道利用率的条件下为各无线通信节点提供共享信道的接入能力。常用的多址接入技术包括频分多址、码分多址、空分多址和时分多址。

频分多址(Frequency Division Multiple Access，FDMA)将通信系统的所有频段划分成若干个互不交叠的子频段，并分配给不同的用户使用。在数据链系统中，由于频段资源属于稀缺资源，采用频分多址将限制入网成员的数量比较少，频段利用率比较低。

码分多址(Code Division Multiple Access，CDMA)用一组相互正交的编码序列来区分不同用户发送的信息。其缺点是正交码的数量受限，并且码间可能存在着信号自扰。

空分多址(Space Division Multiple Access，SDMA)通过空间的分割来区别不同的用户，具体来说通过使用定向波束天线在不同用户方向上形成不同的波束来区分不同用户发送的信息。但在数据链系统中，全向的广播通信业务应用比较多，利于平台高速机动。

时分多址(Time Division Multiple Access，TDMA)是把时间分割成互不重叠的周期性的时帧，再将时帧分割成互不重叠的时隙，然后根据一定的时隙分配原则，分别给不同的用户分配不同的时隙资源，用户仅能在自己的时隙内发送信息。其优点是不同用户的信号之间无自扰，信号质量较好；系统容量较大，能够容纳较多的入网用户。但其缺点是需要全网有精确的时间同步，因此在采用时分多址技术的数据链系统中需要解决时间同步的问题。同时，需要合理地设计时隙分配原则，使得通信业务需求大的成员能够获得较多的时隙资源。

2. 有效的信息交互

随着现代航空技术的发展，航空飞行器的速度越来越快。例如，美军 F-22“猛禽”战斗机的最大飞行速度达到了 2570km/h，即每秒能飞 714m。假定雷达站在探测到 F-22 战斗机的信息后，通过数据链网络传递该情报信息给防空导弹部队时的网络延时为 0.1s，则在收到该信息时 F-22 战斗机已经又飞离了将近 100m。可见，为了实现精确打击能力，必须缩短 OODA 环路①时间，这就要求数据链系统能够提供快速的信息交互能力，尽量减少网络传输时延。另一方面，随着现代传感器技术的发展，传感器能看得更远更准。例如，美军 E-3 预警机的探测半径达到了 600 多千米，能够处理多达 600 个目标。也就是说，要求数据链网络能够在传输信息量增大的情况下降低网络传输时延。我们知道，网络传输时延主要有两部分构成：传播时延和等待时延，其中传播时延取决于电磁信号的传播距离。因此，为了降低网络传输时延，就需要降低信息在网络上的等待时延，也就是要求降低单条信息传输过程中消耗的网络流量或增大网络的信息传输速率。

1) 降低单条信息消耗的网络流量

为了实现消息的计算机自动处理，降低情报的流转时间，数据链系统中使用了格式化的消息。为了降低单条信息消耗的网络流量，就需要为每类数据链消息设计最佳的编码格式。假设数据链系统中共有 n 类消息，每类消息 i 在网络中出现的概率为 $P(i)$，消息 i 在某编码格式下包含的比特数为 $B(i)$，则在网络中传输每条消息所消耗的平均网络流量为

$$L = E_{x\sim P}B(x) = \sum_{i=1}^{n} P(i)B(i)$$

因此，需要使用消息编码技术找到一种最佳的消息编码格式，使得 L 值最小。此处的难点在于如何通过军事需求分析，归纳出所有的信息作战样式、各作战样式下的信息流转过程，此后才能统计、分析出支撑信息作战需要的所有消息类型、各类型消息中所需要包含的所有信息，以及各类消息出现的概率。

---

① OODA 环路，即由观察(Observe)、判断(Orient)、决策(Decide)、行动(Act)四个环节组成的相互关联、相互重叠的循环周期。

2) 提高整个网络的信息传输速率

根据香农公式，在一个 B Hz 带宽的无线信道上的理想最大信息传输速率为

$$C = B\log_2\left(1+\frac{S}{N}\right)$$

在频段带宽一定的情况下，要提高信道上的信息传输速率有两种途径：一是采用最佳的信源编码技术，通过对信息进行压缩提高信道利用率，使得信道上的实际信息传输速率逼近其理想值；二是提高信噪比。按照来源分类，噪声可以分为自然噪声和人为噪声。其中，自然噪声由通信区域的自然环境所决定；人为噪声，又可称为干扰，是影响数据链系统工作性能的主要因素。可以通过如下的一些抗干扰技术提高信噪比。

(1) 调制技术。调制技术是一种将信源产生的信号转换成为适宜信道传输的形式的过程。通过调制，可以实现信号的长距离传输，提高信号的抗干扰能力。

(2) 扩频技术。扩频技术是在发送端以扩频编码对发送信号进行扩频调制，扩大信号占用的频带宽度，加大了敌方进行通信干扰的难度，从而提高信号的抗干扰能力。

3. 可靠的信息交互

信息在数据链网络传输过程中，可能会受到各种噪声的干扰，导致传输过程中出现差错。我们知道，一条格式化的消息至少包含两部分：消息类型和消息内容。如果传输过程中的错误导致消息类型出错，则整条消息将无法被解析接收，因此可能错过某一条重要的情报或者指令；如果传输过程中的错误导致消息内容出错，则可能导致接收错误的情报或指令。考虑到数据链系统直接链接着终端武器系统，这种传输过程中的不可靠将导致武器系统的不可控，这种缺陷是致命的。为了解决该问题，通常需要使用两种方法：一是使用信道编码技术，通过在消息中增加冗余内容，用以提供对消息传输过程中的检错和纠错机制；二是提供完备的消息处理协议，通过出错重传机制保证关键消息的可靠传输。总的来说，上述两种方法都是通过降低传输效率来提高传输的可靠性，因此需要在传输的效率和可靠性上做相应取舍。

4. 安全的信息交互

数据链系统链接着指控系统和武器系统，其部署区域通常覆盖对抗激烈的作战区域，因此保证数据在网络上的安全传输是必要的。通常，数据链网络中需要以下三方面的安全性。

(1) 保密性。数据链网络中传输的信息只能由授权用户读取。

(2) 数据完整性。数据链网络中传输的信息只能被授权用户修改。

(3) 可用性。具有访问权限的用户在需要时可以使用数据链网络资源。

所谓对数据链网络的安全威胁，就是破坏了上述三方面的安全性要求。下面从发送端到接收端的信息流动过程分析数据链网络中的安全威胁类型，如图 1-9 所示。

1) 中断

通信被中断，使得信息无法通过网络进行传输，这是对可用性的威胁。数据链网络通

常部署在作战区域，敌方电磁干扰比较严重，可能会造成通信中断。因此需要使用之前介绍的调制和扩频等抗干扰技术来应对该安全威胁。

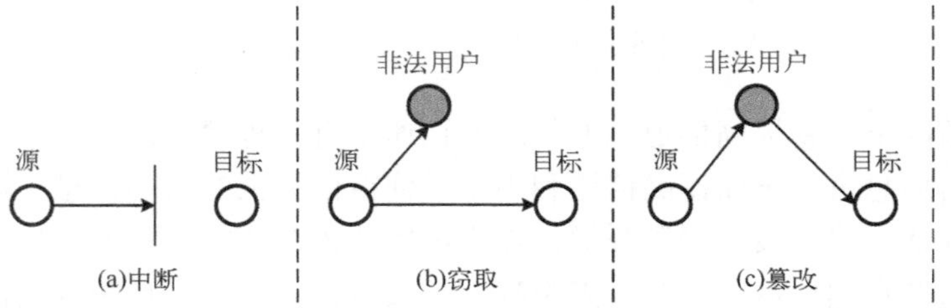

图 1-9　数据链网络中的四类安全威胁

2) 窃取

未经授权的入侵者访问了网络上传输的信息，这是对保密性的威胁。在数据链系统中，为了应对该安全威胁，可采用两种方法。

(1) 在网络中传输信号时，降低信号被敌方探测到的可能。通常来说，要使信号具有低探测性有两种方法：①降低信号功率，使信号隐藏在背景噪声中，因此很难被探测到。采用扩频调制技术能够将信号功率分散到一个更宽广的频段上，因此该技术可以降低信号的可探测性。②隐藏信号的发送频率，使敌方很难在正确的频率上接收信号。采用跳频调制技术(该技术是一种特殊的扩频调制技术)能够使信号载波频率按照指定的跳频图案一直在高速地跳动，从而降低信号的可探测性。

(2) 采用信息加密技术，在网络中传输密文。假定信号最终还是被敌方探测到了，但是得到的只是密文，如果不能对密文进行解密就不能得到真正的信息，从而保护信息的安全。采用加密技术的网络传输过程如图 1-10 所示，发送端在发送信息之前，先通过密钥对信息进行加密，并仅在网络上传输密文；接收端在接收到密文后，用密钥对密文进行解密获得信息。未授权的入侵者因为没有密钥，所以不能对密文进行正确解密。

图 1-10　在网络上传输密文数据

3) 篡改

未经授权的入侵者不仅访问了网络上传输的信息，而且篡改了信息，这是对数据完整性的威胁。为了应对该安全威胁，在数据链网络中，不仅要使用加密技术，还需要使用认证技术，对发送者的身份进行认证。采用加密和认证机制的网络传输过程如图 1-11 所示，发送端在发送信息之前，先通过加密密钥对信息进行加密，密文再通过认证密钥生成认证码，最终在网络上传输的是密文和认证码。接收端在收到密文和认证码后，首先提取出密文，将密文通过认证密码进行认证，重新生成认证码；其后，将收到的认证码和新生成的认证码进行比对，若两者不相同，则认证失败；认证成功后，最终将密文通过解密密码进行解密得到信息。未授权的篡改者因为没有认证密钥，将无法通过认证。

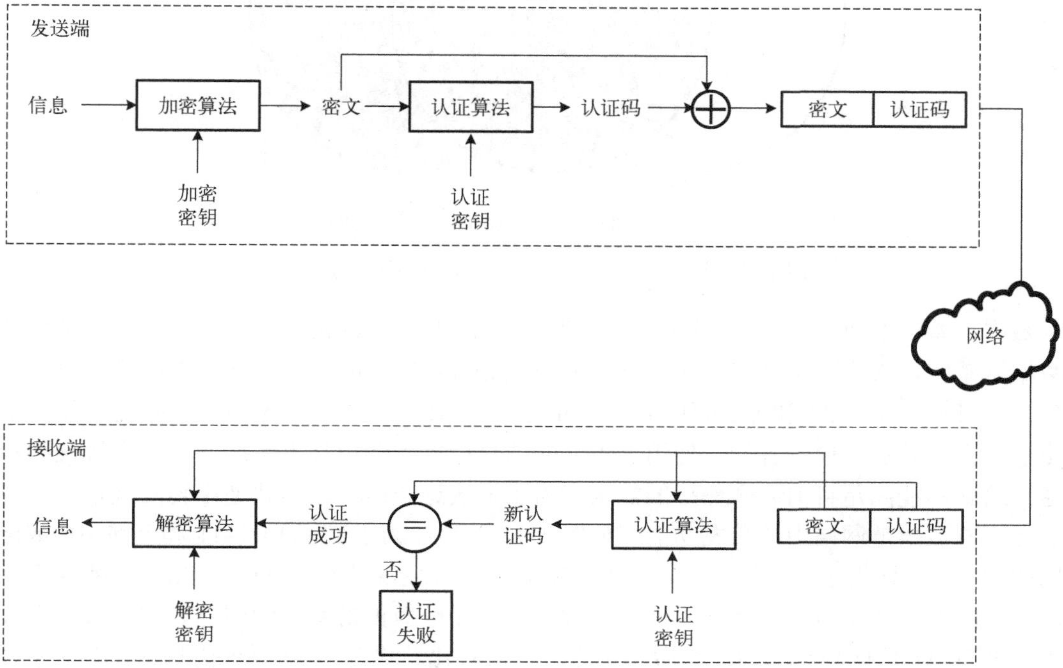

图 1-11 在网络上传输密文和认证数据

4) 假冒

未经授权的入侵者冒充授权用户在网络上传输假冒的信息，这也是对数据完整性的威胁。在数据链网络中，可以用应对篡改的方法来应对假冒这种安全威胁。

5. 广域和多系统互联

由于技术的发展，作战平台的作战范围越来越大。例如，美军 F-22“猛禽”战斗机的作战半径达到了 2000 多千米，在经过空中加油后还能飞得更远。因此，数据链系统的通信保障范围也越来越大。目前，大多数数据链系统中使用的通信频率大于 30MHz，该频段的电磁波仅能提供视距通信。通常可以认为，在视距通信条件下，舰对舰的最大传输距离为 25 海里①，舰对空的最大传输距离大约为 150 海里，空对空的最大传输距离为 300 海里。也就是说，电磁波的最大传输距离远达不到现代作战的通信保障需求。为了解决这个问题可采用中继技术，即通过多个电磁波的信号接力，拓展单电磁波的传输距离。如图 1-12 所示，空中节点 A 需要向 1500km 外的空中节点 B 发送信息，可以通过两个空中中继节点 C 和 D 相继接力传输来实现。

① 1 海里=1.852 千米(km)。

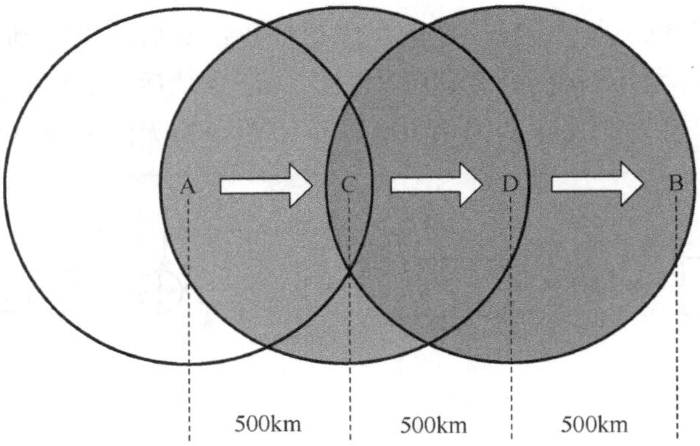

图 1-12　通过两级中继实现 1500km 长距离的通信

数据链系统的建设始于 20 世纪 50 年代。经过 70 多年的发展，先后出现了多种型号的数据链系统，欧美军队目前仍在广泛使用的有 Link-11、Link-16、Link-22 以及专供美军最先进隐身战斗机 F-22 和 F-35 使用的 IFDL 和 MADL。这些各种型号的数据链系统由于历史建设需要其通信体制各异，使用了不同的消息标准和通信技术，因此无法直接互联和互通，这就不能满足目前联合作战的需求。为了解决这个问题，需要使用转发技术，实现信息在不同数据链网络中的转发功能。如图 1-13 所示，为了实现 Link-11 和 Link-16 数据链网络的互联，使用了一个转发节点。该转发节点同时装备参 Link-11 和 Link-16 数据链端机，并同时参与 2 个数据链网络，因此能收到来自 2 个数据链网络的消息。转发节点在收到来自 Link-11 数据链网络的消息后，首先进行格式化转化，将 M 系列消息转化为 J 系列消息，再使用 Link-16 数据链端机将该消息发送到 Link-16 数据链网络；类似地，来自 Link-14 数据链网络的消息也能转发到 Link-11 数据链网络中。

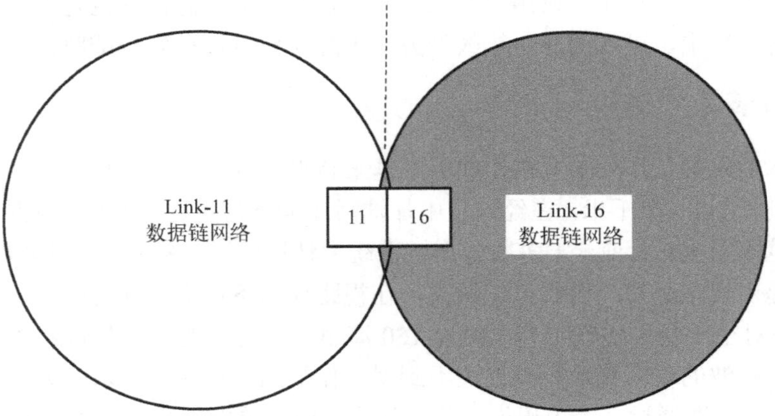

图 1-13　转发节点实现 Link-11 和 Link-16 数据链网络的互联

在中继和转发过程中，可能出现消息在各数据链网络中的不停循环流转，导致网络资源的浪费。如图 1-14 所示，由 3 个中继/转发节点实现 3 个相同/不同数据链网络的互通。其中节点 1 负责数据链网络 A 和 B 的互联，节点 2 负责数据链网络 B 和 C 的互联，节点 3

负责数据链网络 A 和 C 的互联。假定数据链网络 A 中的某个预警机探测到了一架敌机，它需要将该敌情信息广播到所有数据链网络，以便实现所有网络成员对战场态势的感知。于是，节点 1 在收到来自数据链网络 A 的敌情消息后，首先将该消息中继/转发到数据链网络 B；节点 2 在收到来自数据链网络 B 的消息后，再次将该消息中继/转发到数据链网络 C；节点 3 在收到来自数据链网络 C 的消息后，继续将该消息中继/转发到数据链网络 A；接下来，节点 1 在收到来自数据链网络 A 的消息后，将继续将该消息中继/转发到数据链网络 B。上述过程中将一直循环下去，从而导致同一条消息在所有网络间不停地中继/转发，如图 1-14 所示。为了解决该问题，需要在中继/转发节点上应用消息过滤技术，确定哪些消息需要被中继/转发。

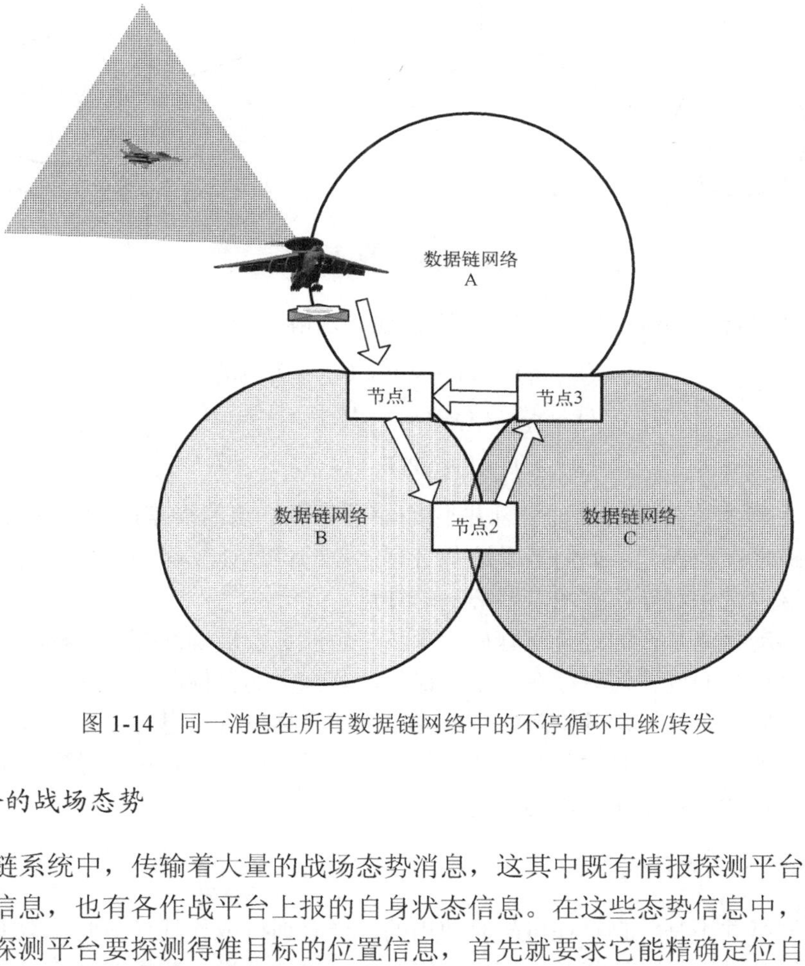

图 1-14　同一消息在所有数据链网络中的不停循环中继/转发

6. 融合的战场态势

在数据链系统中，传输着大量的战场态势消息，这其中既有情报探测平台探测到的各种敌情态势信息，也有各作战平台上报的自身状态信息。在这些态势信息中，最基本的是位置信息。探测平台要探测得准目标的位置信息，首先就要求它能精确定位自身的位置信息；移动平台在上报自身的状态信息时，最基本的信息就是自身的位置信息。目前，移动平台大多装备了北斗/GPS 等卫星定位系统，获得平台位置信息并不困难。但战时，卫星定位系统可能受到敌方干扰，导致定位不准确或不可用。为了解决这个问题，在数据链系统中提供了相对导航技术。如图 1-15 所示，已知 3 个参考点的三维坐标位置 (x_1, y_1, z_1)、(x_2, y_2, z_2) 和 (x_3, y_3, z_3)，以及移动平台与各参考点的距离 d_1、d_2 和 d_3。

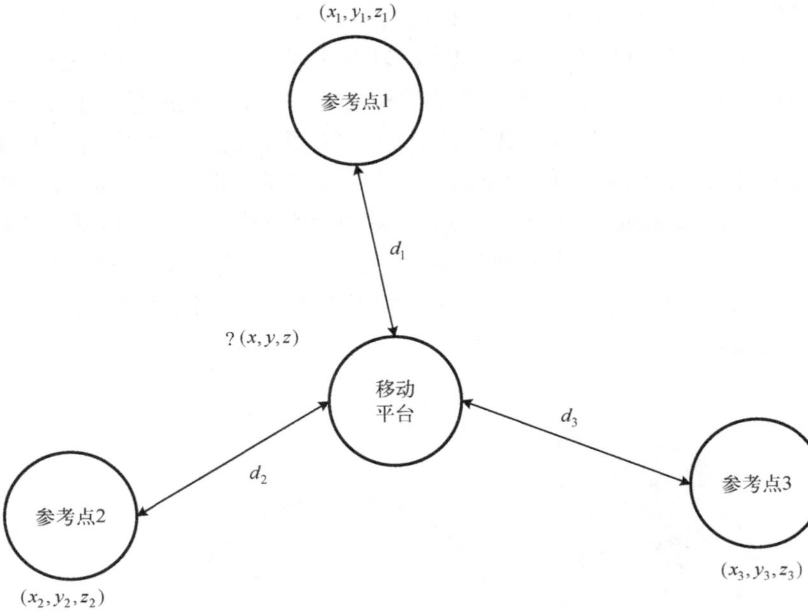

图 1-15　三点测距

则该移动平台的三维坐标位置(x,y,z)可以通过求解下列方程组进行计算：

$$(x-x_1)^2+(y-y_1)^2+(z-z_1)^2=d_1^2$$
$$(x-x_2)^2+(y-y_2)^2+(z-z_2)^2=d_2^2$$
$$(x-x_3)^2+(y-y_3)^2+(z-z_3)^2=d_3^2$$

如果 3 个参考点自身的位置信息并不准确(即带有一定的误差)，并且移动平台与 3 个参考点的测距也存在误差，如何基于这些带有误差的信息计算移动平台的位置信息就不这么容易了。这也是相对导航技术需要解决的难点。

解决了移动探测平台的定位问题后，探测平台能够较准确地探测目标的位置信息。但通常探测平台自身的位置信息存在一定的误差，其探测的目标距离也存在一定的误差。也就是说个针对同一个目标，各探测平台计算出来的目标位置信息可能不一致。当所有探测平台分别上报该目标的信息时，在态势图上可能会显示成多个目标，导致敌情误判。为了解决该问题，在数据链系统中需要使用航迹融合技术。

7. 多样和时变的作战需求

数据链网络并不是一直存在可随时使用的。当有训练或作战任务时，数据链网络在任务开始前进行开设运行，待任务结束后网络撤收。也就是说，数据链网络仅在任务周期内存在。之所以会这样，是因为与一般的通信系统不同，数据链系统是一种定制性很强的通信系统，需要“在恰当的时候提供恰当的信息，并以恰当的方式进行分发和显示，使作战人员能够在恰当的时间、以恰当的方式、完成恰当的事情”。考虑到每个任务的作战区域可能不同，也就意味着数据链网络的覆盖区域也随之不同；每个任务的作战兵力构成可能不同，也就意味着数据链网络的入网成员不同；每个任务的作战样式可能不同，即任务过程中的信息流转需求可能不同，也就意味着数据链网络上的通信需求不相同。因此并不存在着一个可以适用于任何作战任务的通用数据链网络，而需要针对任务的特殊需求进行定制化的设计，使得数据链网络的效能达到最大化。考虑到作战过程是一个动态的过程，并且具有不可提前预测性。随着作战过程的演变，作战区域可能会发生迁移，作战兵力也可能会进行调整，网络上的通信需求也会随着发生变化。这就意味着数据链网络即使在同一个任务周期内也需要随着任务的变化做出相应的调整，以适应新的通信需求。为了解决这个问题，在数据链系统中需要使用网络管理技术，实现在任务开始前对数据链网络进行规划设计，并在任务执行过程中对数据链网络进行动态的监控管理。

1.3.2　分层模型

数据链中所依赖的关键技术涉及多学科、多领域，导致其设计和实现是一个非常复杂的问题，很难一体解决。为了降低数据链系统设计和实现的难度，需要采用分层设计的思路，将难以完成的任务分解成若干个相对较小、易于处理的子问题。

针对连接开放的通信系统设计问题，国际标准化组织(International Standardization Organization，ISO)在 1983 年提出了 OSI 分层参考模型。本节介绍 OSI 参考模型和一种基于 OSI 参考模型的数据链技术分层模型。

1. OSI 参考模型

为了降低网络设计的复杂性，在 OSI 参考模型中，网络被组织成一个层次栈，每一层都建立在其下一层的基础上。每一层的目的是向上一层提供特定的服务，而把如何实现这些服务的细节对上一层加以屏蔽。具体来说，OSI 参考模型自下而上依次分为物理层、数据链路层、网络层、传输层、会话层、表示层和应用层 7 层，如图 1-16 所示。其分层的基本原则如下。

(1) 应该在需要一个不同抽象体的地方创建一层。

(2) 每一层都应该执行一个明确定义的功能。

(3) 每一层功能的选择应该向定义国际标准化协议的目标看齐。

(4) 层与层边界的选择应该使跨越接口的信息流最小。

(5) 层数应该足够多，保证不同的功能不会被混杂在同一层中，但同时层数又不能太多，以免体系结构变得过于庞大。

1) 协议层次结构

在 OSI 参考模型中，主机 1 和主机 2 的通信是通过两者对等层之间的对话来实现的。然而，数据并不是从主机 1 的第 n 层直接传递给主机 2 的第 n 层。实际上，每一层都将数据和控制信息传递给它的下一层，这样一直传递到最低层。第 1 层下面是传输介质，通过它进行实际通信。如图 1-16 所示，虚线表示虚拟通信，实线表示物理通信。

一个主机上的第 n 层和另一台主机上的第 n 层进行对话时，该对话中使用的规则和约定统称为第 n 层协议。同一主机上相邻层之间的是接口，它定义了下层向上层提供哪些原语操作和服务。上层通过接口调用下层提供的服务，而不关心该服务具体是如何实现的。

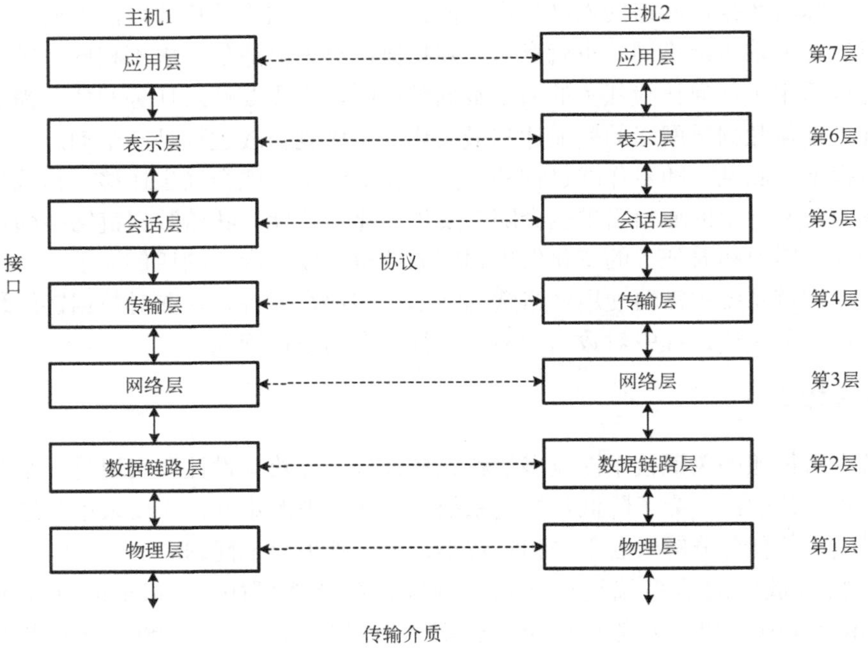

图 1-16　OSI 参考模型

层与层之间清晰的接口使得同层协议的替换更加容易。当某一层的当前协议替换成另一个完全不同的协议时，只需要保证新协议提供了与旧协议完全相同的服务即可，无需通知上层和下层。这也正体现了分层的好处，即各层仅关心本层的服务是如何实现的，其他各层的改动对本层是无影响的，并且本层的改动对其他各层也是无影响的。因此，各层的设计和实现可以独立展开。

2) 物理层

物理层关注在一条通信信道上传输原始比特。设计问题必须确保当一方发送了比特 1 时，另一方收到的也是比特 1，而不是比特 0。这里的典型问题包括用什么电子信号来表示 1 和 0、一比特持续多少纳秒、传输是否可以在两个方向上同时进行、初始连接如何建立、当双方接收之后如何撤销连接等。这些设计问题主要涉及机械、电子和时序接口，以及物理层之下的物理传输介质等。

3) 数据链路层

数据链路层的主要任务是将一个原始的传输设施转变成一条没有漏检传输错误的线路。数据链路层完成这项任务的做法是将真实的错误掩盖起来，使得网络层看不到。为了实现对传输错误的检测，需要传输的数据被拆分成数据帧(通常，一个数据帧包含数百到数千字节)，然后顺序发送这些数据帧。如果服务是可靠的，则接收方必须确认正确收到的每一帧，即给发送方发回一个确认帧。

数据链路层(和大多数高层都存在)的另一个问题是如何避免一个快速发送方用数据“淹没”一个慢速接收方。为了解决该问题，通常需要一种流量调节机制，以便让发送方知道接收方何时可以接收更多的数据。

广播式网络的数据链路层还有另一个问题：如何控制对共享信道的访问。数据链路层的一个特殊子层，即 MAC 层(介质访问控制层)，就是专门处理这个问题的。

4) 网络层

网络层的主要功能是控制子网的运行。一个关键的设计问题是如何将数据包从发送方路由到接收方。路由可以建立在静态表的基础上，这些表相当于网络内部的“布线”。而且很少会改变；或者，更常见的情况是路由可以自动更新，以此来避免网络中的故障组件。路由可以在每次会话开始时就确定下来，并保持到会话结束；也可以是高度动态的，即针对每一个数据包都重新计算其传输路由，以便反映网络当前的负载情况。

如果有太多的数据包同时出现在一个子网中，那么这些数据包彼此之间会相互阻碍，从而形成传输瓶颈。处理拥塞也是网络层的责任，一般要和高层协议结合起来综合处理拥塞才有效，即高层协议必须能够根据当前网络拥塞情况自适应地调整其注入网络的负载。同时，网络层还需计算当前网络提供的服务质量(包括传输延迟、抖动和丢包率等)。

当一个数据包必须从一个网络传输到另一网络才能够到达它的目的地时，可能会发生很多问题。比如，第二个网络所使用的寻址方案可能与第一个网络不同；第二个网络可能无法接收这个数据包，或因为它太大了；两个网络所使用的协议可能不一样等。网络层应该解决所有这些问题，从而允许异构网络的互联互通。

在广播式网络中，路由问题通常比较简单，因此网络层往往比较单薄，甚至根本不存在。

5) 传输层

传输层的基本功能是接收来自上一层的数据，在必要的时候把这些数据分割成较小的单元，然后把这些数据单元传递给网络层，并且确保这些数据单元正确地到达另一端。传输层决定了向会话层提供哪种类型的服务：一种常见的传输服务是提供一个完全无错的点对点信道，此信道按照原始发送的顺序来传输报文或字节数据；另一种常见的传输服务是对各报文数据进行独立地传输，不保证报文的按序到达。

传输层是真正的端到端的层，它自始至终将数据从发送端传输到接收方。换句话说，源主机上一个程序利用报文头和控制信息与目标主机上一个类似程序进行会话。在传输层下面的各层，每个协议仅涉及当前设备与它的直接邻居的通信。因此，当源主机和目标主机之间被多个路由器隔离时，下层协议涉及的通信对象将不是源主机和目标主机。也就是说在 OSI 参考模型中，1～3 层是链式连接的，而 4～7 层是端到端连接的。

6) 会话层

会话层允许不同主机上的用户建立会话。会话层通常提供的服务包括对话控制、令牌管理和同步功能。

(1) 对话控制。记录该由谁来传递数据。

(2) 令牌管理。禁止双方同时执行同一个关键操作。

(3) 同步功能。在一个长传输过程中，设置一些断点，以便在系统崩溃之后还能恢复到崩溃前的状态继续运行。

7) 表示层

表示层以下的各层最关注的是如何传递数据位，而表示层关注的是所传输信息的语法和语义。不同计算机可能有不同的内部数据表示方法，为了让这些计算机能够进行通信，它们所交换的数据结构必须以一种抽象的方式来定义，同时还应该定义一种“线上”使用的标准编码方法。表示层管理这些抽象的数据结构，并允许定义和交换更高层的数据结构。同时，数据的压缩、解压、加密和解密等都在该层完成。

8) 应用层

应用层包含用户通常需要的各种应用协议。一个得到广泛使用的应用协议是超文本传输协议(Hyper Text Transfer Protocol，HTTP)，它是万维网(World Wide Web，WWW)的基础。当浏览器需要打开一个 Web 页面时，它通过 HTTP 协议将所要页面的名字发送给服务器，然后服务器将页面内容发回给浏览器供用户观看。其他的一些常见应用协议可用于文件传输、电子邮件及网络新闻等。

2. 数据链技术分层模型

基于 OSI 参考模型的层次划分，我们发现数据链系统中涉及的主要技术均可以划归到不同的层中，如表 1-10 所示。

表 1-10　数据链的关键技术及其所属的 OSI 分层

作用	关键技术	对应技术所属的 OSI 分层
无线信道的共享接入	多址接入技术	数据链路层
有效的信息交互	消息编码技术	应用层
	调制技术	物理层
	扩频技术	
可靠的信息交互	信道编码技术	数据链路层
	消息处理协议	应用层
安全的信息交互	调制技术	物理层
	扩频技术	
	信息加密技术	表示层
	认证技术	
广域和多系统互联	中继技术	网络层
	转发技术	
	消息过滤技术	
融合的战场态势	相对导航技术	应用层
	航迹融合技术	
多样和时变的作战需求	网络管理技术	

因此，我们可以给出数据链技术分层模型，如图 1-17 所示。在该模型中共有 5 层，自下而上分别为物理层、数据链路层、网络层、会话层和应用层。

图 1-17　数据链技术的分层模型

小　　结

本章介绍了数据链系统的产生背景、定义与内涵、基本分类、要素构成和主要功能，重点围绕“为什么出现数据链系统”“数据链系统是什么”“基本组成是什么”“数据链系统有什么作用”等问题，同时从数据链技术体系架构角度，分析了数据链相关的关键技术，为后续章节展开奠定基础。

思　考　题

1．关于数据链系统定义很多，你认为其本质核心内容是什么？
2．举例说明数据链系统链接的平台类型，并分析数据链系统与平台间的关系。
3．数据链系统涉及的关键技术有哪些？
4．数据链系统组成要素包括哪几部分，分别具有怎样的功能作用？
5．如何理解数据链系统的格式化消息，与消息标准是怎样的关系？
6．如何认识数据链系统与其他信息系统的区别和联系？

第 2 章　数据链信息传输技术

数据链系统是一种包含格式化消息、通信协议和传输信道的数据通信链路，不同的数据链所采用的格式化消息、通信协议和传输信道不同。不同传输信道具有不同的信道特性，同时，为了满足信息传输需求，对信号采取的信息处理方式要求也不同。

数据链系统的可靠性和有效性是设计和评价数据链系统的重要性能指标。由于空间信道的开放性和有限性，复杂多变的信道环境和干扰方式，必然会导致数据链系统的可靠性降低。为了提高系统的可靠性，可以通过选择合适的调制技术、信道编码技术、均衡和分集技术、扩频技术等来对信号波形进行处理。本章首先分析数据链采用的无线通信信道，然后结合无线信道分析数据链采用的调制技术、编码技术和扩频技术。

2.1　数据链无线通信信道

通信信道是通信信号在通信系统中传输的信道，是信号在收发端传输所经历的传输介质，按照传输介质可以划分为有线信道和无线信道两类。常见的有线通信信道包括双绞线、同轴电缆、光纤等信道，无线通信信道包括短波、超短波、卫星等无线传输信道。数据链主要是以无线信道链接指控平台、武器平台和传感器平台，实时传输格式化消息。本节主要介绍数据链中采用的无线通信信道。

2.1.1　典型数据链传输频段

表 2-1 给出了几种典型数据链采用的传输频段，主要包括短波、超短波、微波和卫星信道。

表 2-1　典型数据链信息传输信道

数据链	信息传输频段	信道类型
Link-1	HF UHF	短波信道 微波信道
Link-4	UHF	微波信道
Link-11	2～30MHz 225～400MHz	短波信道 微波信道
Link-11B	VHF UHF	超短波信道 微波信道
Link-16(TADIL J)	960～1215MHz	微波信道
Link-22	2～30MHz 225～400MHz	短波信道 超短波信道 微波信道
CDL	微波	微波信道 卫星信道

2.1.2　无线信道特性

1. 短波信道

短波通信是指利用频率在 3～30MHz，波长 100～10m 的电磁波通信，也称为高频无线电通信。由于它具有抗毁性强、通信距离远、灵活机动、造价低廉等特点，被广泛运用于军事、政府、商业等部门。数据链中，Link-1、Link-11、Link-22 等用到了短波信道，以实现超视距通信。

1) 短波传输途径

短波通信主要靠电离层反射(天波)来传输，也可以通过地波进行短距离通信。

(1) 地波传输

地波主要由地表面波、直接波和地面反射波构成。地波传播质量主要取决于地表介质特性，如地形起伏、地表植被及地面障碍物等都会较大程度上影响地波传输质量。并且频率越高地波受到的影响越大，利用地波通信时，工作频段一般选择在 5MHz 以下。同时，由于影响地波传输质量的地面特性较为稳定，受天气影响较小，信道参数基本上不随着时间变化而变化，故地波传播信道可以看作是恒参信道。

短波通信除了绕地传输，还能绕海传输。海面上障碍物相对较少，损耗也较小，最远可达约 1000km。而在地表介质复杂的陆地上，通信距离一般只有几十千米。

(2) 天波传输

天波传播是短波通信的主要通信手段。短波信号由天线发出后，经过电离层反射至地面，又由地面反射至电离层，经过多次反射之后由接收机接收，故传输距离很远，不受地面障碍物的影响，但天波传播质量与电离层密切相关。由于电离层的形成主要是由太阳辐射造成的，因此各区的电子浓度、电离层高度等参数就和各地区的地理位置、季节时间及太阳活动有密切关系，这也就决定了当采用天波通信时，短波通信质量受到天气、气候等因素影响。

2) 短波通信特点

(1) 通信距离远。利用天波传输时，短波单跳的最大地面传输距离可达 4000km，多次反射可达上万米，甚至可环球传播。

(2) 存在盲区。对于短波地波传输来说，由于地波衰落很快，当超过地波传输距离时，就无法接收到地波，而对于短波天波传输来说，通过电离层反射的电波只能在一定距离以外才能收到。因此就形成了既收不到地波又收不到天波的短波通信盲区。

(3) 信道不稳定。短波频段的远距离传输主要是依靠天波传播，但天波采用的是电离层的反射，电离层受地理位置、太阳黑子活动、昼夜季节的变化等影响较大，导致传播参数不稳定。

3) 短波信道传输特性

(1) 信道拥挤。短波波段频段较窄，通信容量小，因此要采取特殊的调制方式，如单边带(Single Side Band，SSB)调制。这种调制体制比调幅(Amplitude Modulation，AM)节省一半带宽，并且由于抑制了不携带信息的载波，节省了发射功率，目前短波通信装备均采用单边带调制。

(2) 多径效应。由于电离层特性，电磁波可通过一次或多次反射到达接收端，这就造成了短波信道的多径效应。多径效应导致接收到的信号是发射信号的不同幅度、不同相位和不同时延的信号叠加，相当于发送信号在时间上被拓展了，从而造成码间干扰。

(3) 传播损耗。短波信道的传播总损耗包括自由空间传播损耗、电离层偏移、非偏移吸收以及极化耦合损耗、多跳地面反射损耗、极区吸收损耗、E 层附加损耗等。但目前能计算的只有 3 项，即自由空间传播损耗、电离层非偏移吸收和多跳地面反射损耗。而其他各项损耗以及为以上各项损耗的逐日变化所留的余量，统一称为“额外系统损耗”。

(4) 多普勒频移。在短波通信中，不仅衰落会导致信号振幅起伏变化，传播过程中还存在多普勒效应所导致的发射信号频谱漂移，这种漂移称为多普勒频移。多普勒频移实际上常常是由于多径效应产生的。当出现多普勒频移时，信号频谱发生畸变，在时域上就表现为天波传输时存在时间选择性衰落。

2. 超短波信道

超短波通信是指利用频率在 30～300MHz，波长在 1～10m 的电磁波通信，也称为甚高频无线电通信。Link-11B、Link-22 等数据链采用了微波信道。

1) 超短波通信特点

以视距传播方式为主。电离层对电磁波的反射频率在理论上存在上限，而频率超过 30MHz 的电磁波已经超过了此理论上限，故超短波主要采用视距和地面反射波传输。当采用地面反射波传输时，受地表影响衰减很大，最多只能传输几千米到几十千米。

2) 超短波信道传输特性

(1) 信道稳定、误码率低。超短波信道主要是采用视距通信，不受电离层影响，若无有意干扰，基本上属于恒参信道，信道特性较稳定，故误码率低，传输速率高。

(2) 多普勒频移和多径效应。在超短波通信中，由于接收方处于高速移动中，存在多普勒效应，从而产生信号频谱畸变。同时，当接收机收到通过多条路径叠加而成的信号时，会产生多径效应。

3. 微波信道

微波通信是指频率在 1～20GHz 的电磁波通信手段。微波传播主要采用自由空间传播，由于微波波长短，对环境干扰虽不敏感，但却易于受障碍物的影响，故微波的收发器必须安装在建筑物的外面。Link-4、Link-11、Link-16 等数据链采用了微波信道。

1) 微波通信特点

(1) 以视距传播方式为主。与超短波相似，由于频率超过了电离层对电磁波的反射频率的理论上限，微波不能采用天波传播。与短波、中长波相比，微波的信号能量更容易被地表吸收，导致传输距离非常有限，不宜采用地波传播。因此微波主要是采用视距通信。

(2) 通信距离与平台高度密切相关。当发送平台在地面/海面时，接收平台位置越高，被遮挡可能性越低，视距范围就越大，传输距离也就越远。可以通过将发射天线架高来拓展通信距离；当发送平台在空中时，通信距离会进一步增加。

2) 微波信道传输特性

(1) 信道稳定、误码率低。微波信道主要是采用视距通信，不受电离层影响，若无有意干扰，基本上属于恒参信道，信道特性较稳定，故误码率低，传输速率高。此外，与短波信道相比，微波信道频段宽，可选用信道数目多，信道间隔大、干扰小，进一步提高了通信质量。

(2) 多普勒频移和多径效应。在微波通信中，由于接收方处于高速移动中，存在多普勒效应，从而产生信号频谱畸变。同时，当接收机收到通过多条路径叠加而成的信号时，会产生多径效应。

4. 卫星信道

卫星天线系统是指利用人造地球卫星作为中继站转发无线电信号的通信系统。目前，卫星信道所用的工作频段主要集中在 C 频段(3.95～5.85GHz)、X 频段(8.2～12.4GHz)和 Ku 频段(12.4～18.0GHz)。由于通信卫星所处位置较高，覆盖面较广，一般用于广域通信。基于卫星信道的这一优势，美军期望通过卫星信道来拓展数据链通信距离，典型的卫星数据链系统包括宽带数据链、卫星战术数据链、联合距离扩展数据链等。

1) 卫星通信特点

(1) 通信覆盖范围大，传输距离远。通信卫星一般覆盖面较广，理论上讲，一颗地球同步卫星最大能覆盖 42.4%的地球表面积。故只要是在卫星覆盖范围之内，均可收到卫星转发的信号。

(2) 组网灵活，受地理环境和地面资源的限制小。在卫星通信中，可以同一颗卫星与多个地球站连接，组网灵活，方便多址连接。常用的多址接入方式包括频分多址、时分多址、码分多址和空分多址。同时，地球站的建立不受地理条件的限制，可建在边远地区、岛屿、汽车、飞机和舰船上，受地理环境和地面资源限制小。

(3) 传输稳定，通信质量高。卫星通信的电波主要在大气层以外的宇宙空间传输，接近真空状态，电波传播比较稳定，几乎不受气候、季节变化和地形地物的影响，卫星通信线路的畅通率通常都在 99.8%以上，传输质量高。卫星通信具有自发自收的功能，便于进行信号监测，确保传输质量。

(4) 机动性能好。卫星通信不仅能和地球站之间进行远距离通信，还能与车载、舰载、机载及个人终端提供通信，在短时间内将通信延伸至新的区域。

2) 卫星信道传输特性

卫星信道的空间环境与地面通信的环境完全不同，在地面通信中，无线电波只受低层大气和地貌地物的影响，而卫星链路中，电磁波要穿过电离层、同温层和对流层，地球与整个大气层的影响同时存在。对于卫星数据链系统，除了要为通信提供卫星通信信道，还要按照约定的规程和应用协议来封装并安全地传输规定格式的数据和控制信息。

(1) 传输损耗。卫星链路中电磁波受到的损耗，最主要的是自由空间传输损耗，其余损耗包括大气、雨、云、雪、雾等造成的吸收和散射损耗等。自由空间损耗是传输损耗中最基本的损耗，接收天线接收的信号功率仅仅是发射功率的一小部分，大部分能量在自由空间中向其他方向扩散了。自由空间损耗与传输距离和电磁波频率成正比，故低轨道卫星在传播损耗中更具有优势。

(2) 传播噪声。数据链终端接收机的噪声主要来源于内部接收机和外部噪声源。外部噪声源可分为两类：地面噪声和太空噪声。地面噪声是最主要的外部噪声源，来源包括大气、降雨、地面、人为噪声等；太空噪声来源于宇宙、太阳系等。

(3) 多径效应。在移动卫星通信中，地球站除了接收直射波之外，还接收由邻近地面反射来的电波以及由临近山峰或其他地形地物散射而来的散射波，而终端又在移动，形成了快衰落。同样，当终端移动时，周围环境会对直射波产生遮挡，会产生强烈的慢衰落，甚至出现盲区。

(4) 多普勒频移。当卫星与基站之间、卫星与用户终端之间出现相对运动时，接收端收到的信号就会发生多普勒频移。多普勒频移对于采用相关解调的数字通信影响很大。对于地面移动通信，当载波频率为 900MHz，移动台速度为 50km/h，最大多普勒频移约为 41.7Hz。非静止轨道卫星通信系统的最大多普勒频移远大于地面移动通信系统，可达几十千赫兹，必须考虑对其进行补偿。

(5) 电波传播时延。固定卫星业务系统的总传播时延很大程度上取决于卫星高度以及采用的是单跳还是多跳卫星链路。当卫星处用户于最上方时，时延最小，当卫星处于地球站可看到的地平线上时，时延最大。

2.2 数据链中的调制/解调技术

本节首先介绍调制技术的技术演进，然后就 Link-11、Link-16、Link-22 数据链采用的调制技术进行介绍。最后比较了不同数据链中采用调制技术的调制策略。

2.2.1 调制/解调的技术演进

1. 调制技术定义

调制就是对信号源的编码信息进行处理，把要传输的模拟信号或数字信号变换成适合信道传输的信号的过程。通常的调制过程是指把基带信号转变为一个相对基带频率而言频率较高的带通信号，可以通过使高频载波随信号幅度的变化而改变载波的幅度、相位或频率来实现，这对应于调幅、调频和调相三种基本调制方法。解调是调制的反过程，通过具体的方法从已调信号的参量变化中恢复原始的基带信号。

调制方案的选择，主要遵从以下基本原则：一是频谱效率尽可能高；二是相邻信道的干扰尽可能小；三是信号频谱带外滚降要快，便于滤波；四是具有较好的误比特率性能；五是波形易于硬件实现。调制系统的性能指标，主要包括功率有效性和宽带效率。功率有效性是指低功率的电平下保证系统误码性能的能力，宽带效率反映了对分配的带宽如何有效利用，可表述成给定带宽下每赫兹的数据通过率(单位 bit/s/Hz)。

2. 调制方式演变

调制方式演变路径如图 2-1 所示。BPSK 具有较好的误比特率性能且易于实现，故将 BPSK 作为起点进行分析。BPSK 为二进制调制方式，考虑用高进制调制技术提高频谱效率。

QPSK 方式可以使频谱效率加倍的同时不降低误比特率性能。然而，QPSK 存在两个问题，一是采用相干检测对接收机复杂度要求高，二是 QPSK 存在横穿原点的相轨迹，增加了峰均比从而引起频谱增生。

因此，从这两方面考虑就有两种选择：①若不考虑频谱增生问题，可以采用 DQPSK 调制方式降低接收机复杂度。差分 PSK 调制技术是将传输的信息隐藏在调制后的相位中的，所以可以通过延时相乘的方式提取出传输的信息，这种解调技术采用的是非相干解调技术。此外，在 DQPSK 的基础上进一步发展，可以采用 π/4-DQPSK 和 π/4-FQFSK 调制方式，提高操控相轨迹以减小频谱增生(如图 2-1 右边路径)。②若考虑频谱增生，可以采用 OQPSK 调制方式。OQPSK 通过插入一比特的时延，迫使相轨迹远离原点，从而降低了频谱增生。在 OQPSK 的基础上，进一步改进相轨迹，得到 FQPSK 调制方式。

FSK 也是一种可选的调制方式，同样地，若考虑频谱增生问题，FSK 可发展成 MSK 和 GMSK 调制；若不考虑频谱效率，则可以使用 MFSK 调制方式。

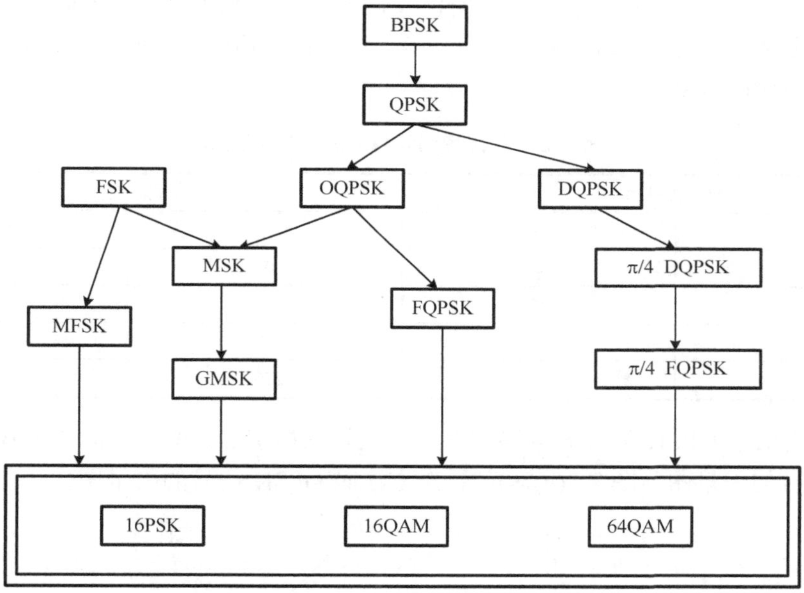

图 2-1　调制方式演变路径

上述所有调制方式可以归结到 16PSK、16QAM 和 64QAM 等这些先进调制技术中。尽管在有线通信中，这些调制方式不能称得上先进了，但是在无线通信中，在技术上实现仍然存在很多需要突破的点。

调制是为了使所传输信号特性与信道特性相匹配，通过调制，将其转变为适合信道有效传输的信号形式。各数据链系统所采用调制方式对数据链系统性能有重要影响。下面重点介绍典型战术数据链系统所采用的调制方式的基本原理，主要包括 Link-11 数据链的 π/4-DQPSK 调制、Link-16 数据链的 MSK 调制和 Link-22 数据链的 8PSK 调制。最后，对各种调制技术在选择策略上进行对比分析。

2.2.2　π/4-DQPSK 调制/解调

Link-11 数据链采用常规 Link-11 波形进行副载波多音调制，使用并行调制体制，每个单音采用 π/4-DQPSK 调制。经多音调制后的信号，再通过 HF 频段的独立边带抑制载波调制技术或 UHF 频段的调频(Frequency Modulation，FM)技术进行高频调制。π/4-DQPSK 调制是 Link-11 数据链实现信息加载的关键。π/4-DQPSK 调制是一种正交差分相移键控技术，它的最大相位跳变值介于 QPSK 调制和 OQPSK 调制之间。下面介绍 QPSK、OQPSK 调制/解调技术。

1. QPSK 调制

QPSK 调制中每个码元包括两比特信息，利用载波的 4 种相位表征数字信息。用 a、b 表示两比特，则双比特组有 00、01、10、11 这 4 种排列方式。格雷编码是指相邻相位所代表的比特组只有一个不同的比特，故当 QPSK 的双比特码元采用格雷编码时，可以得到如表 2-2 所示的双比特码元与载波相位对应关系，且若存在相位误差而导致误判至相邻相位，会降低信号的误比特率。

表 2-2　双比特码元与载波相位的关系

双比特码元		载波相位	
a	b	A 方式	B 方式
0	0	0°	225°
1	0	90°	315°
1	1	180°	45°
0	1	270°	135°

表 2-2 列出了 QPSK 信号的编码方案，其矢量图如图 2-2 所示。图 2-2(a)表示 A 方法时 QPSK 信号的矢量图，图 2-2(b)对应于 B 方法时 QPSK 信号的矢量图。

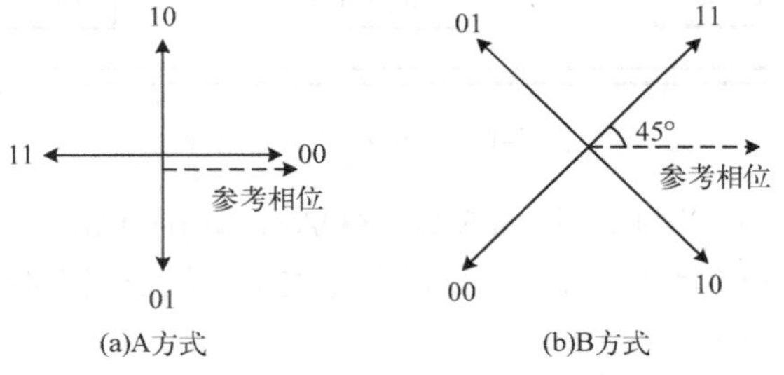

图 2-2　QPSK 信号的矢量图

1) QPSK 信号的产生

QPSK 信号的调相法原理如图 2-3 所示。QPSK 调制可以看作两路正交移相信号的叠加。串行二进制序列通过串/并转换变为两路速率减半的并行序列，经过电平产生器产生双极型二电平信号 $I(t)$ 和 $Q(t)$，然后对 $\cos\omega_c t$ 和 $-\sin\omega_c t$ 调制，相加后即得到 QPSK 信号。

2) QPSK 信号的解调

从图 2-3 可看出，QPSK 信号可以看作是两路正交 BPSK 信号的合成，故其解调算法可理解为对两路 BPSK 的解调。采用相干解调的 QPSK 解调框图如图 2-4 所示，由于 QPSK 采用相干解调，需要频率和相位严格同步，对接收机要求较高。

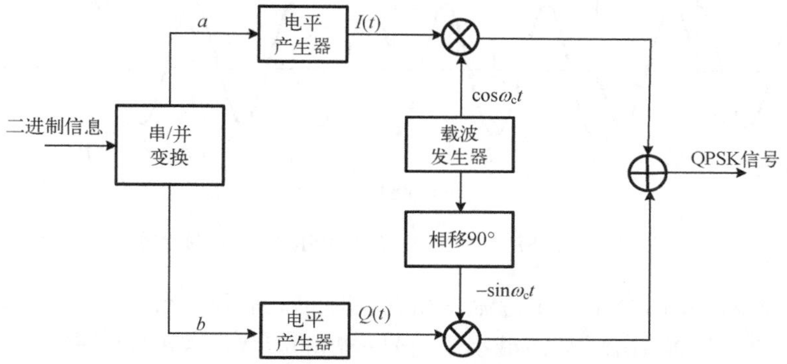

图 2-3　QPSK 信号调制原理框图

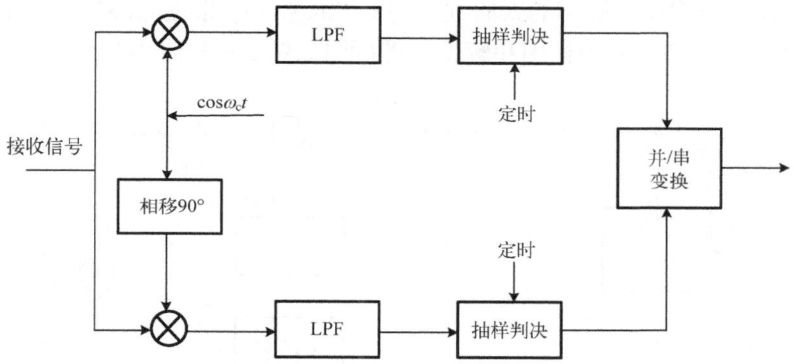

图 2-4　QPSK 信号解调框图

2. OQPSK 调制

QPSK 调制中，相邻码元最大相位差为 180°(图 2-5(a))，相轨迹横穿或接近原点，在频谱受限的系统中会引起包络的起伏从而引起频谱增生，迫使功率放大器工作在线性区域。

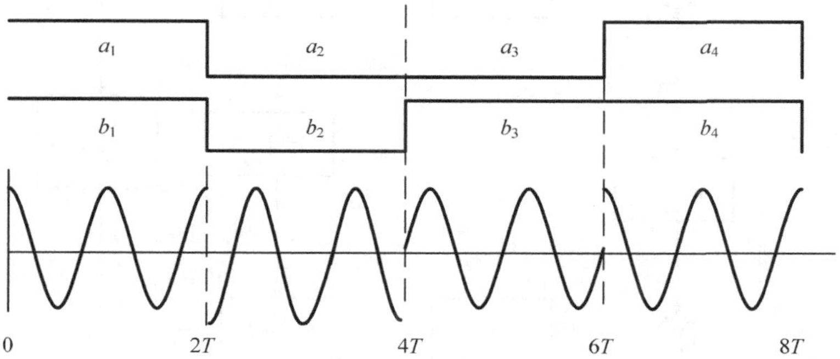

(a)QPSK

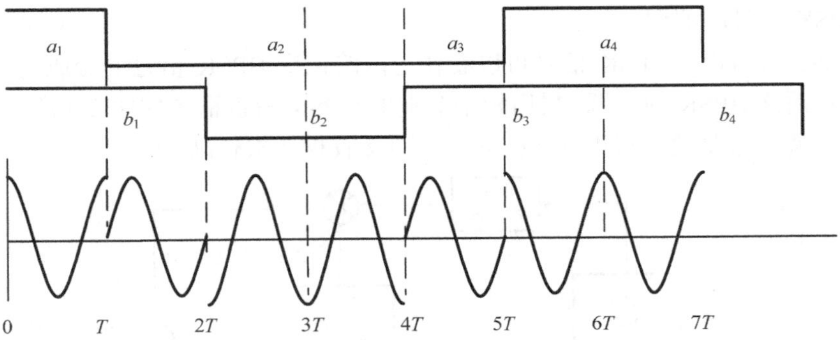

(b)OQPSK

图 2-5　QPSK 信号波形与 OQPSK 信号波形比较

为了减小相位突变，将两个正交比特流 a 和 b 在时间上错开半个码元，这样相邻码元最大相位差变成了 90°(图 2-5(b))，从而减小了信号振幅的起伏，这种体制称为偏移正交相移键控(Offset-QPSK，OQPSK)。

OQPSK 调制方式相干解调的误码性能与 QPSK 相同，根据 QPSK 的调制和解调框图，可得到 OQPSK 信号调制原理框图和解调原理框图如图 2-6 和图 2-7 所示。

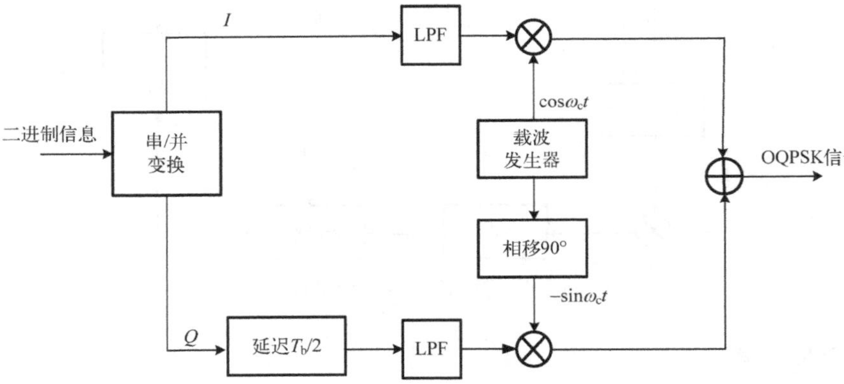

图 2-6　OQPSK 调制原理框图

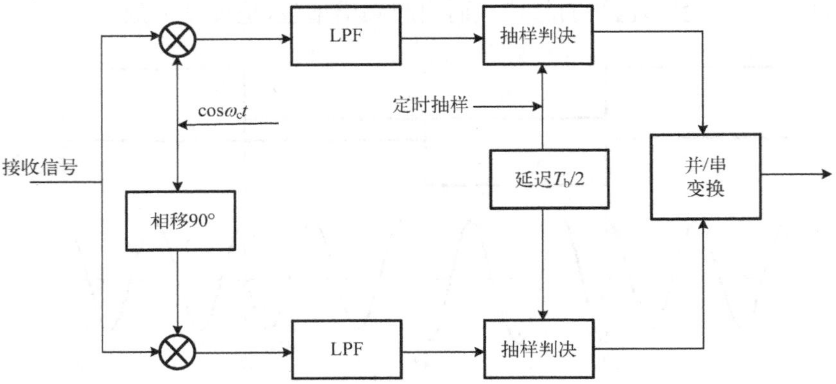

图 2-7　OQPSK 解调原理框图

3. π/4-DQPSK 调制

通过在正交支路引入半周期的时延，OQPSK 消除了 180°的相位突变现象，将最大相位差降低为 90°，但由于采用相干解调技术，对接收机要求较高。鉴于此，发展了 π/4-DQPSK 调制技术。

π/4-DQPSK 是 QPSK 和 OQPSK 的折中，由两个相差 π/4 的 QPSK 星座图交替产生，其最大相移为±135°。因此，通过带通滤波的 π/4-DQPSK 信号与同样处理的 QPSK 相比有较小的包络起伏，但比 OQPSK 的大。与 QPSK 和 OQPSK 信号相比，π/4-DQPSK 的优点在于，π/4-DQPSK 可采用相干解调，也可采用非相干解调，特别是它的非相干解调使得接收机大大简化，因此受到人们的青睐。

π/4-DQPSK 已调信号的相位被均匀地分配在相距 π/4 的 8 个相位点，如图 2-8(a)所示。实际实现时 8 个相位点被分为两组，分别用“•”和“∘”表示，如图 2-8(b)和图 2-8(c)所示。

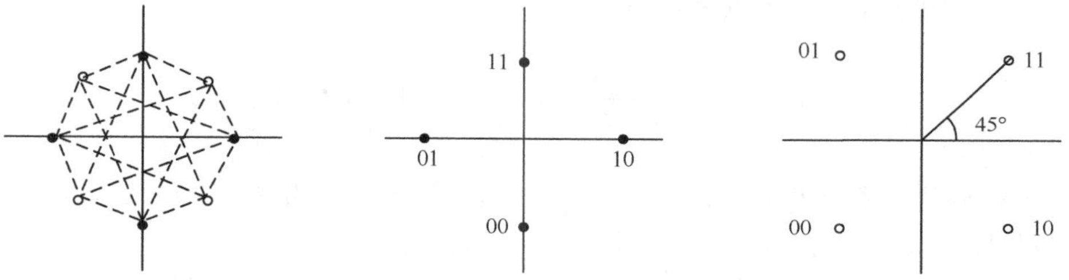

(a)星座图　(b)星座图之一　(c)星座图之二

图 2-8　π/4-DQPSK 信号的星座图

π/4-DQPSK 调制时信号的相位在两组之间交替跳变，则相位跳变值只能在 π/4 和 3π/4，避免了 QPSK 信号相位突变的现象。而且相邻码元间至少有 π/4 的相位变化，使接收机容易进行时钟恢复和同步。根据上述分析，π/4-DQPSK 的调制/解调原理框图如图 2-9 所示。

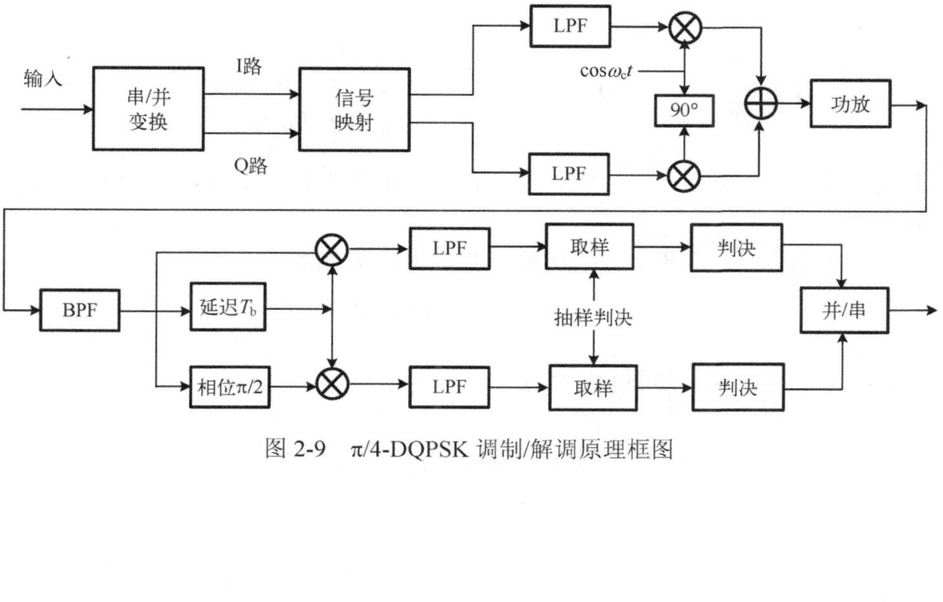

图 2-9　π/4-DQPSK 调制/解调原理框图

在图 2-9 所示的 π/4-DQPSK 调制/解调原理框图中，采用的是非相干解调技术，工程中容易实现，其中低通滤波器的作用是减少带外辐射。

2.2.3 MSK 调制/解调

在 Link-16 数据链中，待传输的消息经纠错编码和交织后，以 5 位二进制信息为一组，通过 32 比特序列进行循环移位扩频(Cyclic Code Shift Keying，CCSK)调制，然后再与 32 比特的伪随机噪声按“异或”逻辑运算，形成传输编码序列。Link-16 数据链发射的脉冲信号就是以 32 比特的传输码序列作为调制信号，以 5Mbit/s 的速率对载波进行最小移频键控(Minimum Frequency Shift Keying，MSK)调制而成的。MSK 信号是一种包络恒定、相位连续、带宽最小且严格正交的 2FSK 信号，且具有带外旁瓣衰落快的特点。

1. MSK 调制的基本原理

1) MSK 信号的频率间隔

MSK 信号的第 k 个码元可以表示为

$$s_k(t)=\cos\left(\omega_c t+\frac{a_k\pi}{2T_s}t+\varphi_k\right)\quad (k-1)T_s<t\leqslant kT_s$$

式中，ω_c 为载波角频率；T_s 为码元宽度；$a_k=\pm1$(当输入码元为“1”时，$a_k=1$；当输入码元为“0”时，$a_k=-1$)；φ_k 为第 k 个码元的初始相位。

由上式可知，当输入码元为“1”时，码元频率 $f_0=f_c+1/(4T_s)$；当输入码元为“0”时，码元频率 $f_1=f_c-1/(4T_s)$。故 MSK 的频率间隔为 $f_1-f_0=1/(2T_s)$，满足 2FSK 的最小频率间隔。

2) MSK 的相位连续性

相位连续的一般表现是前一码元末尾时刻的相位等于后一码元开始时的相位，即

$$\frac{a_{k-1}\pi}{2T_s}kT_s+\varphi_{k-1}=\frac{a_k\pi}{2T_s}kT_s+\varphi_k$$

故得到递归式

$$\varphi_k=\varphi_{k-1}-\frac{k\pi}{2}(a_k-a_{k-1})=\begin{cases}\varphi_{k-1}, & a_k=a_{k-1}\\ \varphi_{k-1}\pm k\pi, & a_k\neq a_{k-1}\end{cases}$$

由上式可以看出，第 k 个码元的相位不仅由当前输入码元决定，还与前一码元的输入值和相位相关。

在用相干法接收时，假设 φ_{k-1} 的初始参考值为 0，可得

$$\varphi_k=0\text{或}\pi\quad (\text{mod } 2\pi)$$

式 $s_k(t)=\cos\left(\omega_c t+\dfrac{a_k\pi}{2T_s}t+\varphi_k\right)$ 可以表示为

$$s_k(t)=\cos[\omega_c t+\theta_k(t)]\quad (k-1)T_s<t\leqslant kT_s$$

式中，$\theta_k(t)=\dfrac{a_k\pi}{2T_s}t+\varphi_k$，$\theta_k(t)$ 为第 k 个码元的附加相位。

由上式可见，在此码元持续时间内 $\theta_k(t)$ 与时间 t 呈线性关系，且在一个码元持续时间 T_s 内，变化 $\pm\pi/2$。按照相位连续性要求，在第 $k-1$ 个码元的末尾，即当 $t=(k-1)T_s$ 时，其附加相位 $\theta_{k-1}(kT_s)$ 就应该是第 k 个码元的初始附加相位 $\theta_k(kT_s)$。所以，每经过一个码元的持续时间，MSK 码元的附加相位就改变 $\pm\pi/2$。若 $a_k=1$，则第 k 个码元的初始附加相位增加 $\pi/2$；若 $a_k=-1$，则第 k 个码元的初始附加相位减小 $\pi/2$。按照这一规律，可以画出 MSK 信号附加相位 $\theta_k(t)$ 的轨迹，如图 2-10 所示。图中给出的曲线所对应的输入数据序列为 $a_k=+1,+1,+1,-1,-1,+1,+1,+1,-1,-1,-1,-1,-1$。

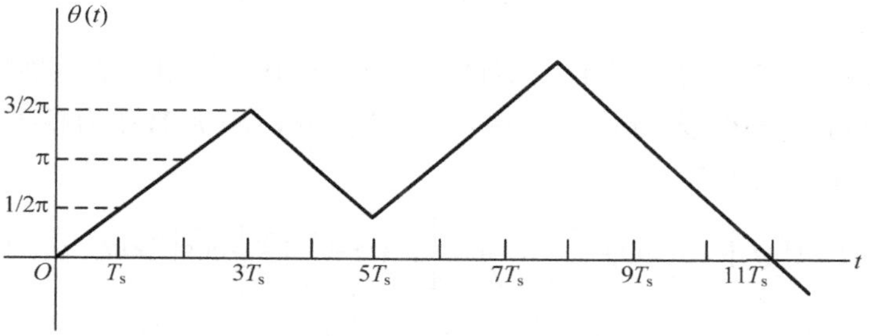

图 2-10　附加相位轨迹

由以上讨论可得，MSK 信号具有如下特点。

(1) 已调信号的振幅恒定。

(2) 以载波相位为基准的信号相位在一个码元期内准确地线性变化 $\pm\pi/2$。

(3) 一个码元持续时间是 1/4 载波周期的整数倍。

(4) 信号相位连续。

2. MSK 信号的产生与解调

1) MSK 信号的调制

通过对 MSK 码元表达式的推导，得到 MSK 信号可以用两个正交的分量表示：

$$s_k(t)=p_k\cos\frac{\pi t}{2T_s}\cos\omega_c t-q_k\sin\frac{\pi t}{2T_s}\sin\omega_c t\quad (k-1)T_s<t\leqslant kT_s$$

式中，$p_k=\cos\varphi_k=\pm1$，$q_k=a_k\cos\varphi_k=a_k p_k=\pm1$。该式表明，此信号可以分解为同相(I)和正交(Q)分量两部分。同相(I)分量的载波为 $\cos\omega_c t$，p_k 包含输入码元信息，$\cos[\pi t/(2T_s)]$ 是其余弦型加权函数；正交(Q)分量的载波为 $\sin\omega_c t$，q_k 包含输入码元信息，$\sin[\pi t/(2T_s)]$ 是其正弦型加权函数。

通过分析 MSK 信号的正交表达式，MSK 信号的产生原理框图如图 2-11 所示。

2) MSK 信号的解调

MSK 信号是一种 2FSK 信号，和 2FSK 信号一样，有相干解调和非相干解调，这里介绍延时判决相干解调法。下面举例说明在 $(0,2T_s)$ 时间内判决出一个码元信息的基本原理。

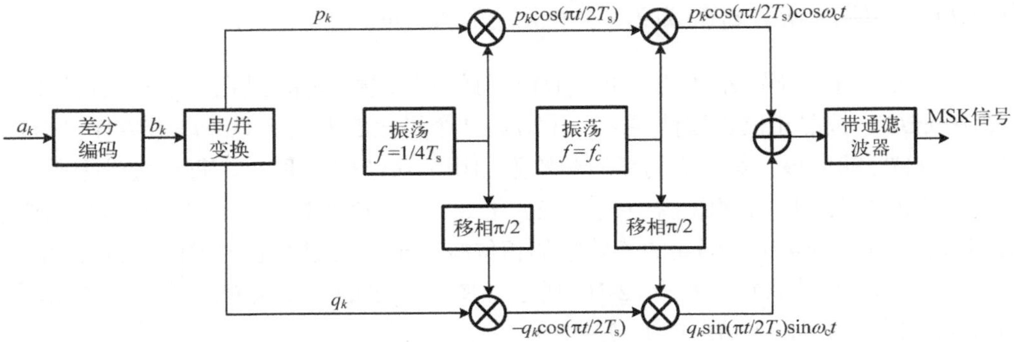

图 2-11　MSK 信号的原理框图

先考察 $k=1$ 和 $k=2$ 的两个码元。设 $\theta_1(t)=0$，则由 MSK 的相位变化规律可知，在 $t=2T_s$ 时，$\theta_k(t)$ 的相位可能是 0 或 $\pm\pi$。在解调时，若用 $\cos(\omega_c t+\pi/2)$ 作为相干载波与接收信号 $\cos[\omega_c t+\theta_k(t)]$ 相乘，则可得

$$\cos[\omega_c t+\theta_k(t)]\cos\left(\omega_c t+\frac{\pi}{2}\right)=\frac{1}{2}\cos\left[\theta_k(t)-\frac{\pi}{2}\right]+\frac{1}{2}\cos\left[2\omega_c t+\theta_k(t)+\frac{\pi}{2}\right]$$

当通过低通滤波器时，输出信号为(省略常数项)

$$v_0=\cos\left[\theta_k(t)-\frac{\pi}{2}\right]=\sin\theta_k(t)$$

按照输入码元 a_k 的取值不同，输出电压 v_0 的轨迹图如图 2-12 所示。若输入的两个码元为“+1, +1”或“+1, −1”，$\theta_k(t)$ 在 $0<t\leqslant 2T_s$ 期间为正，v_0 也为正。若输入的码元为“−1, +1”或“−1, −1”时，$\theta_k(t)$ 在 $0<t\leqslant 2T_s$ 期间为负，v_0 也为负。因此，若在 $0<t\leqslant 2T_s$ 期间对 v_0 做积分，结果为正，则说明第一个接收码元为“+1”；若结果为负，则说明第一个接收码元为“−1”。按照此法，在 $T_s<t\leqslant 3T_s$ 期间做积分，就能判断第二个接收码元的值。后续码元判决方法以此类推。

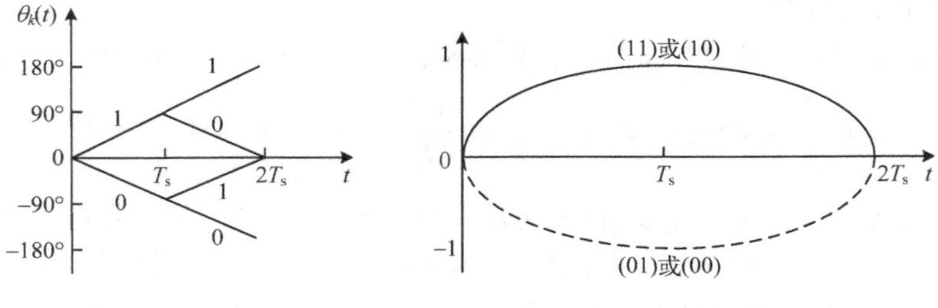

(a) 附加相位的变化　(b) 输出电压的变化

图 2-12　MSK 的延时判决解调原理

在延时判决相干解调法中，利用了前后两个码元的信息对于前一码元作判决，一定程度上提高了数据的可靠性。图 2-13 给出了 MSK 信号延迟解调法方框图，图中两个积分判决器的积分时间长度均为 $2T_s$，但是错开时间 T_s。上支路的积分判决器先给出第 $2i$ 个码元输出结果，然后下支路给出第 $(2i+1)$ 个码元输出结果。

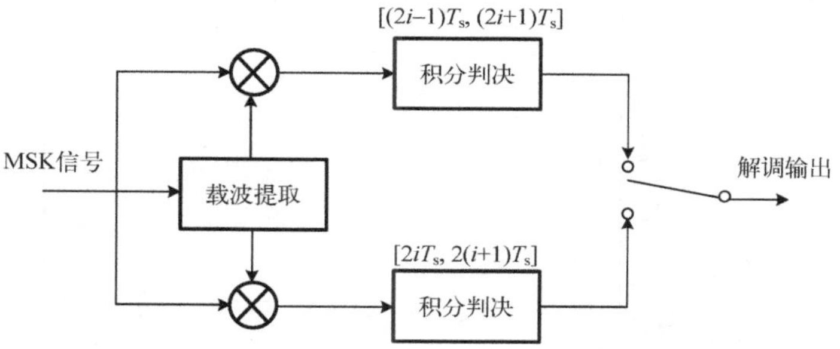

图 2-13　MSK 信号延迟解调法方框图

2.2.4　8PSK 调制/解调

在 Link-22 数据链中，载波调制方式采用 8PSK 调制方式，以进一步提高信息传输效率，并可根据所采用的调制方式和编码方式的不同组合，形成不同的信息传输波形。本节重点介绍 8PSK 调制方式的调制/解调原理。

1. MPSK 调制

8PSK 调制方式属于多进制数字相位调制(Multiple-PSK，MPSK)的一种，它是利用载波的多种不同相位来表征数字信息的调制方式。在第 k 个码元的持续时间内，一个 MPSK 信号码元可以表示为

$$s_k(t) = A\cos(\omega_0 t + \varphi_k) \quad (k = 1, 2, \cdots, M)$$

式中，A 为常数，$\varphi_k = \dfrac{2\pi}{M}(k-1)$。通常，取 M 为 2 的幂次。

故将 MPSK 信号码元表示式展开写为

$$s_k(t) = A\cos(\omega_0 t + \varphi_k) = a_k \cos\omega_0 t - b_k \sin\omega_0 t$$

式中，$a_k = A\cos\varphi_k, b_k = A\sin\varphi_k$。上式表明，MPSK 信号码元 $s_k(t)$ 可以看做是由正弦和余弦两个正交分量合成的信号。

2. 8PSK 调制

对于 8PSK 调制而言，φ_k 有 8 种可能取值。图 2-14 给出了 8PSK 信号的示意图，8 种相位分别为 $\dfrac{\pi}{8}$、$\dfrac{3\pi}{8}$、$\dfrac{5\pi}{8}$、$\dfrac{7\pi}{8}$、$\dfrac{9\pi}{8}$、$\dfrac{11\pi}{8}$、$\dfrac{13\pi}{8}$、$\dfrac{15\pi}{8}$，分别对应于数字信息 111、110、010、011、001、000、100、101。

8PSK 调制信号的原理框图如图 2-15 所示。输入的二进制信息序列经过串-并变换每次产生一个 3 位码组 $b_1b_2b_3$，因此符号速率为比特率的 1/3。在 $b_1b_2b_3$ 控制下，同相支路和正交支路分别产生两个四电平基带信号 $I(t)$ 和 $Q(t)$。b_1 用来决定同相路信号的极性，b_2 决定正交路信号的极性，b_3 则用于确定同向路和正交路信号的幅度。

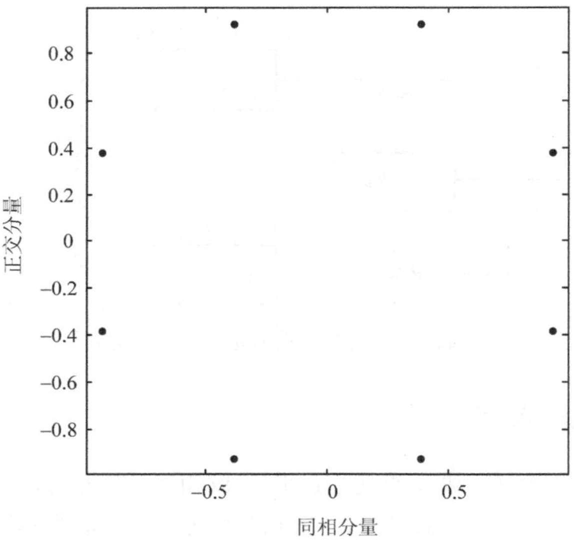

图 2-14　8PSK 信号示意图

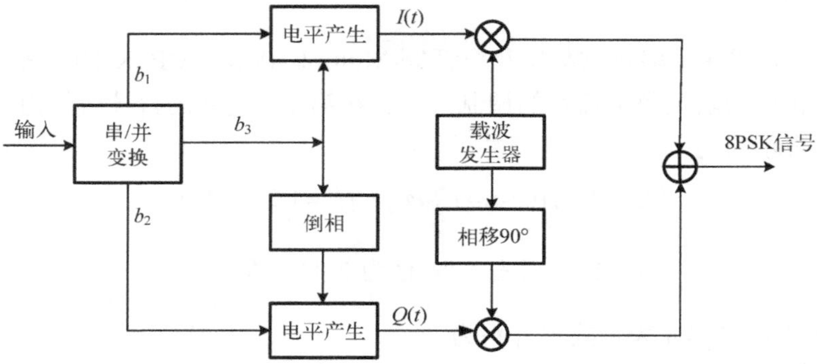

图 2-15　8PSK 信号调制原理框图

可以看出，MPSK 信号可以用两个正交的载波信号实现相干解调，因此，8PSK 信号也可采用相干解调，其解调原理框图与图 2-4 所示 QPSK 调制类似，区别在于电平判决由二电平判决改为四电平判决，判决结果经逻辑运算后得到比特组，再进行并-串变换。这里就不再赘述。

2.2.5　数据链中调制策略比较

一般来说，调制方式的比较主要从以下几方面考虑：①频谱效率；②接收机复杂度(相干和非相干检测)；③BER 性能；④对发射功率放大器线性化的要求。

对于 Link-11 数据链采用的π/4-DQPSK 调制方式，首先从 BPSK 调制方式入手分析。BPSK 调制要求功率放大器工作在线性区域，以及采用相干检测提取信息比特。QPSK 调制可以使频谱效率加倍，达到 2bit/s/Hz，使该调制方式星座图存在经过原点的相轨迹，所以当调制信号经过非线性区域时，就会产生频谱增生现象。为了使相轨迹远离原点，可以选择 OQPSK 调制，将π相轨迹分成了两个π/2 相轨迹，从而使相轨迹远离原点。至此，只考虑了发射功率放大器的非线性，未考虑接收机复杂度的问题。若考虑接收机的方案，可以考虑差分调制方法。

如果能够容忍频谱增生或是可以使用低效率的功率放大器，也可以考虑 DQPSK 调制方式，此时相位变化插入到发送信号中。但在 DQPSK 调制方式中相轨迹经过了原点，不过通信系统设计者可以选择适当的接收机方案来克服这一问题。

为了使功率放大器能够高效率工作，而保留在接收端的选择，可以选择π/4-DQPSK 调制。此时，可以避免相轨迹穿过原点，但是仍然会比较接近原点，这取决于所选择的低通滤波器。

QPSK 信号可以看作是两路正交的 BPSK 信号，故 QPSK 信号的误比特率性能与 BPSK 的相同，OQPSK 和π/4-DQPSK 信号只是将这两路信号偏置了，所以其误码率也与前面两者相同。对于 Link-16 数据链采用的 MSK 信号，它是用极性相反的半个正(余)弦波形去调制两个正交的载波。因此，当用匹配滤波器分别接收每个正交分量时，MSK 信号的误比特率性能和 BPSK、QPSK、OQPSK 和π/4-DQPSK 的性能一样。但是，若把它当作 FSK 信号用相干解调法在每个码元持续时间 T_s 内解调，则其性能将比π/4-DQPSK 信号的性能差 3dB。

现在考虑 MPSK 的误码率。对于任意 M 进制的 PSK 信号，其误码率公式为

$$P_e = 1 - \frac{1}{2\pi}\int_{-\pi/M}^{\pi/M} e^{-r}\left[1 + \sqrt{4\pi r}\cos\theta e^{r\cos^2\theta}\frac{1}{\sqrt{2\pi}}\int_{-\infty}^{\sqrt{2r}\cos\theta} e^{-x^2/2}dx\right]d\theta$$

按照上述画出的曲线如图 2-16 所示。其中，横坐标 r_b 是每比特的信噪比，它与码元信噪比 r 的关系为 $r_b = r/k = r/\log_2 M$ 。当 M 较大时，MPSK 误码率公式可以近似写为

$$P_e \approx \text{erfc}\left(\sqrt{r}\sin\frac{\pi}{M}\right)$$

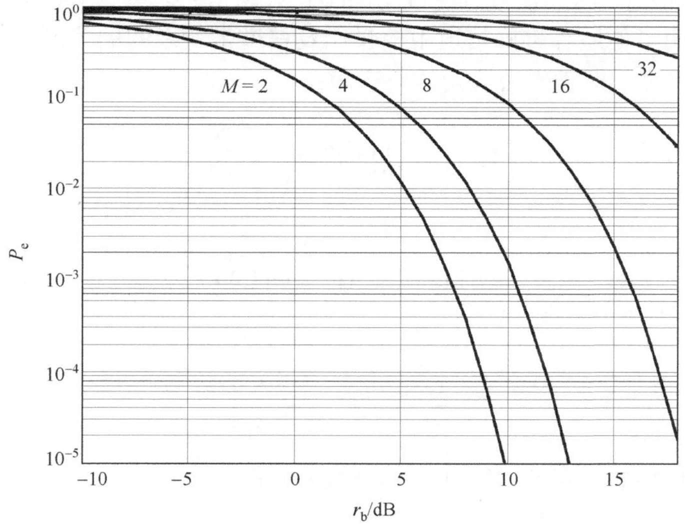

图 2-16　MPSK 信号的误码率曲线

从图 2-16 中曲线可以看出，若要保持误码率 P_e 和信息传输速率不变，随着 M 的增加，需要增大 r_b，即增大发送功率，这样做是用增大功率换取了带宽。Link-22 采用的 8PSK 调制技术，综合考虑了数据链中发射功率线性化和 BER 性能，使信号更适合信道的传输。

2.3 数据链中的扩频调制技术

扩展频谱技术由于具有很强的抗干扰能力，能有效改善通信系统的可靠性，是一种有别于常规通信系统的调制技术。数据链中以扩频通信技术为主要抗干扰方式，达到在干扰环境下可靠通信的目的。如 Link-16 数据链中，采用了直接序列扩频和高速跳频相结合的方式，使 Link-16 数据链具有较高的抗干扰能力。本节着眼于扩频通信技术的基本理论，介绍数据链中的扩频技术。

2.3.1 扩频技术及其理论基础

扩频技术是将待传输的信息进行伪随机编码调制，待传信息频谱扩展后再进行传输。接收端利用相同的伪随机码进行解调及相关处理，恢复出原始信息数据。扩频通信的本质是通过扩展频谱，降低功率谱密度，达到抗干扰的目的。

1. 抗干扰能力的理论基础

根据香农信息论，对于连续信道，若信道带宽为 B，且受到加性高斯白噪声干扰，则其信道容量的理论公式为

$$C = B\log_2\left(1+\frac{S}{N}\right)$$

式中，C 为信道容量，b/s；B 为信道带宽，Hz；S 为信号功率，W；N 为噪声功率，W；

香农公式表明了信道容量同信道中信噪比及信道带宽之间的关系。令 $N = n_0B$，n_0 为白噪声的功率谱密度，对香农公式两边求极限：

$$\lim_{B\to\infty} C = \lim_{B\to\infty} B\log_2\left(1+\frac{S}{n_0B}\right)$$

考虑到极限

$$\lim_{x\to\infty}\frac{1}{x}\log_2(1+x) = 1.44$$

则有

$$\frac{C}{B} = 1.44\ln\left(1+\frac{S}{N}\right)$$

对于典型干扰环境，有 $S/N \ll 1$，幂级数展开得

$$\frac{C}{B} = 1.44\frac{S}{N} \quad 或 \quad B \approx 0.7C\frac{N}{S}$$

由香农公式可以看出，给定的信道容量与带宽和信噪比成正比。当信道容量一定时，

若带宽减小则需增大信号功率；若带宽变大，在发射功率不变的条件下，噪声功率也变大，也就是通过增大带宽为代价，换取低信噪比下的有效传输。扩频通信系统正是利用这一原理，用高速率的扩频码扩宽传输信号带宽以达到提高抗干扰能力的目的。扩频通信系统的带宽比常规通信系统的带宽大几百倍乃至几万倍，所以在相同信息传输速率和相同信号功率的条件下，具有较强的抗干扰的能力。

2. 扩频技术特点

扩频通信技术是一种具有优异抗干扰性能的技术，主要优点如下。

1) 抗干扰能力强

扩频技术具有极强的抗窄带瞄准式干扰、抗人为宽带干扰、中继转发式干扰的能力，相对于常规通信系统，直接序列扩频系统、跳频扩频系统、直接序列-跳频混合扩频系统等系统对多径干扰不敏感，如果再采用自适应天线、自适应滤波等技术，可以有效消除多径干扰，这对移动通信是很有利的。

2) 便于信息隐藏

扩频信号的频谱结构主要由扩频码来决定，当采用扩频通信时，发射信号频谱被扩展，功率谱密度降低，近似于噪声，从而达到信号“隐蔽”的效果。敌方侦察接收机难以检测出发射信息，使得系统具有低的截获概率，从而提高了系统的保密性能。可以看出，信息的隐蔽程度很大程度上取决于扩频码的性能。

3) 可以实现码分多址

当网内接收机指定了不同的扩频码后，网内的任一发射机可通过选择不同的扩频码来和相应的接收机通信。由于扩频码之间具有优良的自相关特性和互相关特性，各用户之间互不干扰，就构成了码分多址系统。

4) 抗多径干扰

扩频通信中，利用扩频码的自相关特性，在接收端从多径信号中提取和分离出最强的有用信号，或把多条路径的同一码序列波形相加，这就相当于梳状滤波器的效果。另外，采用跳频扩频系统中，由于用多个频率的信号传送同一信息，实际上起到了频率分集的作用。

2.3.2　直接序列扩频

直接序列扩频(Direct Sequence-Spread Spectrum，DS-SS)是用待传输的信息信号与高速率的扩频码相乘来扩展传输信号的带宽。Link-16 数据链中采用的直接序列扩频也叫循环移位扩频调制，将 5 比特信息按照一定的规则，调制成 32 比特的传输信息。

直接序列扩频系统模型参见图 2-17，图 2-18 所示为理想扩展频谱系统波形示意图。二进制数字信号 $d(t)$ (图 2-18(a))与一个高速率的二进制伪噪声码 $c(t)$ 如图 2-18(b)所示，扩频码序列)相乘，得到如图 2-18(c)所示的复合信号 $d(t)c(t)$ (图 2-18(c))。一般伪噪声码的速率 $R_c = 1/T_c$ 是 Mbit/s 的量级，有的甚至达到几百 Mbit/s，比较图 2-18(a)和图 2-18(c)，可以发现传输信号的频谱被大大扩宽了。

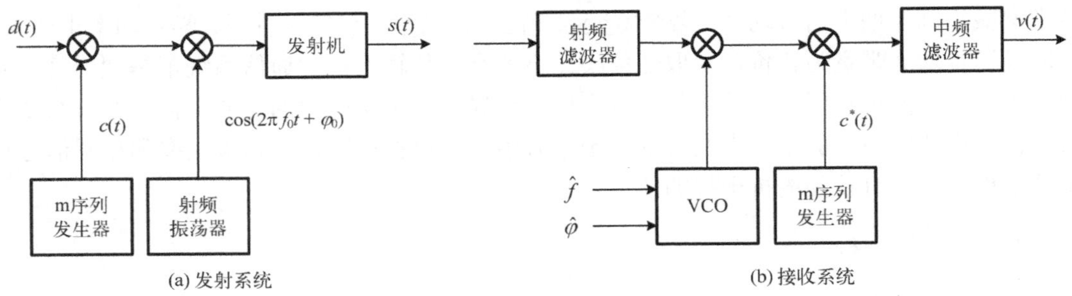

图 2-17　直接序列扩频系统模型

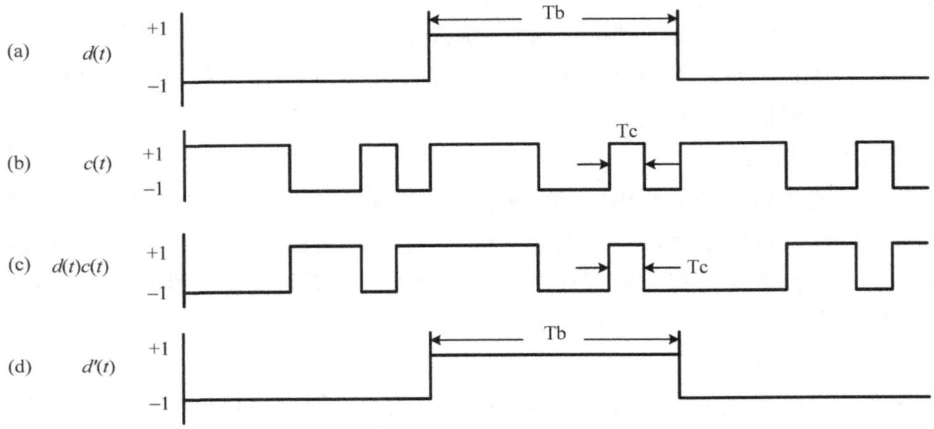

图 2-18　理想扩展频谱系统波形示意图

频谱扩展后的信号 $d(t)c(t)$ 经过载波 $\cos(2\pi f_0 t)$ (f_0 为载波频率)的调制(直接序列扩频一般采用 PSK 调制)后发送出去。扩频信号 $s(t)$ 的带宽取决于伪噪声码 $c(t)$ 的码速率 R_c。在 PSK 调制的情况下，射频信号的带宽等于伪噪声码速率的 2 倍，即 $R_s = 2R_c$，而几乎与数字信号 $d(t)$ 的码速率无关。经过上述处理，达到了对 $d(t)$ 扩展频谱的目的。

如图 2-17(b)所示，在接收端用一个和发射端同步的参考伪噪声码 $c_r^*(t-\hat{T}_d)$ 所调制的本地参考振荡信号，与接收到的 $s(t)$ 进行相关处理。当参考伪噪声码与 $c(t)$ 完全相同时(或相关性很好)，可以得到最大的相关峰值，恢复出发射端的信号 $d'(t)$ (图 2-18(d))。

为了对扩频通信系统的特性有进一步的了解，可以分析解扩前后信号功率谱密度，假设所有信号的功率谱是均匀分布在 $B_{RF} = 2R_c$ 的带宽之内。图 2-19(a)表示直接序列扩频系统中接收机收到的信号频谱，包括有用信号频谱、多址信号频谱和噪声频谱。在接收端，相关解扩相当于是接收信号乘以本地参考扩频序列，对于多径信号和噪声信号而言，其信号和扩频码无关，功率谱密度降低。而有用信号被解扩成很窄的原始信号，如图 2-19(b)。当采用带宽为 $B_b = 2R_b$ 的中频滤波器对解扩信号滤波时，有用信号能无失真的通过滤波器，而其余信号进入中频滤波器的能量很少，大部分能量落在中频滤波器的通频带之外，被中频滤波器滤除了。可以定性地看出，解扩前后的信噪比发生了显著的改变。这也是直接序列扩频能提高抗干扰能力的生动解释。

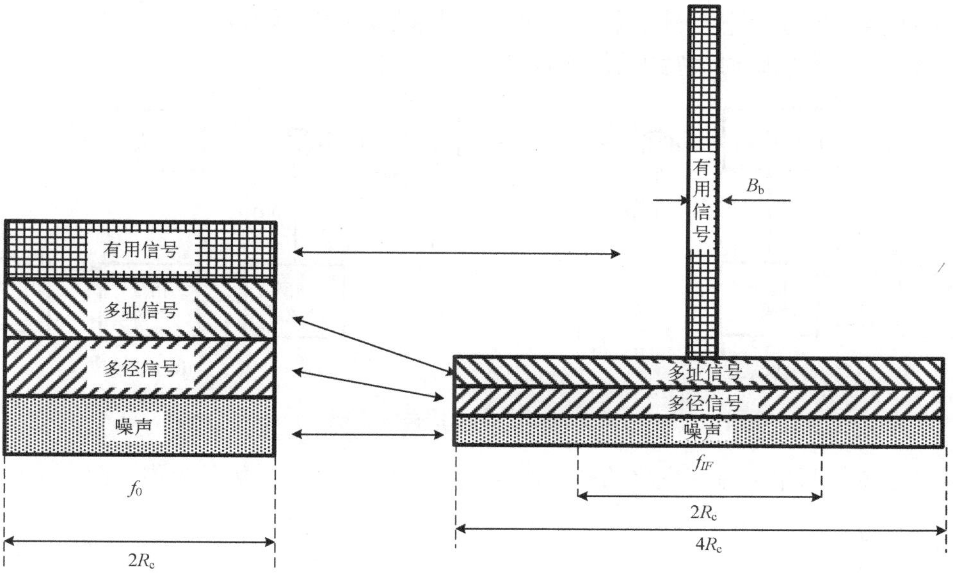

(a) 解扩前　　(b) 解扩后

图 2-19　解扩前后信号功率谱密度示意图

2.3.3　跳频扩频

1. 跳频原理

跳频扩频(Frequency Hopping-Spread Spectrum，FH-SS)是用二进制伪随机码序列去离散地控制射频载波的输出频率，使发射信号的频率随伪随机码的变化而跳变，跳频系统的跳频点数通常是几十到几千个。

跳频系统与常规通信系统相比较，最大的差别在于发射机的载波发生器和接收机中的本地振荡器。在常规通信系统中这两者输出信号的频率是固定不变的，然而在跳频通信系统中这两者输出信号的频率是跳变的。在跳频通信系统中发射机的载波发生器和接收机中的本地振荡器主要由伪随机码发生器和频率合成器两部分组成。快速响应的频率合成器是跳频通信系统的关键部件。

跳频通信系统模型如图 2-20 所示。在发射端，由扩频码发生器产生伪随机序列控制编码器输出频率，与待传输信号 $d(t)$ 混频后，产生发射信号 $s(t)$ 。$s(t)$ 的中心频率就按照编码器输出频率规律跳变。在接收端，收信机中的频率合成器也按照相同的顺序跳变，产生一个和接收信号频率只差一个中频频率的参考本振信号 $b(t)$ ，经混频后得到一个频率固定的中频信号 $u(t)$ ，这一过程称为对跳频信号的解跳。解跳后的中频信号经放大后送到解调器解调，恢复传输的信息。与直接序列扩频一样，跳频系统同样需要同步。

跳频系统在每一个频率上驻留时间的倒数称为跳频速率。根据跳频速率的不同，跳频系统分为频率慢跳系统和频率快跳系统两种。当系统跳频速率大于信息符号速率时，称为快跳系统。此时系统在多个频率上一次传送相同的信息，信号的瞬时带宽由跳频速率决定。

当系统跳频速率小于信息符号速率时，称为慢跳系统。此时系统在每一跳时间内传送若干波特的信息，信号的瞬时带宽由信息速率和调制方式决定。

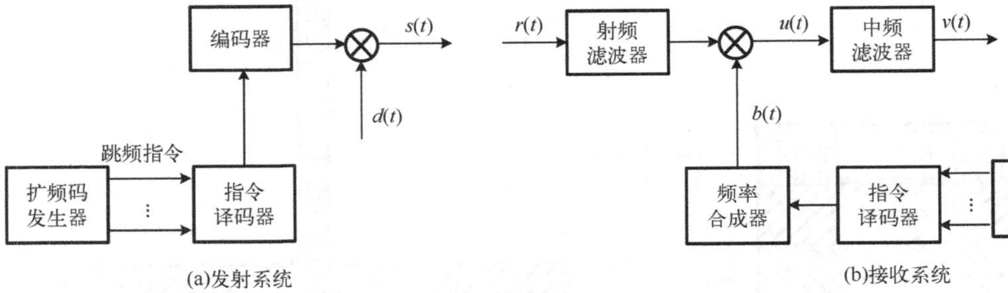

图 2-20　跳频通信系统模型

跳频系统的频率随时间变化的规律成为跳频图案。图 2-21 所示为跳频图案示意图。

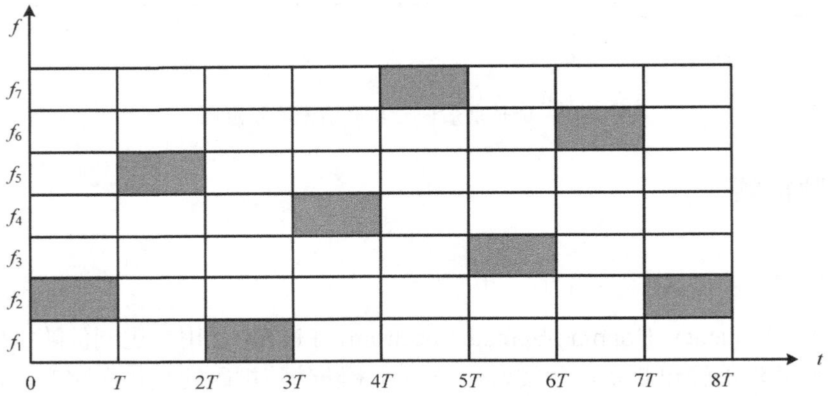

图 2-21　跳频图案示意图

图 2-21 中所示，共有 7 个频率点，频率跳变的次序为 f_2、f_5、f_1、f_4、f_7、f_3、f_6。实际应用中跳频系统的跳频点数通常是几十到几千个。跳频系统完成一次完整跳频时间称为跳频周期，跳频图案中两个相邻频率的最小频率差称为最小频率间隔，跳频系统中当前时刻工作频率和下一时刻工作频率之间频率差的最小值称为最小跳频间隔。实际中最小跳频间隔都大于最小频率间隔，以避免连续几个跳频时刻都受到干扰。

Link-16 数据链中共有 51 个跳频点，最小频率间隔为 3MHz，最小跳频间隔约为 30MHz，跳频速率为 76923 跳/秒。

2. 跳频系统的特点

与传统的通信方式相比，利用伪随机序列对系统的载波频率进行控制的跳频系统特点显明。跳频通信技术的优点如下。

(1) 跳频图案的伪随机性和跳频图案的密钥量使跳频系统具有保密性。扩频通信是一种保密通信，也可以进行信息加密，如要截获和窃听扩频信号，则必须知道扩频系统用的伪随机码、密钥等参数，并与系统完全同步，这样就给对方设置了更多的障碍，从而起到了保护信息的作用。即使是模拟话音的跳频通信，只要敌方不知道所使用的跳频图案就具有一定的保密能力。载波频率的快速跳变，使敌方难以截获信息；即使敌方获取了部分载波频率，由于跳频序列的伪随机性，敌方也无法预测跳频电台将要跳变到哪一频率。因此，当跳频图案的密钥足够大时，具有抗截获能力。

(2) 具有抗单频及部分带宽干扰的能力。由于跳频系统的频率跳变，只有在同一时刻干扰信号频率与跳频信号频率相同时，才能形成有效干扰，因而能有效对抗频率瞄准式干扰；当跳频频率点数足够多时，即具有较宽的跳频带宽，对宽频带阻塞干扰也有较好的抗干扰能力；当跳频跳速足够高到敌方无法捕获或分析出下一跳频率时，也能有效躲避频率跟踪式干扰。

(3) 抗多径衰落。当跳频频率间隔大于衰落信道的相干带宽，且频率间隔很小时，跳频通信系统就具有抗多径衰落的能力。

(4) 利用跳频图案的正交性可构成跳频码分多址系统，共享频率资源，并具有承受过载的能力。

但是，跳频系统也有自身的局限性，主要体现在以下几方面。

(1) 信号的隐蔽性差。跳频系统的接收机除跳频器外与普通超外差式接收机没有什么差别，它要求接收机输入端信号功率远大于噪声功率，所以在频谱仪上能够明显地看到跳频信号的频谱。特别是在慢跳频时，跳频信号容易被敌方侦察、识别和截获。

(2) 跳频系统抗多频干扰及跟踪式干扰的能力有限。当跳频的频率数目中有三分之一的频率被干扰时，对通信会产生严重影响，甚至中断通信。抗跟踪式干扰要求快速跳频，使干扰机跟踪不上而失效。

(3) 快速跳频器的限制。产生宽的跳频带宽、快的跳频速率、伪随机性好的跳频图案的跳频器在制作上存在很多困难，而且有些指标是相互制约的，因此使得跳频系统的各项指标也无法太高。

目前，普遍认为对跳频通信实施有效干扰的方法有两种：一是快速跟踪式干扰，包括波形跟踪和引导式跟踪，二是宽频段梳状谱干扰。波形干扰从破译跳频图案入手，难度较大，目前还没有实用的干扰机。引导式跟踪干扰以时间为代价，只要出现载频就快速引导干扰，实现相对简单些，但不能实现 100%的干扰效率。跳频通信系统的跳速越高，抗人为跟踪式干扰的能力就越强。跳频系统抗宽频带梳状谱干扰的能力与干扰带宽占跳频带宽的百分比有关，对方要实施有效干扰，干扰机功率要付出很大代价。

2.3.4 跳时扩频

跳时扩频(Time Hopping-Spread Spectrum，TH-SS)系统是使发射信号在时间轴上离散地跳变，主要用于时分多址通信中。与跳频系统相似，跳时系统由扩频码序列控制在帧内的时隙上发射信号。由于采用了窄得很多的时隙去发送信号，相对说来，信号的频谱也就展宽了。图 2-22 是跳时扩频系统的原理方框图。

在发送端，由扩频码发生器产生的扩频码序列去控制通-断开关，经射频调制后发射。

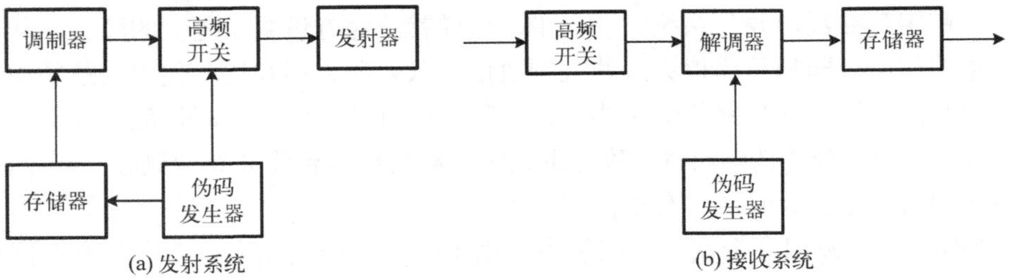

图 2-22　跳时扩频系统的原理方框图

在接收端，接收机的伪码发生器与发端保持一致，就能在相应时隙内接收信号。只有收发端在时间上严格同步，才能正确地恢复原始数据。

Link-16 数据链中的跳时扩频技术应用体现在，Link-16 数据链采用 TDMA 接入方式，网内平台在分配的时隙内发送战术消息。在消息封装中预留一定的抖动时间，是一段随机可变的时延。随机时延的长短随时隙号变化，变化规律由密钥控制。这就使得干扰由于不易掌握发射时间而很难对系统进行有效干扰。

2.3.5　扩频系统的衡量标准

1. 处理增益

处理增益是衡量扩频通信系统抗干扰能力的指标之一，其定义为接收机解扩(跳)器(相关器)的输出信噪比与接收机的输入信噪比之比，即

$$G_{\mathrm{p}} = \frac{\text{输出信噪比}}{\text{输入信噪比}} = \frac{(S/N)_{\mathrm{out}}}{(S/N)_{\mathrm{in}}}$$

或

$$G_{\mathrm{p}} = 10\lg\left(\frac{S}{N}\right)_{\mathrm{out}} - 10\lg\left(\frac{S}{N}\right)_{\mathrm{in}} \ (\mathrm{dB})$$

处理增益表示经过扩频接收系统处理后，信噪比改善情况，体现了系统有用信号增强、干扰被抑制的能力。处理增益 G_{p} 越大，则系统的抗干扰能力越强。

若进入接收机解扩器的干扰和噪声的谱密度是均匀分布的，谱密度为 N_0，则接收机解扩器输入的干扰和噪声的功率为

$$N_{\mathrm{in}} = N_0 B_{\mathrm{RF}}$$

B_{RF} 表示接收机的带宽。设接收机解扩器输入的信号功率为 P，则接收机解扩器输入的信噪比为

$$\left(\frac{S}{N}\right)_{\mathrm{in}} = \frac{P}{N_0 B_{\mathrm{RF}}}$$

经过接收机解扩器的解扩处理后，由于信号能无失真的通过带宽为 B_{b} 的滤波器，信号的能量没有损失，接收机输出信号的功率仍然为 P。干扰和噪声只有少部分能量能通过带

宽为 B_b 的滤波器，而大部分能量被滤波器滤除，接收机解扩器输出干扰和噪声的功率为

$$N_{out} = N_0 B_b$$

所以接收机解扩器输出的信噪比为

$$\left(\frac{S}{N}\right)_{out} = \frac{P}{N_0 B_b}$$

接收机的处理增益 G_p 为

$$G_p = \frac{\left(\frac{S}{N}\right)_{out}}{\left(\frac{S}{N}\right)_{in}} = \frac{\left(\frac{P}{N_0 B_b}\right)}{\left(\frac{P}{N_0 B_{RF}}\right)} = \frac{B_{RF}}{B_b}$$

从上式可以看出，扩频接收机的处理增益和接收机的带宽 B_{RF} (扩频信号的单边带宽)成正比，和中频滤波器(或基带滤波器)的带宽 B_b (解扩后信号的单边带宽)成反比。

直接序列扩频通信系统中，若信息码的码速率为 R_b，扩频码的码速率为 R_c，系统的扩频处理增益 G_p 为

$$G_p = \frac{B_{RF}}{B_b} = \frac{R_c}{R_b}$$

例如：一个直接序列扩频系统，$B_c = 20\text{MHz}$，$B_m = 10\text{kHz}$，则

$$G_p = 10\lg\left(\frac{20\times 10^6}{10\times 10^3}\right) = 33(\text{dB})$$

这说明该系统在接收机射频信号输入端和基带信号输出端之间有33dB的信噪比改善。尽管由于扩频系统设备的不完备，可能有一些损失，但比起扩频增益来要小很多。

频率跳变扩频通信系统中，若频率跳变间隔不小于信息码所占用的带宽，即在频率跳变时不存在各频点间的频谱重叠，也就是说 $B_{RF} \geqslant NB_b$，且 $f_\Delta \geqslant B_b$，N 为跳频系统可用的频率跳变数，则系统的扩频处理增益 G_p 为

$$G_p = \frac{B_{RF}}{B_b} \approx N$$

跳时系统的处理增益等于一帧中所分的时片数和发射信号所占用的时片数的比值或跳时系统发射机工作的占空比的倒数：

$$G_p = \frac{\text{帧内所有的时片数}}{\text{发射信号所占用的时片数}} = \frac{1}{\text{发射机工作时间的占空比}}$$

混合系统的扩频处理增益的计算相对来说要复杂一些。通过前面的分析，我们可以看出，一个扩频系统的处理增益等于扩频信号的带宽和解扩后信号的带宽的比值，也就是在接收机中输入信号带宽和输出信号带宽的比值。对于一个混合系统，其扩频处理增益的计算也要从接收机中输入信号的带宽和输出信号的带宽入手进行计算。

如一个直接序列-频率跳变混合系统，信息码的码速率为 R_b，进行直接序列扩频时，扩频码的码速率为 R_c，则直接序列系统的扩频处理增益为

$$G_{p(DS)} = \frac{R_c}{R_b}$$

进行频率跳变扩频时，系统共有 N 个可用频率数，且各频点间的频谱相互不重叠(即各频点的频点间隔不小于 $2R_c$)，则频率跳变系统的扩频处理增益为

$$G_{p(FH)} = N$$

这样直接序列-频率跳变混合系统的扩频信号带宽为

$$B_{RF} = 2R_c N$$

该混合扩频信号经解扩(包括直接序列信号的解扩和频率跳变信号的解跳)后的带宽为

$$B_b = 2R_b$$

因此，直接序列-频率跳变混合系统的扩频处理增益为

$$G_p = \frac{B_{RF}}{B_b} = \frac{R_c}{R_b} \cdot N = G_{p(DS)} G_{p(FH)}$$

即直接序列-频率跳变混合系统的扩频处理增益等于直接序列系统的扩频处理增益和频率跳变系统的扩频处理增益的乘积。

应该指出，对各种扩频系统，处理增益的表达方式可以不同，为了便于比较，现将常用扩频系统的处理增益列于表 2-3 中。

表 2-3　扩频系统的处理增益表

扩频方式		G_p 的近似值
单一扩频	直接序列(DS)	B_c/B_m
	跳频(FH)	N(频率点数)
	跳时(TH)	1/占空比
混合扩频	直接序列/跳频	$G_{p(DS)} + G_{p(FH)}$(dB)
	直接序列/跳时	$G_{p(DS)} + G_{p(TH)}$(dB)
	跳频/跳时	$G_{p(FH)} + G_{p(TH)}$(dB)

2. 干扰容限

扩频系统处理增益的大小，决定了系统抗干扰能力的强弱。目前国际上直接序列系统在工程应用中能实现的处理增益约为 70dB。如果系统的基带滤波器(或中频滤波器)输出信噪比为 10dB，则这个系统的输入端的信噪比为–60dB。也就是说，信号功率可以在低于干扰功率的–60dB 的恶劣条件下正常工作，所以扩展频谱系统在深空超远距离的通信工程中占有显著的地位。目前频率跳变系统中的值 G_p 在工程应用上限制在 40～50dB(相当于系统能提供 10000～100000 个可使用的跳频频率)。

以上仅讨论了系统处理增益给系统带来的好处，但并不是说当干扰信号的功率电平与有用信号的功率电平之比，等于系统的处理增益时，相关解扩后一定能实现通信功能。例

如，设系统处理增益为 50dB 时，而输入到接收机的干扰功率电平为信号电平的 10^5 倍，即信噪比为−50dB 时，显然此时系统就不能正常工作了。因此这里需要引入“干扰容限”的概念，用它来表示扩频系统在干扰环境中的工作能力。

干扰容限不仅考虑了一个可用系统输出信噪比的要求，而且考虑了系统内部信噪比损耗，定义为：在保证系统正常工作的条件下(系统输出信噪比一定)，接收机输入端能够承受的干扰比信号高出的分贝数，用数学式表示为

$$M_{\mathrm{j}} = G_{\mathrm{p}} - \left[L_{\mathrm{s}} + \left(\frac{S}{N} \right)_{\mathrm{out}} \right] (\mathrm{dB})$$

式中，M_{j} 为系统的干扰容限；G_{p} 为系统的处理增益；L_{s} 为系统的执行损耗或实现损耗；$\left(\frac{S}{N} \right)_{\mathrm{out}}$ 为相关解扩器输出端(即基带滤波器或中频滤波器输出)要求的信噪比。

干扰容限直接反映了扩频系统接收机可能允许的极限干扰强度，因此它往往比处理增益更确切地表征了系统的抗干扰能力。

例如，某系统处理增益 $G_{\mathrm{p}} = 30\mathrm{dB}$，系统损耗 $L_{\mathrm{s}} = 2\mathrm{dB}$，设为保证系统正常工作时，输出信噪比 $\left(\frac{S}{N} \right)_{\mathrm{out}} \geqslant 10\mathrm{dB}$，则代入上式得该系统的干扰容限 $M_{\mathrm{j}} \approx 18\mathrm{dB}$。换言之，只要接收机输入端的干扰不超过信号 18dB，系统就能正常工作。

2.4　数据链中的编码/译码技术

对于数据链系统来说，通常是采用无线电信道传输信息，由于空间信道的开放性，所传输的信息必然会受到各信道环境和干扰因素的影响，从而产生差错，降低了信息传输的可靠性。由乘性干扰引起的码间串扰，可以采用均衡的方法纠正；而加性干扰的影响则需要用其他方法解决。在设计数据链传输波形时，应该合理选择调制方式、解调方法以及发射功率等，使加性干扰不足以影响所要求误码率要求。若仍不能满足要求，就需要考虑采用差错控制编码技术了。本节首先介绍编译码的技术演进，再分别介绍典型数据链中的编译码原理，最后对编码策略进行比较。

2.4.1　编码/译码的技术演进

1. 编码技术定义

信道编码是为了保证信息传输的可靠性、提高传输质量而设计的一种编码。信道编码的实质是在信息码中增加一定数量的冗余(监督码元)，使信息码和监督码满足一定的约束关系。举例来说，欲传输 k 位信息，经过编码增加了 r 位监督码元，则得到了 $n = k + r$ 位的码字。在传输中，若码字发生错误，信息码元和监督码元之间的约束关系就很有可能会被破坏。在接收端，根据既定的规则来检验码元间的约束关系，从而达到检错的目的；同时，根据约束关系，去除传输中引入的噪声干扰和监督码元，恢复原始信息码元，达到纠错的目的。

2. 编码技术发展

1948 年，香农发表的《通信的数学理论》，为信道编码技术指明了方向。根据香农定理，要想在一个有噪声的有限带宽信道中可靠地传送信号，有两种途径：加大信噪比或在信号编码中加入附加的纠错码。此后的几十年里，各种新的信道编码方案也不断被研究者们研究出来，且这些编码方案的性能与香农最佳极限逐渐接近。

香农第二定理指出，当信息速率 R 小于信道容量 C 时，总存在一种编码方式，使译码错误概率 P 随着码长 n 的增加，按指数下降到任意小的值 e。Shannon 编码定理仅仅是一个存在性定理，它只告诉我们确实存在一种好码，并没有说明如何构造这样的好码，但定理却为寻找这样的好码指明了方向。

1950 年，Hamming 将输入数据每 4 比特分为一组，然后通过计算这些信息比特的线性组合来得到 3 个校验比特，得到 7 比特的编码码字。接收端采用一定的算法，不仅能够检测到是否有错误发生，还能找到发生单个比特错误的位置。这个编码方法就是分组码的基本思想，Hamming 提出的编码方案后来被命名为汉明码。

汉明码的编码效率比较低(它每 4 比特信息码就需要 3 比特的冗余校验)，且仅能纠正单个比特错误。基于此，Golay 提出了 Golay 码。对于二元 Golay 码，将信息比特每 12 个分为一组，编码生成 11 个冗余校验比特，相应的译码算法可以纠正 3 个错误。在后来的 10 年里，无线通信性能简直是跳跃式的发展，这主要归功于卷积码的发明。

卷积码是 Elias 在 1955 年提出的。卷积码与分组码的区别是，卷积码充分利用了各个信息块之间的相关性。卷积码的检验元不仅与本码的信息元有关，还与以前时刻的信息元(反映在编码寄存器的内容上)有关。同样，在卷积码的译码过程中，不仅要从本码中提取译码信息，还要充分利用以前和以后时刻收到的码组。从这些码组中提取译码相关信息，而且译码也是可以连续进行的，这样可以保证卷积码的译码延时相对比较小。通常，在系统条件相同的情况下，在达到相同译码性能时，卷积码的信息块长度和码字长度都要比分组码的信息块长度和码字长度小，相应译码复杂性也小一些。

根据香农定理，为提高编码效率达到信道容量，就要使编码的分段尽可能加长而且使信息的编码尽可能随机。但是，这将导致计算量的增加。得益于摩尔定律，编码技术在一定程度上解决了计算复杂性和功耗问题。而随着摩尔定律而来的是，1967 年，Viterbi 提出了 Viterbi 译码算法。在 Viterbi 译码算法提出之后，卷积码在通信系统中得到了极为广泛的应用，如 GSM、IS-95 CDMA、3G、商业卫星通信系统等。

尽管人们后来在分组码、卷积码等基本编码方法的基础上提出了许多简化译码复杂性的方法，但是计算量问题仍然是编码技术的一大难题。

编码专家们苦苦思索，试图在可接受的计算复杂性条件下设计编码和算法，以提高效率，但其增益与香农理论极限始终都存在 2～3dB 的差距。直到 1993 年，法国电机工程师 Berrou 和 Glavieux 首先提出一种称为 Turbo 码的编/译码方案。它由两个递归循环卷积码(Recursive System Convolutional code，RSC)通过交织器以并行级联的方式结合而成，这种方案采用反馈迭代译码方式，真正发掘了级联码的潜力，并以其类似于随机的编译码方式，突破了最小距离的短码设计思想，使它更加逼近了理想的随机码的性能。仿真结果表明，该编码方式有着极强的纠错能力，是目前所知的最为高效的编码方式之一。如果采用大小为 65535 的随机交织器，并且进行 18 次迭代，则在信噪比 $E_b/N_0 \geqslant 0.7\text{dB}$ 时，码率为 1/2 的 Turbo 码在加性高斯自噪声(Additive White Gaussian Noise，AWGN)信道上的误比特率(BER)$\leqslant 10^{-8}$，达到了近 Shannon 限的性能。

一开始，Turbo 码只是应用于一些特殊场合，如卫星链路。后来，研究人员将它扩展到数字音频和视频广播领域。紧接着，Turbo 码成为通信研究的前沿，全世界各大公司都聚焦在这个领域，包括法国电信、NTT、DoCoMo、索尼、NEC、朗讯、三星、爱立信、诺基亚、摩托罗拉和高通等，Turbo 码成为始于 20 世纪初的 3G/4G 移动通信技术的核心。

随着 Turbo 码的发展，低密度奇偶校验码(Low Density Parity Check Code，LDPC)又走入人们的视线。它于 1963 年由 Gallager 提出，直到 Turbo 码被提出以后，人们发现 Turbo 码从某种角度上说也是一种 LDPC 码。LDPC 利用校验矩阵的稀疏性，使得译码复杂度只与码长呈线性关系，在长码长的情况下仍然可以有效地进行译码，因而具有更简单的译码算法。随着人们对 LDPC 码的重新研究，发现 LDPC 码与 Turbo 一样具有逼近香农极限的性能。较新的研究结果显示，实验中已找到的最好 LDPC 码，其极限性能距香农理论限仅相差 0.0045dB。

2008 年，Eadal Arikan 正式提出 Polar 码，这是基于信道极化理论而提出的一种线性信道编码方法。该码字是迄今发现的唯一一类能够达到香农限的编码方法，并且具有较低的编译码复杂度，当编码长度为 N 时，复杂度大小为 $O(N\log N)$ 。

Polar 码的理论基础就是信道极化。信道极化包括信道组合和信道分解部分。当组合信道的数目趋于无穷大时，会出现极化现象：一部分信道将趋于无噪信道，另外一部分则趋于全噪信道，这种现象就是信道极化现象。无噪信道的传输速率将会达到信道容量 $I(\mathrm{W})$，而全噪信道的传输速率趋于零。Polar 码的编码策略正是应用了这种现象的特性，利用无噪信道传输用户有用的信息，全噪信道传输约定的信息或者不传信息。

2.4.2　汉明码的编码/译码

Link-11 数据链采用的检错编码方式是(30,24)汉明码，以 24 位的二进制信息为一组，经过(30,24)汉明编码后，产生 6bit 监督位，组成 30bit 的一帧数据。汉明码是能够纠正 1 位错误且编码效率较高的一种线性分组码。它通过构造一组相互关联的奇偶监督码来建立监督关系式，以达到检错纠错的目的。作为一种简单的线性分组码，汉明码的编码和译码满足线性分组码的特点。下面介绍线性分组码。

1. 线性分组码

1) (n,k) 线性分组码的定义

(n,k) 线性分组码以 k 个信息码元为一段，通过编码器变为长度为 n 的码字，作为 (n,k) 线性分组码的一个码字。设编码码字为 $\boldsymbol{v}=(v_{n-1},v_{n-2},\cdots,v_0)$，信息组为 $\boldsymbol{m}=(m_{k-1},m_{k-2},\cdots,m_0)$，其中，$n$ 表示码字长度，k 表示信息位长度，$r=n-k$ 表示校验位(或监督位)长度。对线性分组码而言，分组码的信息码元与监督码元之间的关系为线性关系。

下面以 GF(2)上的(7,3)线性分组码为例，说明线性分组码的码元关系。已知接收码字为

$$\boldsymbol{v}=(v_6,v_5,\cdots,v_0)=(m_2,m_1,m_0,m_2+m_0,m_2+m_1+m_0,m_2+m_1,m_1+m_0)$$

由上式可得编码码字与信息组的关系，如表 2-4 所示。

表 2-4　(7,3)码编码码字与信息组关系

m	v	m	v
000	0000000	100	1001110
001	0011101	101	1010011
010	0100111	110	1101001
011	0111010	111	1110100

2) 线性分组码的编译码

①编码

以(7,3)线性分组码为例，编码码字与信息码的关系可用矩阵形式表示为

$$\boldsymbol{v}=\boldsymbol{mG}$$

其中，令 $\boldsymbol{G}=\begin{bmatrix}1&0&0&1&1&1&0\\0&1&0&0&1&1&1\\0&0&1&1&1&0&1\end{bmatrix}$为生成矩阵。

对于(n,k)线性分组码，若已知码元生成关系式，可构造相应的生成矩阵 $\boldsymbol{G}$，即可实现线性分组码的编码。

②译码

仍以(7,3)线性分组码为例，由码元关系式可得码字线性关系

$$\begin{cases}v_6+v_4+v_3=0\\v_6+v_5+v_4+v_2=0\\v_6+v_5+v_1=0\\v_5+v_4+v_0=0\end{cases}$$

可用矩阵形式表示为

$$\begin{bmatrix}1&0&1&1&0&0&0\\1&1&1&0&1&0&0\\1&1&0&0&0&1&0\\0&1&1&0&0&0&1\end{bmatrix}\cdot\begin{bmatrix}v_6\\v_5\\v_4\\v_3\\v_2\\v_1\\v_0\end{bmatrix}=\boldsymbol{0}$$

可表示如下式，其中，矩阵 $\boldsymbol{H}$ 为监督矩阵，为秩 r 的 $r\times n$ 维矩阵。

$$\boldsymbol{Hv}^{\mathrm{T}}=0$$

在推导过程中，可以得出结论：对任一码字 $\boldsymbol{v}=(v_{n-1},v_{n-2},\cdots,v_0)$ 都应满足上述约束关系。若接收码字 $\boldsymbol{r}=(r_{n-1},r_{n-2},\cdots,r_0)$ 不满足该关系，则可判定 $\boldsymbol{r}$ 不在许用码组中，即接收码字出

现了错误。这也就是监督矩阵的物理意义所在，基于监督矩阵及其物理意义，可将 $\boldsymbol{Hr}^{\mathrm{T}}$ 是否为 0 作为线性分组码检错和纠错的理论基础。由上述的分析，基于监督矩阵，可以得到线性分组码的伴随式译码。

设发送码字 $\boldsymbol{v}=(v_{n-1},v_{n-2},\cdots,v_0)$，通过有扰信道传输，信道产生的错误图样 $\boldsymbol{e}=(e_{n-1},e_{n-2},\cdots,e_0)$，接收码字为 $\boldsymbol{r}=\boldsymbol{v}+\boldsymbol{e}=(r_{n-1},r_{n-2},\cdots,r_0)$。译码器的任务是从接收到的 $\boldsymbol{r}$ 得到 $\boldsymbol{v}$，或者由 $\boldsymbol{r}$ 中解出错误图样 $\boldsymbol{e}$，从而得到 $\boldsymbol{v}=\boldsymbol{r}-\boldsymbol{e}$，并使译码错误概率最小。

对于任一码字 $\boldsymbol{v}$，定义伴随式

$$\boldsymbol{s}^{\mathrm{T}}=\boldsymbol{Hr}^{\mathrm{T}}=\boldsymbol{H}(\boldsymbol{v}+\boldsymbol{e})^{\mathrm{T}}=\boldsymbol{He}^{\mathrm{T}}$$

其中，$\boldsymbol{s}$ 是 $r\times 1$ 维行向量，记作 $\boldsymbol{s}=(s_{r-1},s_{r-2},\cdots,s_0)$。可以看出，$\boldsymbol{s}$ 只与错误图样有关，与发送码字无关。而伴随式译码的关键在于由 $\boldsymbol{s}$ 求 $\boldsymbol{e}$，再由 $\boldsymbol{e}$ 和 $\boldsymbol{r}$ 求 $\boldsymbol{v}$。伴随式译码的原则是信道转移概率小，或者是说，发生多个错误的概率小，我们总是相信错误很少。

以纠正单个错误的译码方法为例来说明伴随式译码的过程。设接收序列 $\boldsymbol{r}$ 中第 i 位发生错误，即 $\boldsymbol{e}=(0,\cdots,0,e_{n-i},0,\cdots,0)$，则

$$\boldsymbol{s}^{\mathrm{T}}=\begin{bmatrix} h_{11} & h_{21}\cdots & h_{i1}\cdots & h_{n1} \\ h_{12} & h_{22}\cdots & h_{i2}\cdots & h_{n2} \\ \vdots & \ddots & \ddots & \vdots \\ h_{1r} & h_{2r}\cdots & h_{ir}\cdots & h_{nr} \end{bmatrix}\begin{bmatrix} \vdots \\ 0 \\ 1 \\ 0 \\ \vdots \end{bmatrix}=\begin{bmatrix} h_{i1} \\ h_{i2} \\ \vdots \\ h_{ir} \end{bmatrix}$$

可以看出，伴随式与 $\boldsymbol{H}$ 的第 i 列相等。

因此可以得到结论：

$\boldsymbol{s}^{\mathrm{T}}=0$ 时，判 $\boldsymbol{r}$ 无错，此时 $\boldsymbol{v}=\boldsymbol{r}$；

$\boldsymbol{s}^{\mathrm{T}}\neq 0$ 时，且 $\boldsymbol{s}^{\mathrm{T}}$ 与 $\boldsymbol{H}$ 矩阵的某列相同，判相应码元位有错；

$\boldsymbol{s}^{\mathrm{T}}\neq 0$，但也不是 $\boldsymbol{H}$ 的列，判 $\boldsymbol{r}$ 有错但不纠错(超过纠错能力)。

而对于纠多个错误的伴随式译码，是首先预制可纠错误码字 $\boldsymbol{e}$ 与伴随式 $\boldsymbol{s}^{\mathrm{T}}$ 的对应表。根据接收码字，计算其伴随式，再查询对应表，进行查表译码。

2. 汉明码

1) 定义

若一个 (n,k) 线性分组码是纠一个错的完备码，即码长满足 $n=(q^{n-k}-1)/(q-1)$，则称为汉明码。在 GF(2)上，$q=2$，$n=2^{n-k}-1$。

汉明码属于一种特殊的线性分组码，满足线性分组码的所有性质。

2) 汉明码的特点

编码效率 $R=\dfrac{q^r-1-r}{q^r-1}=1-\dfrac{r}{q^r-1}$，有 $\lim\limits_{r\to\infty}R=1$，因此汉明码是能纠一个错的高效码。然而，汉明码的局限性在于，只能纠一个错，不能再检错，纠错能力不高。

3) 汉明码的编码和译码

汉明码作为一种能纠一个错的高效码，其编码/译码可用生成矩阵和监督矩阵来实现。此处不再赘述。现以(7,4)汉明码为例，说明其译码过程。已知其生成矩阵和校验矩阵分别为

$$G=\begin{bmatrix}1&0&0&0&0&1&1\\0&1&0&0&1&0&1\\0&0&1&0&1&1&0\\0&0&0&1&1&1&1\end{bmatrix}\qquad H=\begin{bmatrix}0&1&1&1&1&0&0\\1&0&1&1&0&1&0\\1&1&0&1&0&0&1\end{bmatrix}$$

如果接收码字为 $\boldsymbol{r}=(1011011)$，求发送码字。

解：(7,4)汉明码的纠错能力为 1，计算伴随式为

$$\boldsymbol{s}^{\mathrm{T}}=\boldsymbol{H}\boldsymbol{r}^{\mathrm{T}}=\begin{bmatrix}0&1&1&1&1&0&0\\1&0&1&1&0&1&0\\1&1&0&1&0&0&1\end{bmatrix}\cdot\begin{bmatrix}1\\0\\1\\1\\0\\1\\1\end{bmatrix}=\begin{bmatrix}0\\0\\1\end{bmatrix}$$

因为 $\boldsymbol{s}^{\mathrm{T}}\neq 0$，所以在传输过程中发生了错误。由于 $\boldsymbol{s}^{\mathrm{T}}=\begin{bmatrix}0\\0\\1\end{bmatrix}$，与 $\boldsymbol{H}$ 的第 7 列相同，因此错误图样为 $\boldsymbol{e}=(0000001)$，正确码字为 $\hat{\boldsymbol{r}}=\boldsymbol{r}+\boldsymbol{e}=(1011010)$，译码完毕。

需要注意的是，汉明码的纠错能力为 1，即只能纠一个错误，当发生多个错误时，有可能纠不出或者错纠。对于这一缺点，可以采用扩展汉明码增加其纠错能力。有兴趣的可以查阅相应资料。

2.4.3 RS 码的编码/译码

在 Link-16 数据链中，为了提高信息传输的可靠性，采用了 RS 纠错编码方式。本节主要介绍 RS 码及其编译码。RS 码是一类具有很强纠错能力的多进制 BCH 码，本节首先介绍 BCH 码的定义。

1. BCH 码

BCH 码的定义：给定有限域 $\mathrm{GF}(q)$ 及其扩域 $\mathrm{GF}(q^m)$，其中 q 为素数，m 为正整数。若 $\mathrm{GF}(q^m)$ 上循环码的生成多项式 $g(x)$ 的根中含有 $2t$ 个连续幂次根 $\alpha^{m_0},\alpha^{m_0+1},\cdots,\alpha^{m_0+2t-1}$，则由 $g(x)$ 生成的 (n,k) 循环码称为 q 元 BCH 码。其中，α 是域 $\mathrm{GF}(q^m)$ 中的 n 级元素，一般取 $m_0=1$，称为狭义 BCH 码。

在实际应用中使用最多的有限域是二元域，记为 $\mathrm{GF}(2^m)$。$\mathrm{GF}(2^m)$ 域在工程上可以看作是 m 个比特的 0、1 序列，在数学上映射为如下 2^m 个有限元素：

$$\{0,\alpha^0,\alpha,\alpha^2,\cdots,\alpha^{2^m-2}\}$$

各元素之间的约束关系由本原多项式唯一确定。

一般来说，多项式 x^m+x+1 为 $\mathrm{GF}(2^m)$ 域的本原多项式。对于 $\mathrm{GF}(2^3)$ 域而言，本原多项式为 x^3+x+1，则 $\mathrm{GF}(2^3)$ 上元素且其满足关系为

	0	α^0	α	α^2	α^3	α^4	α^5	α^6	α^7	…
α^2	0	0	0	1	0	1	1	1	0	…
α	0	0	1	0	1	1	1	0	0	…
α^0	0	1	0	0	1	0	1	1	1	…

2. RS 码

在 $GF(2^m),(m \neq 1)$ 上，码长 $n=2^m-1$ 的本原 BCH 码称为 RS 码。RS 码纠错能力很强，特别是在较短和中等码长下，性能接近于理论限，且编码和译码简单。RS 码是以比特组为基础建立的，因此属于非二进制 BCH 码，这也使得它具有较强的抗突发错误能力。

对于 (n,k) RS 码，其码长 $n=2^m-1$，信息段长度为 k，纠错能力为 t，其中，最小码距 $d=2t+1$。对于最小距离为 d 的本原 RS 码，其生成多项式为 $g(x)=(x-\alpha)(x-\alpha^2)\cdots(x-\alpha^{d-1})$，信息元多项式 $m(x)=m_0+m_1x+m_2x^2+\cdots+m_{k-1}x^{k-1}$，监督矩阵可以表示为

$$\boldsymbol{H}=\begin{bmatrix} \alpha^{n-1} & \alpha^{n-2} & \cdots & \alpha & 1 \\ (\alpha^2)^{n-1} & (\alpha^2)^{n-2} & \cdots & \alpha^2 & 1 \\ \vdots & \vdots & & \vdots & \vdots \\ (\alpha^{2t})^{n-1} & (\alpha^{2t})^{n-2} & \cdots & \alpha^{2t} & 1 \end{bmatrix}$$

1) 编码

编码器主要包括基于乘法形式的编码器和基于除法形式的编码器。由于 RS 码属于循环码，其基本原理为一般循环码的编码器原理。基于乘法形式的编码器，编码公式为 $c(x)=m(x)g(x)$，原理图如图 2-23 所示。

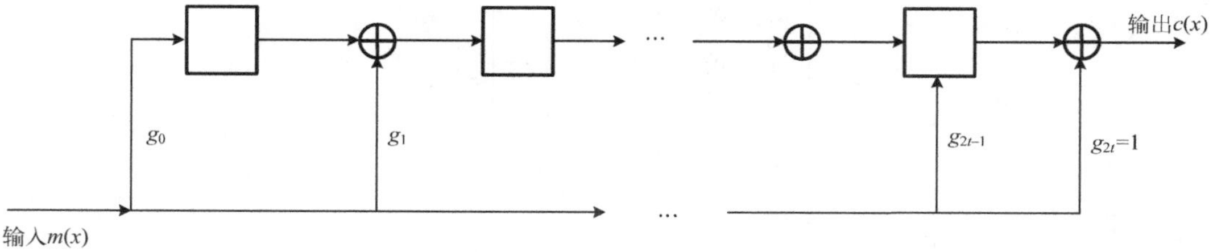

图 2-23　基于乘法的 RS 码编码原理图

基于除法形式的编码器，编码公式为 $c(x)=x^{n-k}m(x)+r(x)$，其中 $r(x)=x^{n-k}m(x)/g(x)$。原理图如图 2-24 所示。

2) 译码

由于 RS 码属于循环码范畴，故任何对循环码的标准译码过程都适用于 RS 码。下面介绍适用于较短 BCH 码的彼得森译码算法。

设 (n,k) BCH 码以 $\alpha,\alpha^2,\cdots,\alpha^{2t}$ 为根，设计距离 $d=2t+1$，发送码多项式、接收码多项式和错误图样分别为 $v(x)$、$r(x)$ 和 $e(x)$。若信道传输过程中产生 $e(e \leqslant t)$ 个错误，y_i 为错误值，则错误图样：

$$\begin{aligned} e(x) &= e_{n-1}x^{n-1}+e_{n-2}x^{n-2}+\cdots+e_1x+e_0 \\ &= y_1x^{l_1}+y_2x^{l_2}+\cdots+y_ex^{l_e} \end{aligned}$$

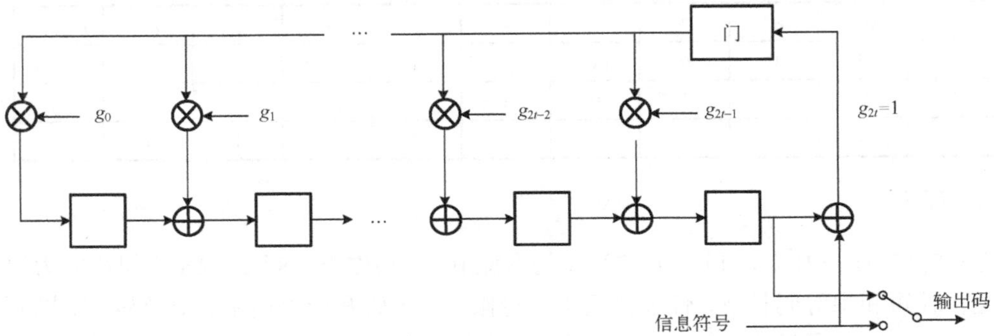

图 2-24　基于除法的 RS 码编码原理图

接收多项式 $r(x)=v(x)+e(x)=m(x)g(x)+e(x)$，将 $g(x)$ 在 $\mathrm{GF}(2^m)$ 域上的 $2t$ 个根 $\alpha,\alpha^2,\cdots,\alpha^{2t}$ 代入可以得到与发送码字完全无关的 $2t$ 组方程。计算伴随式为

$$\boldsymbol{S}^{\mathrm{T}}=\begin{bmatrix}\alpha^{n-1} & \alpha^{n-2} & \cdots & \alpha & 1\\ (\alpha^2)^{n-1} & (\alpha^2)^{n-2} & \cdots & \alpha^2 & 1\\ \vdots & \vdots & & \vdots & 1\\ (\alpha^{2t})^{n-1} & (\alpha^{2t})^{n-2} & \cdots & \alpha^{2t} & 1\end{bmatrix}\begin{bmatrix}e_{n-1}\\ e_{n-2}\\ \vdots\\ e_0\end{bmatrix}=\begin{bmatrix}s_1\\ s_2\\ \vdots\\ s_{2t}\end{bmatrix}$$

于是有伴随式为

$$s_j=r(\alpha^j)=e(\alpha^j)\quad (j=1,2,\cdots,2t)$$

令 $\alpha^{l_i}=x_i,i=1,2,\cdots e$，则可得

$$\begin{bmatrix}x_1 & x_2 & \cdots & x_e\\ x_1^2 & x_2^2 & \cdots & x_e^2\\ \vdots & \vdots & & \vdots\\ x_1^{2t} & x_2^{2t} & \cdots & x_e^{2t}\end{bmatrix}\begin{bmatrix}y_1\\ y_2\\ \vdots\\ y_e\end{bmatrix}=\begin{bmatrix}s_1\\ s_2\\ \vdots\\ s_{2t}\end{bmatrix}$$

即 $s_j=\sum_{i=1}^{e}y_ix_i^j,j=1,2,\cdots e$。

现在译码的关键为求解错误位置 $x_1,x_2,\cdots,x_e$。引入错位多项式

$$\begin{aligned}\sigma(x)&=(1-x_1x)(1-x_2x)\cdots(1-x_ex)\\ &=1+\sigma_1x+\cdots+\sigma_ex^e\end{aligned}$$

令 $\sigma(x_k^{-1})=0$，且两边同乘 $y_kx_k^{j+e}(j=1,2,\ldots,2t-e)$ 得

$$y_kx_k^{j+e}+\sigma_1y_kx_k^{j+e-1}+\cdots+\sigma_ey_kx_k^j=0$$

对 k 求和得

$$\sum_{k=1}^{e}y_kx_k^{j+e}+\sigma_1\sum_{k=1}^{e}y_kx_k^{j+e-1}+\cdots+\sigma_e\sum_{k=1}^{e}y_kx_k^j=0$$

即 $s_{j+e}+\sigma_1s_{j+e-1}+\cdots+\sigma_es_j=0$。取前 e 个方程，可得

$$\begin{bmatrix} s_{e+1} \\ s_{e+2} \\ \vdots \\ s_{2e} \end{bmatrix} + \begin{bmatrix} s_e & s_{e-1} & \cdots & s_1 \\ s_{e+1} & s_e & \cdots & s_2 \\ \vdots & \vdots & & \vdots \\ s_{2e-1} & s_{2e-2} & \cdots & s_e \end{bmatrix} \begin{bmatrix} \sigma_1 \\ \sigma_2 \\ \vdots \\ \sigma_e \end{bmatrix} = 0$$

存在定理：设 $s_j(j=1,2,\cdots 2t)$ 是 GF(q) 上纠 t 个错误的 BCH 码接收码字 $r(x)$ 的伴随式，若 $r(x)$ 的错误个数等于 $e(e \leqslant t)$，则 $\boldsymbol{M}$ 是非奇异矩阵，若错误个数小于 e，则 $\boldsymbol{M}$ 是奇异矩阵，即

$$\boldsymbol{M} = \begin{bmatrix} s_e & s_{e-1} & \cdots & s_1 \\ s_{e+1} & s_e & \cdots & s_2 \\ \vdots & \vdots & & \vdots \\ s_{2e-1} & s_{2e-2} & \cdots & s_e \end{bmatrix}$$

根据以上定理，在求解时，先按照 $e=t$ 处理，计算 $\boldsymbol{M}_t$ 的行列式，若不为 0，可知有 t 个错误；若为 0 则说明 $e<t$，此时把 $\boldsymbol{M}$ 降阶再计算其行列式的值，直到找到一个满秩的 $e \times e$ 阶矩阵 $\boldsymbol{M}_e$ 为止，此时可断定有 e 个错误，并用试根法求解出错误多项式 $\sigma(x)$。

确定 e 的大小后，解方程求出 $\sigma_1,\sigma_2,\cdots,\sigma_e$，得到错位多项式 $\sigma(x)=1+\sigma_1 x+\cdots+\sigma_e x^e$。用试根法求 $\sigma(x)$ 的根，确定错误位置 $x_1,x_2,\cdots,x_e$。最后求出错误图样 $\hat{e}(x)$，由 $v(x)=r(x)-\hat{e}(x)$ 求出正确码多项式，完成译码。

归纳起来，彼得森译码算法译 BCH 码可分为如下几步。

(1) 由 $r(x)$ 计算伴随式 $s_j=r(\alpha^j), j=1,2,\cdots,2t$。

(2) 解方程组

$$\begin{bmatrix} s_{e+1} \\ s_{e+2} \\ \vdots \\ s_{2e} \end{bmatrix} + \begin{bmatrix} s_e & s_{e-1} & \cdots & s_1 \\ s_{e+1} & s_e & \cdots & s_2 \\ \vdots & \vdots & & \vdots \\ s_{2e-1} & s_{2e-2} & \cdots & s_e \end{bmatrix} \begin{bmatrix} \sigma_1 \\ \sigma_2 \\ \vdots \\ \sigma_e \end{bmatrix} = 0$$

求出 $\sigma_1,\sigma_2,\cdots,\sigma_e(e \leqslant t)$，得到错位多项式 $\sigma(x)=1+\sigma_1 x+\cdots+\sigma_e x^e$。

(3) 用试根法求 $\sigma(x)$ 的根，确定错误位置 $x_1,x_2,\cdots,x_e$。

(4) 由错误位置求出错误值，完成错误图样 $\hat{e}(x)$。

(5) 计算 $v(x)=r(x)-\hat{e}(x)$，完成纠错过程。

根据以上步骤可得到计算机实现译码的程序流程图如图 2-25 所示。

在彼得森译码算法中，由 s_j 求 $\sigma(x)$ 和确定错误位置的计算量很大，通常需要解一组线性方程组，其计算量与系数矩阵阶数的三次方成正比。因此，当码长较长、纠错能力较大时，计算量很大，要求译码器的运算速度很高。如果实际产生的错误数大于码的纠错能力时，这一步的计算量不但没有减小，反而增大。这是因为必须首先计算校正子矩阵的行列式，若为 0，必须在降阶之后再次计算。降阶之后再将上述步骤循环一遍，使得计算量很大。

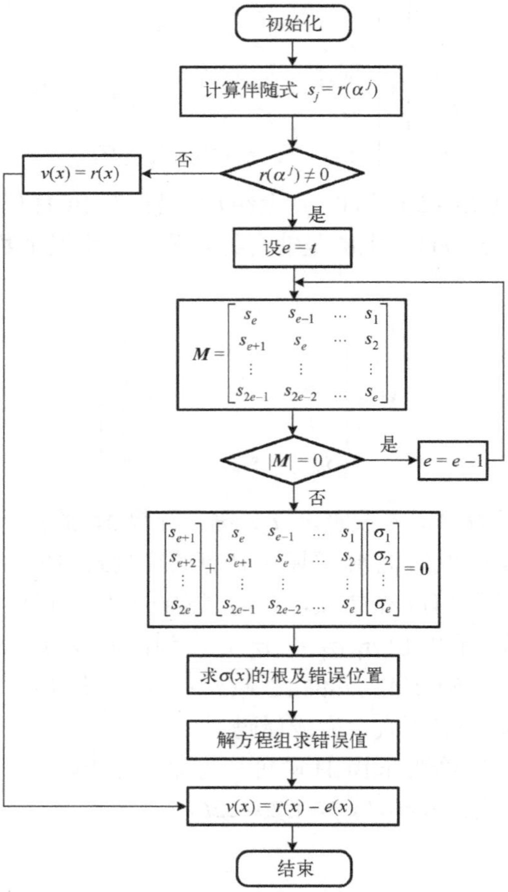

图 2-25　彼得森译码算法流程图

针对这一问题，Berlekamp(伯利坎普)提出了由伴随式求$\sigma(x)$的迭代译码算法，极大地加快了求$\sigma(x)$的速度。迭代算法较为简单，且易用计算机完成译码，因此从工程上解决了BCH 码的译码问题。其基本原理是基于牛顿公式，通过不断迭代，计算出$\sigma(x)$。BCH 码的迭代译码算法不在此详细介绍，有兴趣的读者可以查阅相应资料。

2.4.4　卷积码的编码/译码

Link-22 数据链采用现代差错控制技术，根据信道质量选择编码形式，可采用 RS 码或者卷积码，以提高信息传输可靠性。RS 码的编码和译码已经介绍过了，本节主要介绍卷积码的编码和译码原理。

1. 卷积码的编码

香农信道编码定理指出，在信道容量与发送信息速率一定的条件下，可以用增加码长的方式换取错误概率的下降。而分组码随着码长的增加，导致编解码的延时加大，复杂度也随之增大。为了解决这一矛盾，1955 年 Elias 提出了卷积码。卷积码编码器产生的码字，不仅与当前的k比特信息段有关联，而且与前面的$(N-1)$个信息段有关。

一般用 (n,k,N) 表示卷积码，其中 N 表示约束长度，即移位寄存器的级数，k 表示信息码元的数目，是卷积码编码器的每级输入的比特数，n 表示与 k 位信息码对应编码后的输出比特数。其码率为 $R_c = k/n$。如图 2-26 所示卷积码，为 (2,1,2) 卷积码，码率 $R_c = 1/2$。

一般来说，表示卷积码的方式主要分为两类：一种是解析表示法，包括矩阵表示法和多项式表示法；另一种是图解表示法，主要包括状态图表示法、码树图表示法和栅格图表示法。其中，解析表示法是最直观的编码描述方法，但是无法给出方便快捷的解码方案。码树图表示法直观地表示出遍历的可能性，用于分析最小距离。结合状态图的栅格图表示法，能够用于 Viterbi 译码。这也是本节中重点介绍的卷积码译码算法。

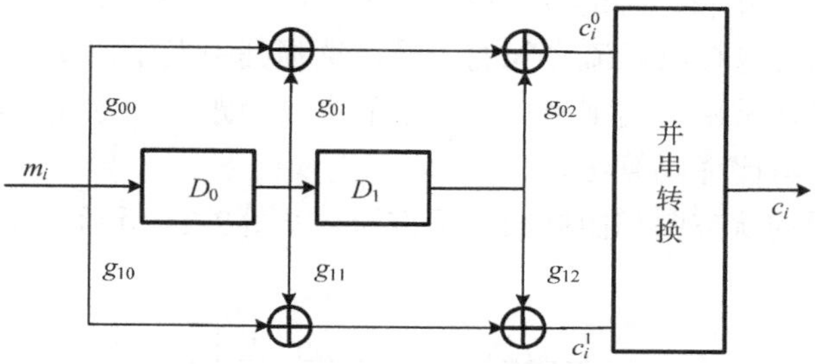

图 2-26　(2,1,2)卷积码示意图(一)

卷积码的编码可以用矩阵表示法和多项式表示法表示。以图 2-26 所示卷积码为例，设 $\boldsymbol{m} = (m_0, m_1, m_2, \cdots)$，编码序列为 $\boldsymbol{C} = (c_0^0, c_0^1, c_1^0, c_1^1, c_2^0, c_2^1, \cdots)$，则

$$\begin{cases} c_0^0 = g_{00}m_0 + g_{01}m_{-1} + g_{02}m_{-2} = g_{00}m_0 \\ c_0^1 = g_{10}m_0 + g_{11}m_{-1} + g_{12}m_{-2} = g_{10}m_0 \end{cases}$$

$$\begin{cases} c_1^0 = g_{00}m_1 + g_{01}m_0 \\ c_1^1 = g_{10}m_1 + g_{11}m_0 \end{cases}$$

$$\begin{cases} c_2^0 = g_{00}m_2 + g_{01}m_1 + g_{02}m_0 \\ c_2^1 = g_{10}m_2 + g_{11}m_1 + g_{12}m_0 \end{cases}$$

令 $\boldsymbol{C} = \boldsymbol{mG}$，即 $\boldsymbol{G}$ 为卷积码的生成矩阵，则

$$\begin{bmatrix} c_0^0 \\ c_0^1 \\ c_1^0 \\ c_1^1 \\ \vdots \end{bmatrix}^{\mathrm{T}} = \begin{bmatrix} m_0 \\ m_1 \\ m_2 \\ \vdots \end{bmatrix}^{\mathrm{T}} \cdot \begin{bmatrix} g_{00} & g_{10} & g_{01} & g_{11} & g_{02} & g_{12} & 0 & 0 & 0 & 0 & \cdots & \\ 0 & 0 & g_{00} & g_{10} & g_{01} & g_{11} & g_{02} & g_{12} & 0 & 0 & 0 & \cdots \\ 0 & 0 & 0 & 0 & g_{00} & g_{10} & g_{01} & g_{11} & g_{02} & g_{12} & 0 & \cdots \\ \vdots & \vdots & \vdots & \vdots & \vdots & \vdots & \vdots & & & & \vdots & \vdots \end{bmatrix}$$

仍然研究图 2-26 所示卷积码，编码关系用以 D 的多项式形式表示。由图可得

$$g^{(0)}(D) = g_{02}D^2 + g_{01}D + g_{00}$$
$$g^{(1)}(D) = g_{12}D^2 + g_{11}D + g_{10}$$

则生成多项式矩阵为 $\boldsymbol{g}(D)=[g^{(0)}(D)\quad g^{(1)}(D)]$。故编码码字 $C(D)=m(D)g(D)$。

综上所述，卷积码的编码可以用多项式和矩阵表示两种方法实现。比较两种表示方法可以发现，多项式描述比矩阵描述更简洁，使用更广泛。

2. 卷积码译码

卷积码的译码方式主要分为两类。一类是卷积码的代数译码方法，包括反馈译码和大数逻辑译码。其基本思路是由接收序列计算伴随式，再根据伴随式计算错误图样，然后纠错。这种译码方式译码延时小，适合高速译码，但仅适合硬判决译码，且适合此类译码的编码增益一般都不大，因此现代通信中使用得很少。另一类译码方式是概率译码，主要包括 FA 算法、ZJ 算法、维特比译码和 MAP 译码。此类译码基本思想：比较所有可能出现的、连续的网格图路径与接收码流之间的差异，选择其中发生概率最大的一条路径作为译码输出。其中，差异通常用距离来衡量，常用的有汉明距离和欧氏距离。本节主要介绍实际中应用比较多的维特比译码算法。

首先介绍卷积码的状态图和栅格图表示方法。以图 2-27 所示的卷积码为例，说明其状态图和栅格图。

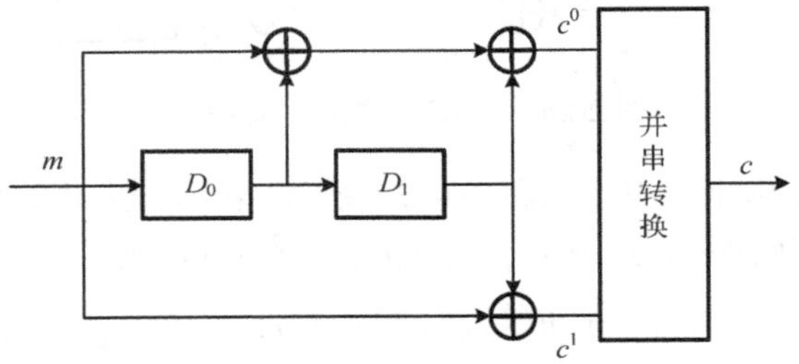

图 2-27　(2,1,2)卷积码示意图(二)

状态图可以直观表示在不同的输入信息下，编码输出以及寄存器状态。其中，用实线表示输入信息为 0，用虚线表示输入信息为 1 的状态变化，图 2-27 卷积码可用图 2-28(a)的状态图表示。栅格图以状态为纵轴，以时间节拍为横轴，将平面分割成格状，用箭头(线段)表示每一时刻的状态转移，图 2-27 卷积码可用图 2-28(b)的网格图表示。

维特比译码的基本目标是在网格图所有合法连续路径中寻找似然概率最大的一条路径作为译码输出。即 $\hat{\boldsymbol{C}}=\arg\max\limits_{\forall C}\{p(\boldsymbol{R}\mid\boldsymbol{C})\}$。对于 (n,k,N) 二元卷积码，从某一状态出发，长为 L 的网格图上一共有 2^{kL} 条路径。可见当 L 很大时寻找最大似然路径是十分困难的。维特比译码算法正是为了解决上述困难所引入的一种最大似然译码算法。该算法不是在栅格图上一次性地比较 $\boldsymbol{R}$ 与所有可能的 2^{kL} 个序列，而是接收一段，计算一段，比较一段，选择最有可能的码段保留下来，然后再接收一段，计算一段，比较一段，选择最有可能的码段保留下来，如此反复进行下去，从而最后达到整个码序列是一个有最大似然函数的序列。根据以上分析可以得到维特比译码算法的步骤如下。

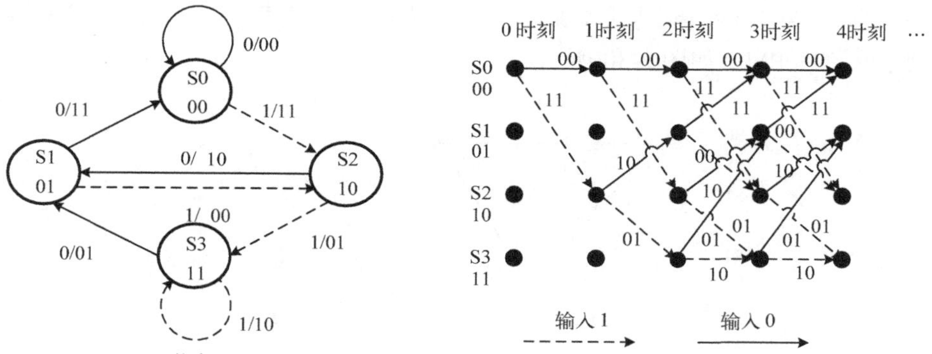

(a)状态图　　(b)网格图

图 2-28　卷积码所对应的状态图和网格图

(1) 从第 1 时刻的全零状态开始(零状态初始度量为 0，其他状态初始度量为负无穷)。

(2) 在任一时刻 t，对每一状态只记录到达路径中度量最大的一个(残留路径)及其度量(状态度量)。

(3) 在向 $t+1$ 时刻前进过程中，对 t 时刻的每个状态作延伸，即在状态度量基础上加上分支度量，得到 $N\times 2^k$ 。

(4) 对所得到的 $t+1$ 时刻到达每一个状态的 2^k 条路径进行比较，找到一个度量最大的作为残留路径。

(5) 直到码的终点，如果确定终点是一个确定状态，则最终保留的路径就是译码结果。

下面举例说明维特比译码的过程，其中 PM 表示路径度量，BM 表示分支度量。对一个(2,1,2)卷积码，其生成多项式为(7,5)。信息 m，编码 C 及接收序列 R 如表 2-5 所示。

表 2-5　(2,1,2)卷积码

m	1	0	1	1	0	0	…
C	11	10	00	01	01	11	…
R	01	10	01	01	01	11	…

维特比译码步骤如下。

(1) 从状态 0 起，画出前 2 节拍的所有路径，并计算各路径的路径度量 PM，如图 2-29 所示。

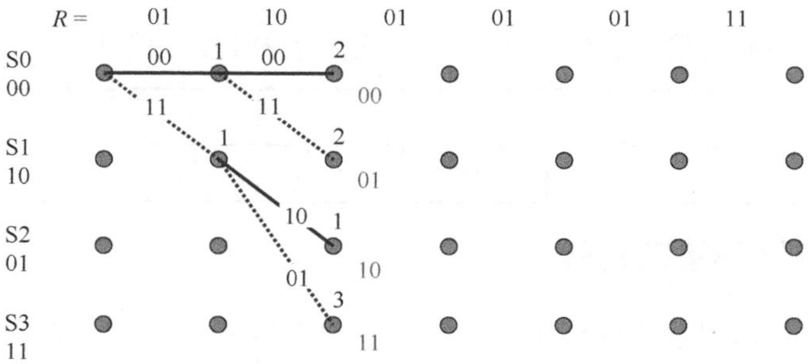

图 2-29　前两节拍路径的 PM

(2) 在第 3 节拍，画出到达状态 S_0 的两条分支，并计算其 BM，与出发状态的 PM 累加，得到本时刻的 PM，如图 2-30 所示。

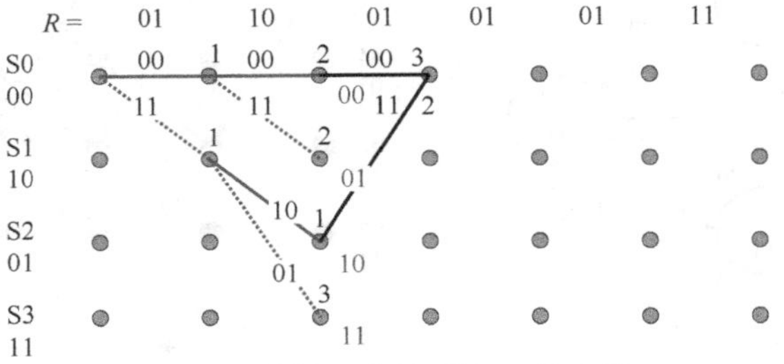

图 2-30　计算第 3 节拍到达 S_0 分支的 PM

(3) 保留 PM 较小的路径，同时分别计算到达状态 S_1、S_2、S_3 的分支对应路径的 PM，同样保留 PM 较小的路径，如图 2-31 所示。

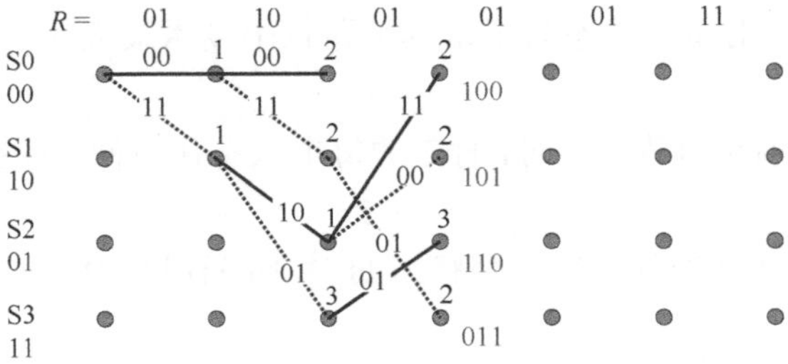

图 2-31　第 3 节拍保留的较小 PM 及其路径

(4) 对下一节拍，重复步骤(2)(3)的过程，计算所有节拍的路径度量。并选择 PM 最小的一条路径作为最后的幸存路径。此路径对应的信息序列即译码输出，如图 2-32 所示。

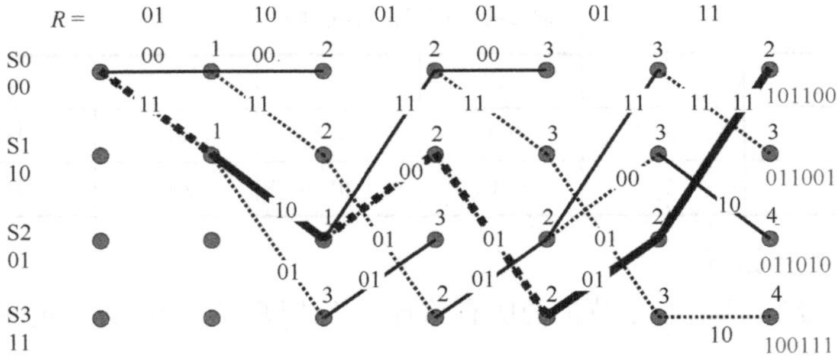

图 2-32　之后节拍比较后保留的较小 PM 及其路径

最后，由幸存路径与信息、编码序列的对应关系得到译码输出。

$\hat{m}$	1	0	1	1	0	0	…
$\hat{c}$	11	10	00	01	01	11	…

2.4.5　数据链中编码策略比较

汉明码和 RS 码均属于线性分组码的一种，故直接分析分组码的编码性能。采用伴随式译码时，先计算接收矢量 $\boldsymbol{r}$ 的伴随式 $\boldsymbol{s}=\boldsymbol{r}\boldsymbol{H}^{\mathrm{T}}$，然后由伴随式决定标准阵的陪集 e，最后

将接收码字译为 $v=r+e$。对于二元对称信道，分组码的误组率为

$$P_e \leqslant \sum_{i=t+1}^{n} \frac{n!}{i!(n-i)!} P^i (1-P)^{n-i}$$

译码的误比特率为

$$P_b \approx \frac{1}{n} \sum_{i=t+1}^{n} \frac{n!}{i!(n-i)!} P^i (1-P)^{n-i} \approx P - P(1-P)^{n-1}$$

其中，P 为信道码元错误概率。

对于(7,4)汉明码，当 $P_b = 1\times10^{-5}$ 时对应的 $P=10^{-2.89}$，当采用 BPSK 调制时，系统所需的最小 $E_b/N_0 = 6.9\text{dB}$。若不采用信道编码，$P=10^{-2.89}$ 时所需的 $E_b/N_0 = 9.6\text{dB}$，节省了 2.7dB，即在 BPSK 调制方式下(7,4)汉明码的编码增益为 2.7dB。

RS 码作为线性分组码的一种，相同条件下其编码增益与汉明码的相同，但相比于只能纠一个错误的汉明码，RS 码的编码效率达到最佳，即在相同码长条件下，RS 码的纠错能力强于汉明码的，且码长越长，其纠错能力的优势越明显。

卷积码将分组码加以推广，具有更优秀的纠错能力。码率为 R，自由距离为 d 的卷积码编码增益 A 范围为

$$\frac{Rd}{2} \leqslant A \leqslant Rd$$

故卷积码的性能与码率和自由距离成正比。常用的卷积码码率通常为 1/2 或 1/3，研究者找到约束长度为 K 时具有最大距离的好码与对应的编码增益上界，如表 2-6 所示。对于高斯信道来说，量化级数对卷积码的性能也有一定的影响，8 级量化(3 比特量化)比 2 级量化(1 比特量化)信噪比提高了 2dB，但更细致的量化获益更小。

表 2-6　码率为 1/2 的二元卷积码

K	八进制表示的生成矢量		d	编码增益上界
3	5	7	5	3.97
4	15	17	6	4.76
5	13	35	7	5.43
6	53	75	8	6.00
7	133	171	10	6.99
8	247	373	10	6.99
9	561	753	12	7.78

小　　结

本章介绍了数据链信息传输技术。首先介绍典型数据链传输频段，然后分析了短波信道、超短波信道、微波信道和卫星信道的信道特性。接着，对数据链系统中主要使用的 π/4-DQPSK、MSK、8PSK 等调制/解调技术进行分析、比较。然后，介绍了扩频技术的理论基础，并重点对直接序列扩频(DS-SS)、跳频扩频(FH-SS)、跳时扩频(TH-SS)等主要扩频

调制技术进行分析和比较。最后，对数据链中使用的汉明码、RS 码、卷积码等编码/译码技术进行分析和比较。

思　考　题

1．为什么电波具有绕射能力？绕射能力和波长有什么关系？为什么？

2．简要说明调制技术演进过程，分析推动技术演进的因素有哪些？

3．MSK 调制技术与 OQPSK、π/4-DQPSK 相比，有什么优缺点？

4．用码速率为 5Mbit/s 的伪随机码序列进行直接序列扩频，扩频后信号带宽是多少？若信息码速率为 10Kbit/s，系统处理增益是多少？

5．直接序列-频率跳变混合系统，直接序列扩频码速率为 20Mbit/s，频率数为 100，数据信息速率为 9.6Kbit/s，试求该系统的处理增益是多少？采用 BPSK 调制时，所需要传输通道的最小带宽是多少？

6．一高斯白噪声信道，信道带宽为 4MHz，当干扰功率比信号功率大 30dB 时，要求输出信噪比最小为 10dB 的情况下，采用 BPSK 调制时，允许的最大信息传输速率为多少？

7．已知一个(15,11)汉明码的监督矩阵为

$$\boldsymbol{H}=\begin{bmatrix}1&1&0&1&1&0&1&0&1&0&1&1&0&0&0\\1&0&1&1&0&1&1&0&0&1&1&0&1&0&0\\0&1&1&1&0&0&0&1&1&1&1&0&0&1&0\\0&0&0&0&1&1&1&1&1&1&1&0&0&0&1\end{bmatrix}$$

(1) 写出它的生成矩阵 $\boldsymbol{G}$；

(2) 若信息组 $\boldsymbol{\alpha}$ = (00101000001)，求它对应的码字；

(3) 若接收码字 $\boldsymbol{r}$ = (001010000110000，求它的伴随式和正确码字。

8．已知一个(2,1,2)卷积码编码电路如图 2-33 所示：

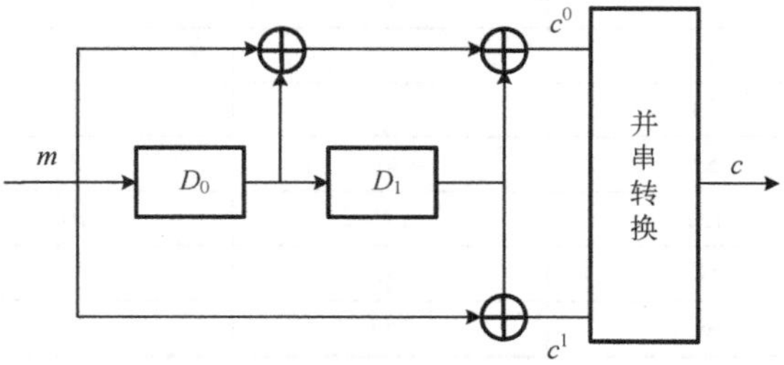

图 2-33　题 8 图

(1) 试写出生成矩阵；

(2) 画出状态图和网格图。

第 3 章　数据链组网技术

数据链系统是一个标准化的保密数据通信系统，它有三个基本要素，即数据链设备、通信协议、格式化消息，其中通信协议包括频率协议、波形协议、链路协议、组网协议、加密协议等。按照分层的思想，战术数据链系统主要工作在物理层、数据链路层和网络层。组网协议是网络层协议的一部分，决定了系统的网络形式，从而决定了系统的循环时间、容量等性能。战术数据链系统负责把各种战场的信息分发给指挥系统、武器系统和情报系统，为他们的决策和行动提供有价值的参考，这就要求信息更新的时间间隔足够短，提供的信息足够多，并且系统还要具有较强的抗毁性。因此，组网协议的选择和设计，对于战术数据链系统就显得相当重要。

3.1　数据链网络拓扑结构

网络拓扑是网络形状或者是它在物理上的连通性，网络拓扑结构是指用传输媒体互联各种设备的物理布局，即用何种方式将网络中的设备连接起来。构成网络的拓扑结构有很多种，一般而言，对于有线网络，主要有星型结构、环型结构、树型结构、总线型结构、网状结构等，如图 3-1 所示。

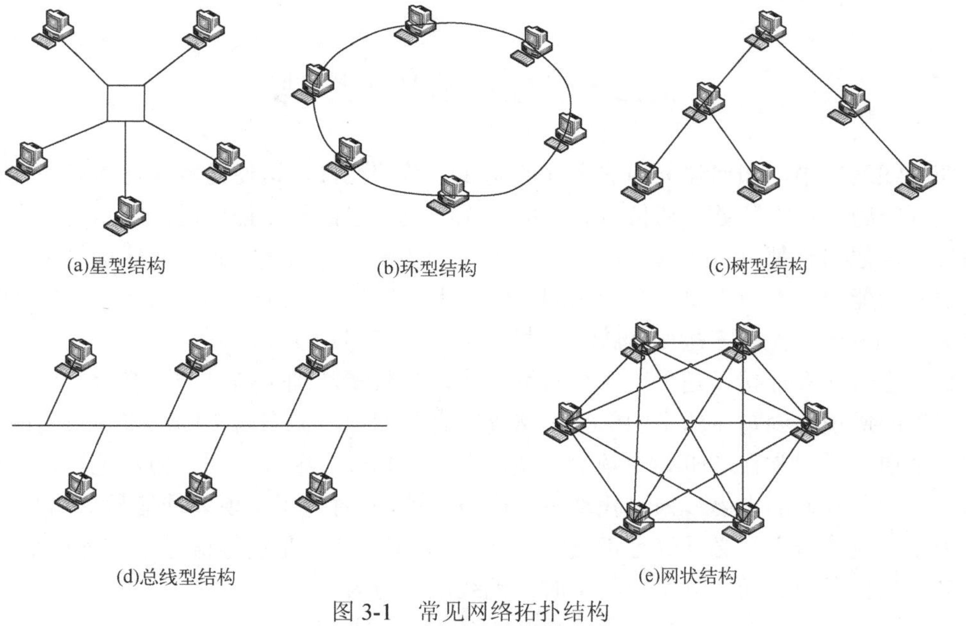

(a)星型结构　(b)环型结构　(c)树型结构

(d)总线型结构　(e)网状结构

图 3-1　常见网络拓扑结构

而对于无线网络，主要有两种拓扑结构：有中心的集中控制方式和无中心的分布对等方式。

在有中心拓扑结构中，一个节点作为网络控制站，其他节点作为从站，如图 3-2 所示。主站控制网络中的从站对网络的连接。由于控制节点的存在，因此网络中节点数量的增加对网络吞吐性能和时延性能并不会有太大的影响，扩展性能好。但是一旦主站遭到破坏，整个网络将陷入瘫痪，因而抗毁能力不强。Link-11 数据链就是采用了这种有中心的网络拓扑结构。

在无中心拓扑结构中，各个节点地位平等，如图 3-3 所示，任意两个站点之间均可以直接通信。只需指定一个节点担任网络时间基准，网络建立之后，如担任网络时间参考的节点失去功能，网络可以指定其他节点担任。这种网络结构灵活性高，抗毁能力强，Link-16 数据链的网络拓扑结构就是基于无中心的分布对等方式的网状结构。

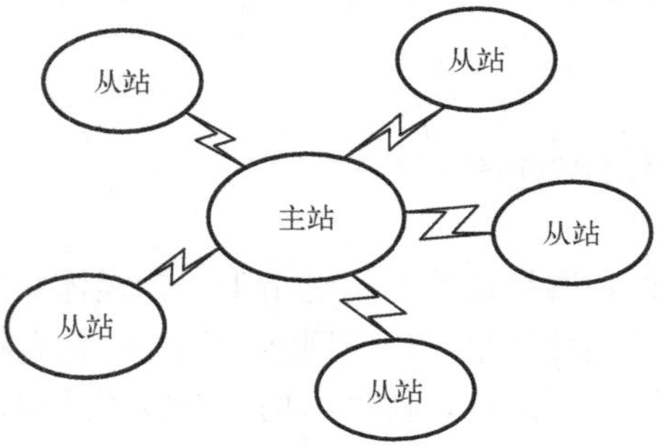

图 3-2　有中心的拓扑结构

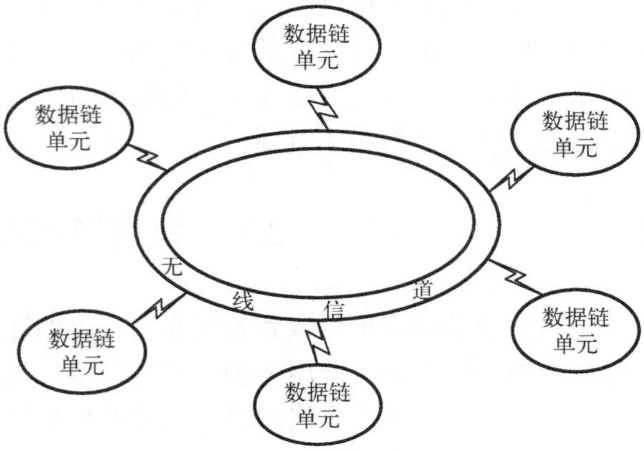

图 3-3　无中心的拓扑结构

3.2　多址技术基本原理

在无线通信中，如何建立用户之间的无线信道的连接，这便是多址连接问题，也称为多址接入问题。由于数据链通信具有大面积无线电波覆盖和广播信道的特点，一个用户发射的信号其他用户都可以接收，所以，网内用户必须具有从接收到的无线信号中识别出本用户信号的能力。本节主要介绍常见的多址技术，如频分多址(FDMA)、时分多址(TDMA)、码分多址(CDMA)、空分多址(SDMA)、随机多址技术等多址技术。

目前主流的多址接入是采用正交多址方式，其数学基础是信号的正交分割原理。尽管这种多址的原理与固定通信中的信号多路复用有些相似，但有所不同。多路复用的目的是区分多个通路，通常在基带和中频上实现，而多址划分是区分不同的用户地址，往往需要利用射频频段辐射的电磁波来寻找动态的用户地址，同时为了实现多址信号之间互不干扰，不同用户无线信号之间必须满足正交特性。信号的正交特性是通过信号正交参量来实现的。当正交参量仅考虑时间、频率、码型时，无线电信号为

$$s(c,f,t)=c(t)s(f,t)$$

式中，$c(t)$ 为码型函数；$s(f,t)$ 为时间 t 和频率 f 的函数。

有多种方式来区分不同用户地址，如频分多址是以传输信号载波频率的不同来区分；

时分多址是以传输信号存在的时间不同来区分;码分多址是以传输信号的码型不同来区分。图 3-4 给出了 N 个信道的 FDMA、TDMA、CDMA 的示意图。从图中可以看出，频分多址中不同用户的频段相互不重叠，时分多址中不同用户的时隙不重叠，码分多址中不同用户的码型相互不重叠。

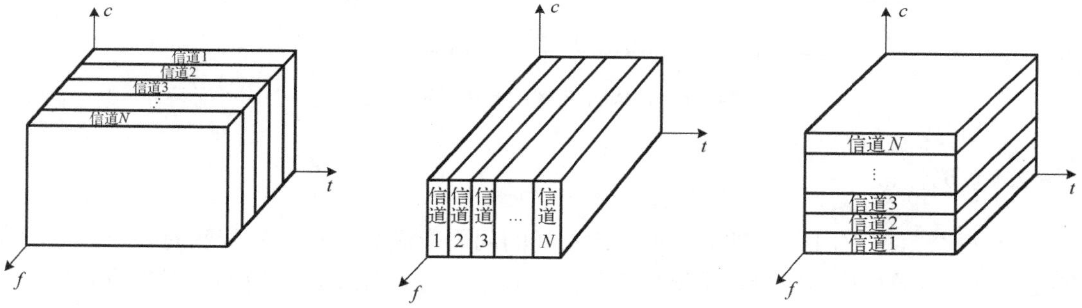

图 3-4　FDMA、TDMA 和 CDMA 示意图

现阶段，最常用的一种多址接入协议的分类方式是：根据协议是否是竞争型的协议或是否是无冲突的协议进行分类，具体划分如图 3-5 所示。

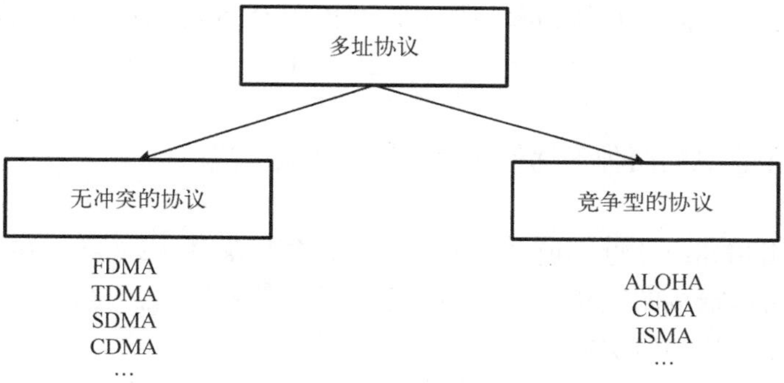

图 3-5　信道共享多址接入协议分类

3.2.1　频分多址

1. 系统原理

频分多址(FDMA)为每一个用户指定了特定信道，这些信道按要求分配给请求服务的用户。在呼叫的整个过程中，其他用户不能共享这一频段。FDMA 系统基于频率划分信道。每个用户在一对频道($f - f'$)中通信。若有其他信号的成分落入一个用户接收机的频道内时，将造成对有用信号的干扰，常见的干扰有邻道干扰和互调干扰。

FDMA 系统中前向信道和反向信道的结构如图 3-6 所示。在前向信道与反向信道之间存在保护频带，并且为了使相邻信道之间的干扰最小，在两个相邻信道之间采用保护频带。

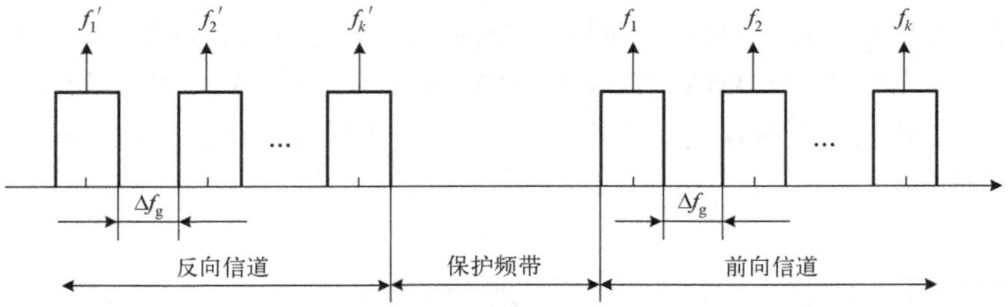

图 3-6　FDMA 系统的频谱结构示意图

2. 系统特点

(1) 每个信道占用一个载频，相邻载频间的间隔应满足传输信号带宽的要求。为了在有限的频谱中增加信道数量，系统均希望间隔越窄越好。FDMA 信道的相对带宽较窄，每个信道的每一载波仅支持一个连接，也就是说 FDMA 通常在窄带系统中实现。

(2) 符号时间远大于平均时延扩展。这说明符号间干扰的数量低，因此在窄带 FDMA 系统中无需自适应均衡。

(3) FDMA 系统载波单个信道的设计，使得在接收设备中必须使用带通滤波器允许指定信道里的信号通过，滤除其他频率的信号，从而限制临近信道间的干扰。

3. 干扰问题

FDMA 系统中常见的两种干扰是邻道干扰和互调干扰。

1) 邻道干扰

邻道干扰是指相邻或邻近频道之间的干扰，即邻道(k+1 或 k–1 频道)信号功率落入 k 频道的接收机通带内造成的干扰。产生邻道干扰的主要原因有：接收/发射滤波器不理想；相邻频率信号泄露到传输带宽内。

常见降低邻道干扰的办法有：降低发射机落入相邻频道的干扰功率，即减少发射机带外辐射；提高接收机的邻频道选择性；在设计网络时，避免相邻频道在同一区域使用。

2) 互调干扰

互调干扰是由传输设备中非线性电路产生的。它指两个或多个信号作用在通信设备的非线性器件上，产生同有用信号频率相近的组合频率，从而对通信系统构成干扰的现象。在无线网络中，产生互调干扰的原因主要有发射机互调、接收机互调及外部效应引起的互调。产生互调干扰的基本条件是：

几个干扰信号的频率 (ω_A、ω_B、ω_C) 受干扰信号频率 (ω_S) 之间满足 $2\omega_A-\omega_B=\omega_S$ 或 $\omega_A+\omega_B-\omega_C=\omega_S$ 的条件；干扰信号的幅度足够大；干扰信号和受干扰的接收机同时工作。

发射机互调干扰：一部分发射机信号进入了另一部发射机，并在其末级功放的非线性作用下与输出信号相互调制，产生不需要的组合干扰频率，对接收信号频率与这些组合频率相同的接收机造成的干扰，称为发射机互调干扰。减少发射机互调干扰的措施有：加大发射机天线之间的距离；采用单向隔离器件和采用高品质因子的谐振腔；提高发射机的互调转换衰耗。

接收机互调干扰：当多个强干扰信号进入接收机前端电路时，在器件的非线性作用下，干扰信号互相混频后产生可落入接收机中频频带内的互调产物而造成的干扰称为接收机互调干扰。减少接收机互调干扰的措施有：提高接收机前端电路的线性度；在接收机前端插入滤波器，提高其选择性；选用三阶互调的频道组工作。

3.2.2　时分多址

1. 系统原理

时分多址(TDMA)是在一个宽带的无线载波上，把时间分成周期性的帧，每一帧再分割成若干时隙(无论帧或时隙都是互不重叠的)，每个时隙就是一个通信信道，分配给一个用户。如图 3-7 所示，系统根据一定的时隙分配原则，使各个无线用户在每帧内只能按指定的时隙发射信号(突发信号)，在满足定时和同步的条件下，无线节点间在各个指定时隙中接收信号而互不干扰。

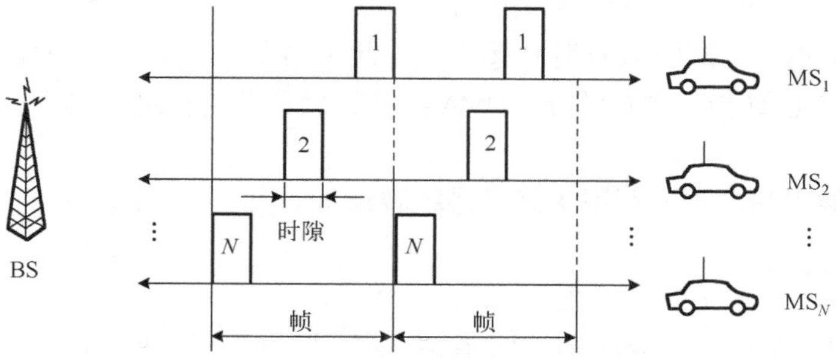

图 3-7　TDMA 系统工作示意图

TDMA 系统可以采用 FDD 和 TDD 两种模式中的任一种：FDD，前向/反向信道的通信频率不同；TDD，前向/反向信道的通信频率相同。它们的结构分别如图 3-8 和 3-9 所示。在 TDMA 系统中，由于相邻时隙之间存在保护时间，因此在各种传输路径上因传输时延产生的干扰最小。

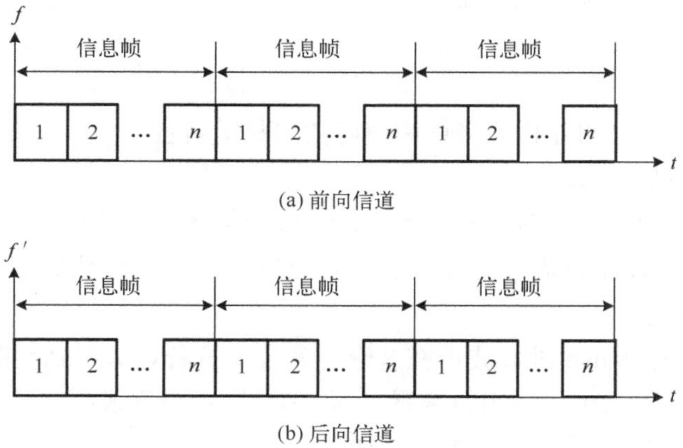

图 3-8　TDMA/FDD 系统中前向信道和反向信道结构

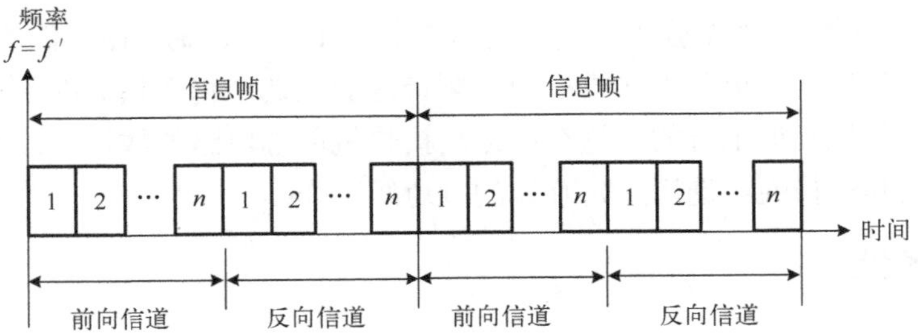

图 3-9　TDMA/TDD 系统中前向信道和反向信道结构

2. 系统特点

TDMA 系统有以下特点。

(1) 突发传输速率高，远大于语音编码速率。

(2) 发射信号速率随时隙数 N 的增大而提高，如果达到 100Kbit/s 以上，码间串扰将加大，必须采用自适应均衡，以补偿传输失真。

(3) TDMA 用不同的时隙来发射和接收，因此不需要双工器。即使使用 FDD 技术，在无线用户单元内部的切换器就能满足 TDMA 在接收机和发射机之间的切换，而无须使用双工器。

(4) 抗干扰能力强，频率利用率高，系统容量大。

3.2.3　码分多址

码分多址(CDMA)系统为每个用户分配了各自特定的地址码，利用公共信道来传输信息。CDMA 系统的地址码相互正交，用于区别不同地址，在频率、时间、空间上都可能重叠。系统的接收端必须有完全一致的本地地址码，用来对接收的信号进行相关检测。其他使用不同码型的信号因为和接收机本地产生的码型不同而不能被解调。它们的存在类似于在信道中引入了噪声或干扰，通常称为多址干扰。由此可见，地址码在 CDMA 系统中的重要性。地址码的设计直接影响 CDMA 系统的性能，为提高抗干扰能力，地址码要用伪随机码(又称为伪随机序列，Pseudo-Noise)。

1. 系统原理

Walsh 函数有着良好的互相关特性和较好的自相关特性。

1) Walsh 函数波形

Walsh 函数是一种非正弦的完备函数系，其波形如图 3-10 所示。因为它仅有两个可能的取值：+1 或−1，所以比较适合用来表示和处理数字信号。利用 Walsh 函数的正交性，可获得 CDMA 的地址码。

若对图 3-10 中的 Walsh 函数波形在 8 个等间隔上取样，即得到离散 Walsh 函数，可用 8×8 的 Walsh 函数矩阵表示。采用负逻辑，即“0”用“+1”表示，“1”用“−1”表示，从上往下排列，图 3-10 所示函数对应的矩阵为

$$\begin{bmatrix} 00\,00\,00\,00 \\ 00\,00\,11\,11 \\ 00\,11\,11\,00 \\ 00\,11\,00\,11 \\ 01\,10\,01\,10 \\ 01\,10\,10\,01 \\ 01\,01\,10\,10 \\ 01\,01\,01\,01 \end{bmatrix}$$

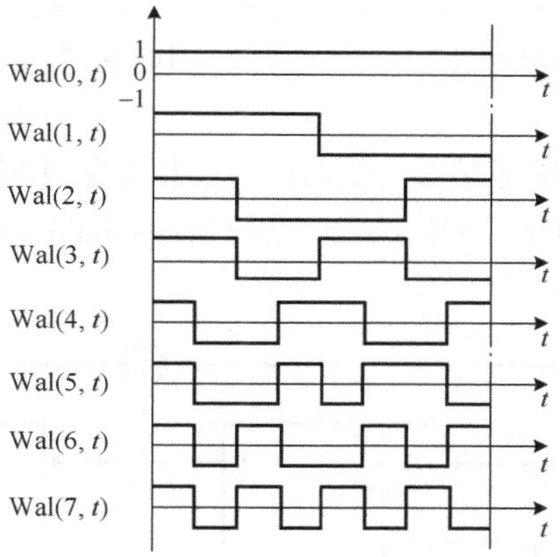

图 3-10　连续 Walsh 函数的波形

2) Walsh 函数矩阵的递推关系

Walsh 函数可用 Hadamard 矩阵(哈达码矩阵)$\boldsymbol{H}$ 表示，利用递推关系很容易构成 Walsh 函数序列族。哈达码矩阵 $\boldsymbol{H}$ 是由“1”和“0”元素构成的正交方阵。在哈达码矩阵中，任意两行(列)都是正交的。这样，当把哈达码矩阵中的每一行(列)看成一个函数时，则任意两行(列)之间也都是正交的，即互相关函数为零。因此，将 M 哈达码矩阵中的每一行定义为一个 Walsh 序列(又称 Walsh 码或 Walsh 函数)时，就得到 M 个 Walsh 序列。哈达码矩阵有如下递推关系

$$\boldsymbol{H}_0 = [0] \qquad \boldsymbol{H}_2 = \begin{bmatrix} 0\,0 \\ 0\,1 \end{bmatrix}$$

$$\boldsymbol{H}_4 = \boldsymbol{H}_{2\times 2} = \begin{bmatrix} H_2 & H_2 \\ H_2 & \bar{H}_2 \end{bmatrix} = \begin{bmatrix} 0\,0\,0\,0 \\ 0\,1\,0\,1 \\ 0\,0\,1\,1 \\ 0\,1\,1\,0 \end{bmatrix}$$

$$\boldsymbol{H}_8 = \boldsymbol{H}_{4\times 4} = \begin{bmatrix} H_4 & H_4 \\ H_4 & \bar{H}_4 \end{bmatrix}$$

$$\boldsymbol{H}_{2M} = \boldsymbol{H}_{M\times M} = \begin{bmatrix} H_M & H_M \\ H_M & \bar{H}_M \end{bmatrix}$$

式中，M 取 2 的幂；$\bar{H}_M$ 为 H_M 的补。

例如，当 $M=64$ 时，利用上述的递推关系，就可得到 64×64 的 Walsh 序列(函数)。因为是正交码，可供码分的信道数等于正交码长，即 64 个。在反向信道中，利用 Walsh 序列的良好互相关特性，64 位的正交 Walsh 序列用做编码调制。

2. *m* 序列伪随机码

m 序列的最长线性移位寄存器序列的简称，它是带线性反馈的移位寄存器产生的周期最长的一种序列。它的周期是 $P=2^n-1$ (n 是移位寄存器的级数)。*m* 序列是一个伪随机序列，具有与随机噪声类似的自相关特性，但它不是真正随机的，而是按一定的规律形成周期性地变化。由于 *m* 序列容易产生、规律性强，因而在扩频通信和 CDMA 系统中最早获得广泛应用。

m 序列的产生器是由移位寄存器、反馈抽头及模 2 加法器组成的。产生 *m* 序列的移位寄存器的网络结构不是随意的，必须满足一定的条件。图 3-11 是由一个三级移位寄存器构成的 *m* 序列生成器。

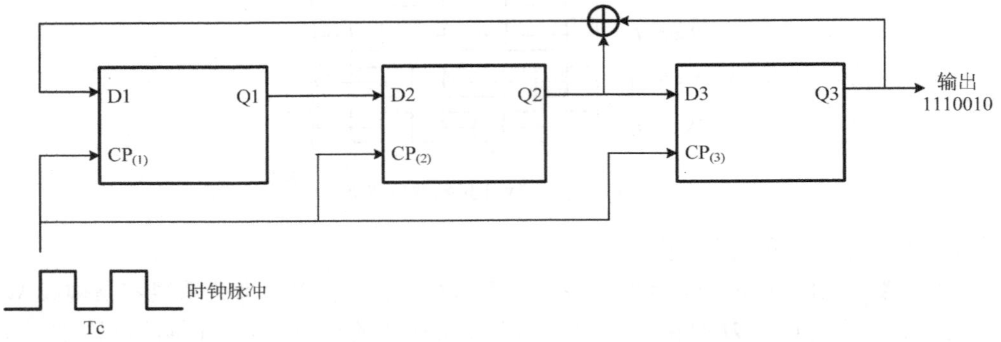

图 3-11　*m* 序列产生电路

3. CDMA 系统特点

CDMA 系统的特点如下。

(1) CDMA 系统的许多用户共享同一频率。

(2) 通信容量大，从理论上讲，信道容量完全由信道特性决定，但实际的系统很难达到理想的情况。因而不同的多址方式可能有不同的通信容量。CDMA 系统是自干扰系统，任何干扰的减少都直接转化为系统容量的提高。因此，一些能降低干扰功率的技术，如语音激活技术等，可以自然地用于提高系统容量。

(3) 软容量特性，TDMA 系统中同时可接入的用户数是固定的，无法再多接入任何一个用户；而 DS-CDMA 系统中，多增加一个用户只会通信质量略有下降，不会出现硬阻塞现象。

(4) 由于信号被扩展在一个较宽的频谱上，因此可减小多径衰落。如果频带宽度比信道的相关带宽大，那么固定的频率分集将具有减少多径衰落的作用。

(5) 在 CDMA 系统中，信道数据速率很高。码片时长通常比信道的时延扩展小得多。因为 PN 序列有很好的自相关特性，所以大于一个码片宽度的时延扩展部分，可受到接收机的自然抑制。如采用分集接收最大比合并技术，可获得最佳的抗多径衰落效果。在 TDMA 系统中，为克服多径造成的码间串扰，需要用复杂的自适应均衡，均衡器的使用增加了接收机的复杂度。

(6) 低信号功率谱密度，信号功率被扩展到比自身频带宽度宽得多的频带范围内，其功率谱密度大大降低。可得到两方面的好处：其一，具有较强的抗窄带干扰能力；其二，对窄带系统的干扰很小，有可能与其他系统共用频段，使有限的频谱资源得到更充分的使用。

3.2.4 空分多址

空分多址(SDMA)方式是通过空间的分割来区别不同用户的，它利用天线的方向性波束将通信区域划分成不同的子空间来实现空间的正交分割。在无线通信中，采用自适应阵列天线是实现空间分割的基本技术，它可在不同用户方向上形成不同的波束。

如图 3-12 所示，SDMA 系统使用不同的天线波束为不同区域的用户提供接入。相同的频率(在 CDMA 系统中)或不同的频率(在 FDMA 系统中)用来服务于被天线波束覆盖的不同区域。在此基本概念的基础上，进一步演化出自适应阵列天线技术。在极限情况下，自适应阵列天线具有极小的波束和无限快的跟踪速度(类似于激光束)，它可以实现最佳的 SDMA。由于自适应天线(即智能天线)能迅速地引导能量沿用户方向发送，跟踪强信号，减少或消除干扰信号，进而降低信号的发射功率，减少不同用户之间的相互干扰，所以这种多址方式可以增强系统的容量，同时处于同一波束覆盖范围内的不同用户也容易通过与 FDMA、TDMA、CDMA 结合，以进一步提高系统容量。

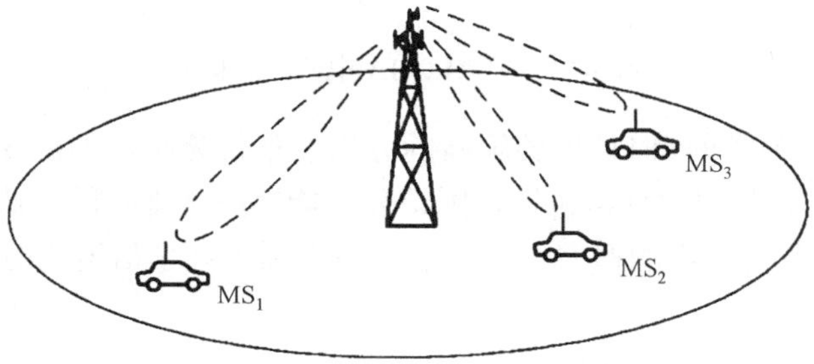

图 3-12 SDMA 系统工作示意图

3.2.5 随机多址方式

从本质上来说，无冲突协议的不同之处在于是否有保障(即不能时时保证成功地传送终端的业务)。采用竞争型协议时，系统中的终端(Mobile Station，MS)期望没有其他的终端同时传输消息，可以随时利用共享信道传送想要传送的消息。由于采用竞争型协议时可能存在冲突，因此为了有效地重传冲突时的消息，需要采取预防措施。根据冲突的解决方式，可以将竞争型协议分为两组，即随机接入协议和冲突解决协议。

1. 纯 ALOHA 协议

1970 年，夏威夷大学采用了分组无线网络，开始开发 ALOHA。纯 ALOHA 是含有无数用户的单节点系统。每个用户都按到达率为 λ(分组/秒)的泊松分布产生分组，并且所有的分组都有相同固定持续时间 T。在该方案中，当 MS 需要发送分组时，会立即发送分组。为了弄清楚所发送的分组是否得到接收端的确认，发送端会等待；如果在指定时间内没有响应，则表明在共享信道上与另一个发送分组发生了冲突。如果发送端确认发生了冲突，则发送端会在某一随机时延后重传发生冲突的数据，如图 3-13 所示，图中的箭头表示到达的时刻，空白矩形表示传输成功的数据分组，阴影矩形表示发生冲突时发送数据分组。有序系统中有许多用户，可以假定每个分组都由不同的用户产生，这就意味着可以将每个新到达的分组看作由没有分组需要重传的空闲用户产生。采用这种方法时，可以认为分组和用户是同一概念，因此只需要考虑开始发送的时刻。下面分析时域内信道的概念。调度时间包括产生新分组的时间和前面冲突发生时分组重传的时间。假定预定的速率为 g(分组/秒)。参数 g 称为信道的输入负荷。由于某些分组在成功发送之前已经发送了多次，因此 $g > \lambda$。确切地说，预定过程极其复杂。为了克服这一复杂性，并且使得 ALOHA 型系统的分析易于处理，这里假定调度过程也是到达率为 g 的泊松过程。仿真结果已经证明，该假定的近似程度极佳。

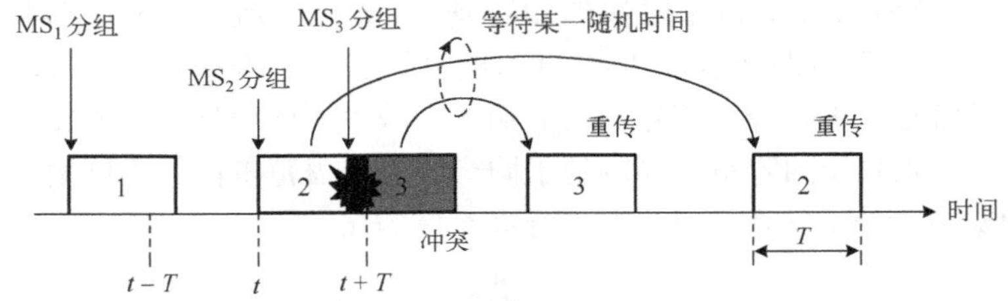

图 3-13　纯 ALOHA 中的冲突机制

下面考虑在某一个时刻 t 时调度传输新的分组或重传分组，如图 3-13 所示。如果在时刻 $t-T$ 与 $t+T$ 之间没有预定的分组传输，则该分组能够成功地传输。成功传输的概率 P_s 为时间间隔 $2T$ 内没有预定分组的概率。由于已经假定预定共享信道的时间分布为泊松分布，因此可得

$$
\begin{aligned}
P_s &= P(\text{没有冲突}) \\
&= P(\text{在两个分组持续的时间内没有数据分组发送}) \\
&= \mathrm{e}^{-2gT}
\end{aligned}
$$

由于按速率 g(分组/秒)预定的分组仅有一部分 P_s 能成功传输，因此成功传输率为 gP_s。如果将吞吐量定义为：将有效信息加载到信道上时所占用的时间部分，则得到纯 ALOHA 的吞吐量为

$$S_{\text{th}} = gT\mathrm{e}^{-2gT}$$

该式给出的信道吞吐量为输入负荷的一部分。如果将 $G = gT$ 定义为信道的归一化输入

负荷，则可得

$$\frac{dS_{th}}{dG} = -2Ge^{-2G} + e^{-2G} = 0$$

上式表明输入负荷 $G = 1/2$ 时取得了吞吐量的最大值 S_{thmax}。于是，将 $G = 1/2$ 代入上式，可得

$$S_{thmax} = \frac{1}{2e} \approx 0.184$$

如果对如何选择预定时间的限制多一些，则该值还有提升空间。

2. 时隙 ALOHA

将纯 ALOHA 修正后得到时隙 ALOHA，它有一个大小等于分组传输持续时间 T 的时隙。如果 MS 有一个分组待发送，则发送之前该 MS 保持等待直至下一个时隙开始。与纯 ALOHA 相比，时隙 ALOHA 将分组发生冲突的易损期减少为单个时隙，其性能明显提高。这就意味着，确切知道当且仅当当前时隙仅有一个预定分组需要发送时，发送才会成功。图 3-14 给出了时隙 ALOHA 的冲突机制，图中给出了完整的冲突；因此，不可能发生局部冲突。

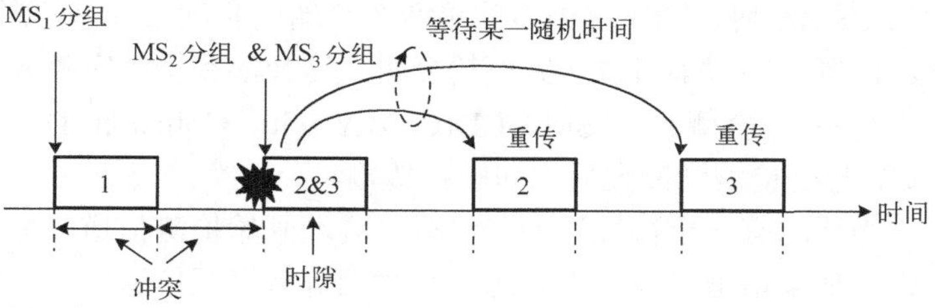

图 3-14　时隙 ALOHA 的冲突机制

图 3-15 所示为纯 ALOHA 和时隙 ALOHA 的吞吐量对比。

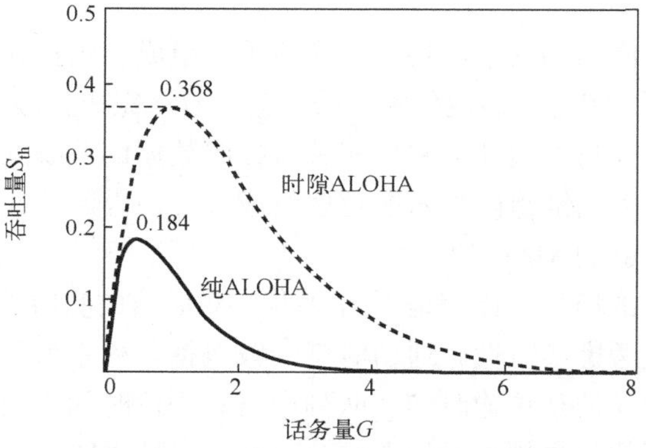

图 3-15　纯 ALOHA 和时隙 ALOHA 的吞吐量

3. 载波侦听多址

从纯 ALOHA 与时隙 ALOHA 的性能曲线可以看出，它们的最高吞吐量分别为 0.184

与 0.386。现在还需要找到提高吞吐量与支持高速率通信网络的另一种方法。如果能够在共享信道上阻止可能的冲突，则可以取得更高的吞吐量，这仅仅需要在发送分组之前对信道进行检测。采取这一措施后可以避免冲突，这就是所说的载波侦听多址(Carrier Sense Multiple Access，CSMA)协议。每个 MS 都可以检测所有其他 MS 的发送，而且与传输时间 t 相比这种方式的传输时延很小。图 3-16 给出了 CSMA 协议的冲突处理过程。

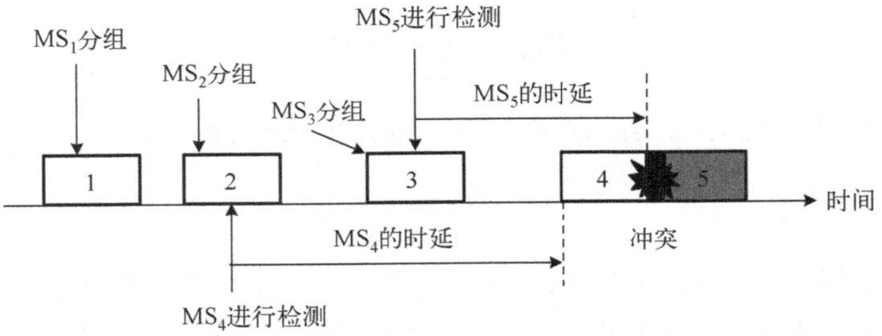

图 3-16　CSMA 协议的冲突处理过程

4. CSMA/CD

在采用常规的 CSMA 协议的系统中，如果两个终端同时利用共享信道发送数据分组，尽管会发生冲突，但每个终端都将发送完整的分组。这会浪费一个完整分组的时间。这时可以利用称为带有冲突检测的 CSMA/CD(CSMA with Collision Detection)来处理。CSMA/CD 的主要思想是检测到冲突后立即中止传输。

在该协议中，当终端有一个待发送的分组时，终端开始检测信道。如果信道空闲，则终端立即发送分组。如果信道呈“忙”状态，则终端等待直至信道空闲。如果传输中检测到冲突，则该终端立即中止传输，而且等待一随机时间后，终端再开始发送。

3.3　典型数据链无线组网技术

数据链强调在一定应用场景下，将多个作战平台组成一定拓扑结构的网络，确保网络节点按需使用信道资源，实时可靠地传输作战消息，最终完成作战任务。网络的拓扑结构、信道资源的分配和使用都与作战任务密切相关。按照数据链系统的分层体系结构，数据链路层的多址接入技术是数据链组网技术的重要组成部分，因此，在研究数据链组网技术的过程中，重点关注数据链的 MAC 协议。

战术数据链应用于战场数字化空地/空空通信，对通信的实时性要求较高，因此在设计其 MAC 协议时应着重考虑实时性。通信时延一般包括队列中信息等待时间、节点信息处理时间、信息发送时间和信息传输时间。队列中信息等待时间主要由 MAC 协议决定，对不同优先级、不同类型的信息规划发送顺序；节点信息处理时间主要由平台硬件的处理速度和软件的优化设计程度决定；信息发送时间主要由平台物理层的发送速度决定；信息传输时间主要由通信距离和传输方式(广播、点对点)决定。每种时间的减小均能带来通信时延的降低，提高通信效率。在节点信息处理时间、信息发送时间和信息传输时间一定的情况下，MAC 协议对信息的通信时延影响较大。

3.3.1 战术数据链典型组网方式

按照典型战术数据链的基本工作方式，可以将数据链的组网方式分为点对点方式、点对多点方式和多点对多点方式三种。

1. 点对点方式

在两个作战单元之间建立一条公共信道，通常是全双工的模式，主要用于地面的指挥与控制单元和武器单元之间交换监视信息。典型的系统有 TADIL B 和 Link-1，以及美国的陆军战术数据链(Army Tactical Data Link，ATDL)和导弹阵地数据链(Missile Battery Data Link，MBDL)。

2. 点对多点方式

有一个中心站，其余的为从站，网内采用统一的频率，可以是半双工或者全双工模式，主要分为以下两种情况。

1) 指令应答方式

主站在控制时隙内发送控制消息帧，在预留的时隙内等候从站的应答。问到谁，谁应答。这种方式实际上就是一种星型网，只有主站与从站之间的通信，从站之间不通信。主要用于对飞机的空中拦截控制和空中交通管制等。典型系统是 Link-4A，如图 3-17 所示。

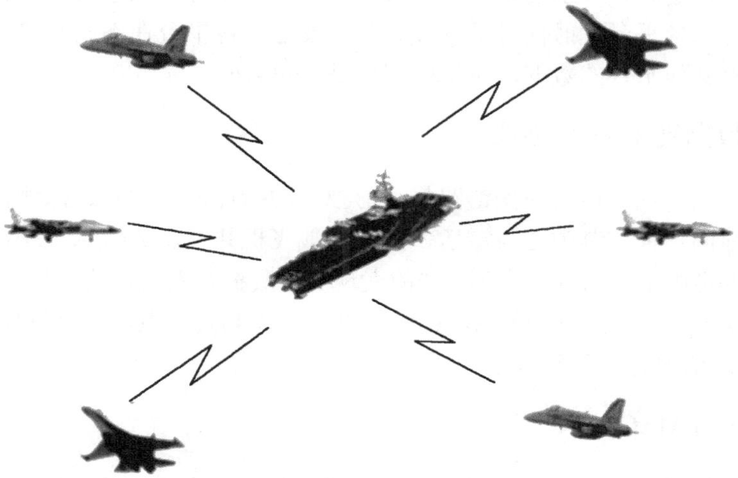

图 3-17 Link-4A 典型网络结构

2) 点名呼叫方式

网络控制站自动询问每个网络从站，当从站识别出它的地址被呼叫时，即向网络发出该从站的数据。所有从站都被呼叫之后，网络主站发出自己的数据，并开始新的循环。与前一种方式不同的是，它不再是一种星型网，而是一种网状网，主要区别就是从站之间也可以互相通信。主要用于地面和空中单元以及空中单元之间进行监视信息和指挥引导信息的交换。典型系统是 Link-11，如图 3-18 所示。

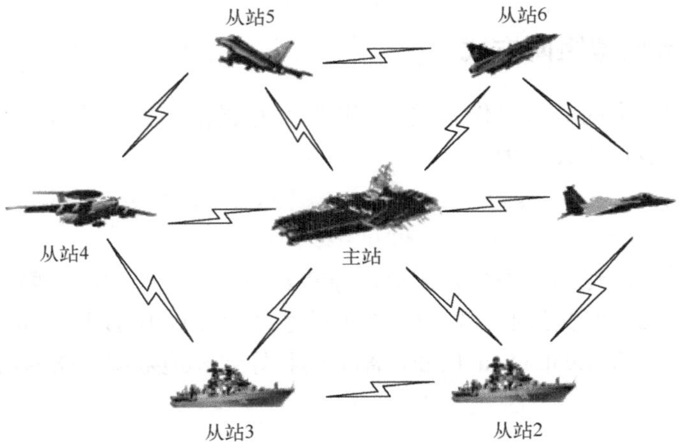

图 3-18　Link-11 典型网络结构

3. 多点对多点方式

即时分多址方式，网络中不存在中心节点，具有很强的抗毁能力，通常是网内采用统一频率，半双工工作模式。在时分多址系统中，把时间分成周期性的帧，每一帧再分割成若干时隙(无论帧或时隙都是互不重叠的)，每一个时隙就是一个通信信道，分配给一个用户。然后根据一定的时隙分配原则，使各个平台在每帧内只能按指定的时隙向网络其他成员发射信号，满足定时和同步的条件下，其他平台可以在各时隙中接收到各平台的信号而互不干扰。同时，各平台发射信号都在预定时隙发送。各平台在不属于自身的时隙中处于接收状态，接收其他平台的数据，典型的应用是 Link-16。

3.3.2　战术数据链的轮询协议

在数据链发展初期，通过数据链路将以前独立的指挥控制中心、探测雷达和作战飞机链接为网络，地面指挥控制中心与雷达、空中作战飞机共享态势信息，获得全面的战场态势，进而对战机实施指挥引导，达到“先敌发现、先敌摧毁”的目的。基于这种作战场景，Link-4A、Link-11 等早期数据链的 MAC 协议以集中控制式为主，网络规模小(网络成员在十几个以下)，通信时延在秒级以上。

1. Link-11 的 MAC 协议

Link-11 采用一种集中预约 MAC 协议——轮询协议，由中心节点统一调度，其他节点依据轮询顺序无竞争地使用信道。

按照最初的设计，Link-11 数据链的作战应用场景为航母对舰艇以及航母上起飞的多架战机实施指挥控制。随着 Link-11 数据链在美国空军陆续装备，其作战应用场景也包括陆基/空基指挥中心对空军机场起飞的多批战机实施指挥引导、长机对编队僚机实施任务分配等。

在 Link-11 数据链中，有一个主站设在航母、预警飞机或地面指挥中心，其他网络成员(如舰艇、飞机、车辆等)为从站。主站统一负责轮询协议的启动、运行、结束及管理控制，从站的信道接入时机由主站决定。网络全部站点使用相同的频率，在主站的集中管理控制下，按照点名呼叫方式，以半双工模式交互信息；不使用信道发送信息的站点接收其他站点发送的信息。

轮询协议的执行流程如图 3-19 所示。主站向从站发送上行信息，启动每次传输。该上行信息起到点名询问的作用，以态势信息和指挥控制信息为主要内容。所有从站均接收并存储这些信息。通过比较接收地址码与自己的地址码，被询问的从站发送下行信息(有战术数据时)或应答信息(无战术数据时)，以空中平台参数和目标参数为主要内容。网中每一个从站都接收该下行信息并存储。从站 A 信息传输结束后，主站就转向询问下一从站 B，向 B 发送上行信息。这一过程不断重复，直到询问所有从站，一个网络循环结束。网络循环自动重复。

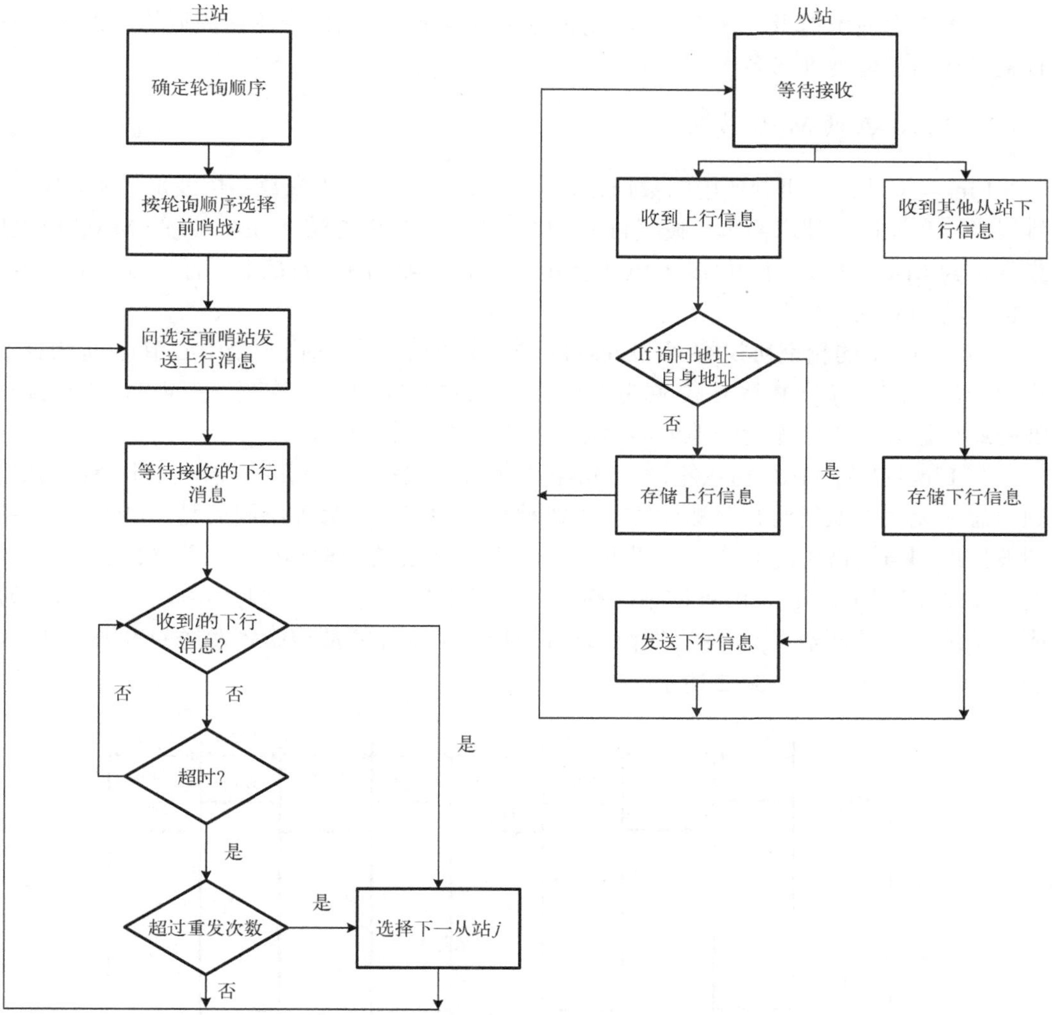

图 3-19 Link-11 轮询协议的执行流程

主站询问所有从站所需的时间(轮询协议中称为轮询周期)，取决于网内从站的数目、每次发送的数据量以及轮询原则。

较简单的轮询原则是顺序轮询，其时序图如图 3-20 所示。主站按照预先设定的顺序(如从站 1,2,3,…,n−1)，先点名从站 1，从站 1 在其用户时间窗口内应答，然后主站点名从站 2，从站 2 应答，直到从站 n−1 在其用户时间窗口内应答，然后顺序不变，重新开始循环，直到结束。

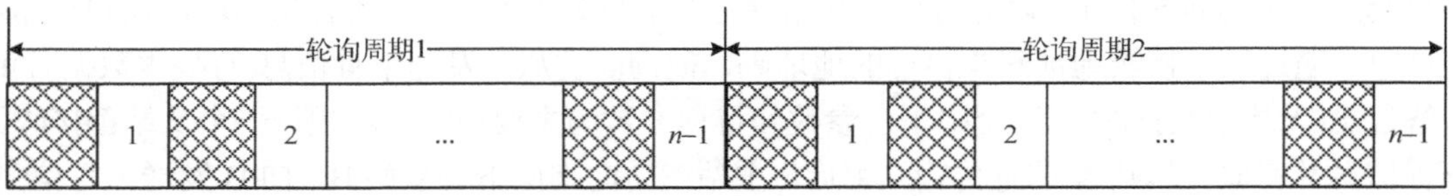

图 3-20　顺序轮询时序图

如果考虑战术信息的优先级，则轮询原则较复杂，主站每个轮询周期的轮询顺序可变，且某一从站可能被询问多次。

2. Link-4A 的 MAC 协议

Link-4A 是最早研制使用的数据链，其 MAC 协议重点研究数字化波形技术，其节点数量很少，多址接入技术简单。按照目前 MAC 协议的分析方法，Link-4A 的 MAC 协议属于集中预约 MAC 协议。由于 Link4A 与 Link-11 的 MAC 协议的基本运行机制近似，本书将其称为轮询协议。

与 Link-11 的轮询协议类似，Link-4A 数据链的信道接入由一个中心节点(称为控制站)集中控制，统一调度其他节点(称为被控站)；依据呼叫顺序，控制站点点名呼叫被控站；被控站依据呼叫顺序无竞争地使用信道，向控制站进行应答。

与 Link-11 的 MAC 协议不同，Link-4A 被控站仅接收控制站信息，并不接收其他从站的信息；无信息发送时则监测信道，等待被控站的点名。另外不同的是，Link-4A 控制站和被控站的信道占用时间固定，即每次点名呼叫/应答的周期相同，均为 32ms，分为 14ms 的控制站发射期和 18ms 的被控站应答期，如图 3-21 所示。在发射期内，控制站发送带有应答站地址的控制消息；在应答期内，只有被指定了地址的被控站才发送应答消息。Link-4A 的 MAC 协议流程如图 3-22 所示。

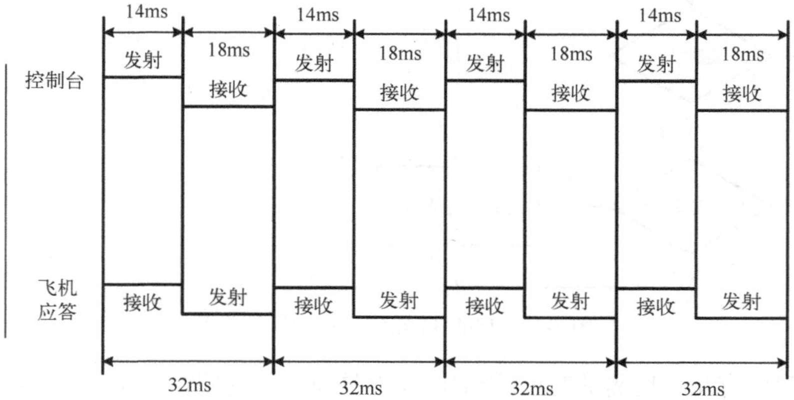

图 3-21　Link-4A 消息收发循环图

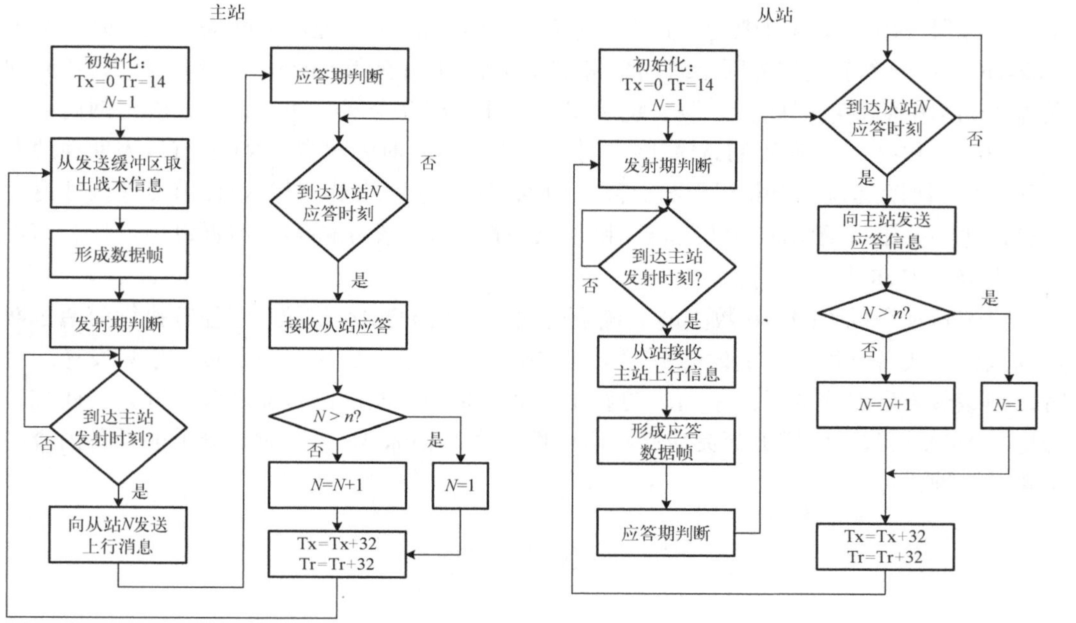

N-从站数(N=1,2,3,…,n)，Tx-发射时刻；Tr-应答时刻

图 3-22　Link-4A 的 MAC 协议流程图

理论上，Link-4A 网络容量不受限，但实际应用场景为航母和航母上起飞的多架战机，参与者数量有限(最多 8 个)。

3.3.3　固定分配 TDMA 协议

联合作战的思想在数据链中的直接体现就是 Link-16 数据链，实现三军联合信息分发。Link-16 数据链采用固定分配接入技术，通过合理分配时间资源给网络节点，以时隙为基本单位，实现上百个节点的无冲突、可靠通信。TDMA 协议在时延、吞吐量、稳定性等方面的良好性能，使 Link-16 数据链在战场中占据重要地位。

按照最初的设计，Link-16 数据链的作战应用场景为海军空军联合海上作战，参战单元包括航母、海军预警机、舰艇、航母上起飞的多架战机，以及空军预警机、陆基指挥中心、空军战机，实现联合战场的信息共享和保密以及抗干扰的空中指挥控制等。随着 Link-16 数据链在美国空军的大量装备，其作战应用场景不断发展，如联合防空作战、以预警机为中心的作战、战斗机编队作战等。

Link-16 数据链网络采用 TDMA 多址接入方式，接入控制的信道资源是时间资源。将时间资源划分为固定长度的时隙，若干时隙组成一个帧/时元。每帧/时元中的时隙通过时隙分配算法分配给网内节点。网络正常运行后，每个节点在分配的发送时隙内发送本站的战术情报信息，在非发送时隙内接收其他节点发送的战术情报信息。TDMA 协议避免了网络节点间发送信息的碰撞，传输效率高，并且具有分布式特点，任何节点的故障不影响 MAC 协议的运行，协议的鲁棒性强。与轮询协议相比，该协议采用时分多址技术增加网络规模，使网内通信用户不低于 100 个。

为确保各用户发射时隙的一致性，避免发送信息产生碰撞，全网需要统一时间基准，Link-16 指定一个节点作为网络时间参考(Network Time Reference，NTR)；将 NTR 时间定义为 Link-16 的系统时间。以该系统时间为基准，校准全网时间，计算、确定网内各节点时隙的起始和终止，确保 TDMA 网络时间同步和节点时隙对准。NTR 节点周期性地发送入网报文，协助其他节点获得系统时间从而入网；其他网络节点与 NTR 节点交换往返计时信息，达到并维持网络时间精确同步和时隙精确对准。在 Link-16 数据链中，任意节点均可被指定为 NTR。

已装备使用的 Link-16 数据链系统采用固定分配 TDMA 协议，在任务执行前通过网络规划预先完成各网络节点的时隙分配，在作战过程中不再变化。当节点无信息发送或退出时，则该节点所对应的时隙空闲。随着 Link-16 系统的发展，目前许多研究人员研究动态分配 TDMA 协议，以增加其灵活性和适应性。关于 Link-16 固定时隙分配的具备内容将在第 4 章详细讲述。

小　结

本章介绍了数据链组网技术。首先对有线网络和无线网络的网络拓扑结构进行简要介绍。接着，重点对频分多址、时分多址、码分多址、空分多址和随机多址等多址技术进行分析和比较。最后，通过组网方式、轮询协议和时分多址协议 3 方面对 Link-11 和 Link-16 等典型数据链系统的无线组网技术进行分析。

思 考 题

1. 比较有中心拓扑结构与无中心拓扑结构的优缺点。
2. 空分多址的特点是什么？空分多址可否与 FDMA、TDMA 和 CDMA 相结合，为什么？
3. 减少 CDMA 系统各用户间干扰的方法有哪些？
4. 什么是 m 序列？m 序列的性质有哪些？
5. 总结 Link-4A、Link-11、Link-16 数据链系统 MAC 协议的特点。
6. 举例说明多址接入技术的研究目的。

第 4 章　数据链典型波形协议

Link-16 和 Link-11 是目前美军使用的两种典型数据链系统，其中 Link-16 主要用于三军联合作战，在飞机、舰艇武器平台和指挥所信息系统之间交换战术级别的格式化数字信息，具有战术通信、相对导航定位和网内身份识别等功能，具有网络容量大、抗干扰能力强、保密能力强、组网方式灵活及抗毁能力强等特点；Link-11 是一种低速战术数据链，用来建立陆基、空基、海基作战平台与指挥所之间的信息交换，解决了舰艇对空作战和协调编队防空和对海作战问题。本章重点介绍 Link-16 和 Link-11 两种数据链典型波形协议。

4.1　Link-16 波形协议

为了传输信息，必须用到传输介质，数据链的传输介质主要为无线介质。不同的介质都有各自的传输特性，传输信息的能力也各不相同。为了充分利用传输介质的传输容量和保证通信传输的质量，在传输系统中都首先要对传送的信号进行必要的处理，一方面使这些信号适合在特定的介质中传输，另一方面使我们能够对传输信息进行必要的控制，这些处理包括基带编码、信道编码、同步控制、网络控制、波形变换等，所有这些问题统称为波形协议。

Link-16 采用 TDMA 协议控制其网络运行，并采用了扩频、跳频、跳时、交织、纠错编码、双脉冲和检错编码等一系列技术对其进行实现。

我们主要从波形工作方式、波形报文处理流程和波形同步方式三方面对 Link-16 波形协议原理进行全面介绍，并从能力与特点两方面进行小结。

4.1.1　Link-16 工作方式

1. 基本概念

1) 时元、时帧、时隙

Link-16 数据链系统采用了时分多址(TDMA)的通信技术，该技术体制把工作时间划分成周期性的片段，称为时帧，每一个时帧再次分割成若干个小的单元，称为时隙，然后根据一定的时隙资源分配算法，使系统的网络参与成员在每个时帧内只能按指定时间位置的时隙号来发送或者接收数据链信号，在这种体制下，可以把大量用户终端组织在系统网络内工作。

时分多址数据链把每一天内的时间按从大到小的顺序依次区分为时元(Epoch)、时帧(Frame)、时隙(Slot)，结构划分如图 4-1 所示。

时元是时间轴上时间长度较大的相继时间段，是数据链系统的一个周期时间单位。每一个时元持续时间为 12.8min，因此每天 24h 可以划分为 112.5 个时元，时元序号从 0 到 111，当时元号随着时间依次递增到 111 时，则在 111.5 时归位为 0。

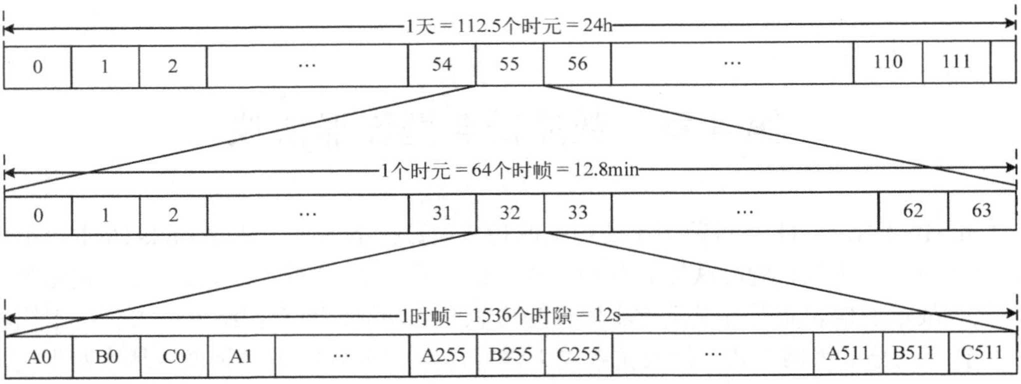

图 4-1　系统时间分割图

由于时元周期太长，不满足系统收发间隔与信息更新率高的要求，需要进一步细化。把一个时元又划分为一个个时间相等的时间段，称为时帧，时帧是系统时间资源给参与单元的基本分配周期时长，大部分的数据链消息业务对实时性的要求均在这个量级范围。1 个时帧的持续时间为 12s，1 时元则可划分成 64 个时帧，时帧的序号从 0 到 63，当时帧号随着时间依次递增到 63 时，则下一跳变时帧号归位为 0。

每一平台不可能持续占用长达数秒的系统时间，需要进一步划分，在每个时帧内又均匀地划分为时间长度相等的最小时间段，称为时隙，那么 1 个时帧 12s 则包含了 1536 个时隙，1 个时隙持续时间为 7.8125ms。时隙是数据链系统时能够划分平分配使用的最小时间单位，系统参与成员在网内发射或接收消息时必须给其至少分配一个时隙。

1 个时元等于 12.8min，1 时帧等于 12s，1 时隙等于 7.8125ms，时元、时帧和时隙存在如下关系。

1 个时隙 ＝7.8125ms；

1 个时帧 ＝12s＝1536 个时隙；

1 个时元 ＝12.8min＝64 个时帧 ＝98304 个时隙；

1 天 ＝24h＝112.5 个时元 ＝7200 个时帧 ＝11059200 个时隙。

2) 时隙组

为了防止参与平台占用相邻的两个连续时隙，破坏时隙的均匀性，协议中规定时元中的时隙分为 A 组、B 组和 C 组成三个组。每组共有 2^{15} ＝ 32768 个时隙，编号从 0 到 32767。每一个时隙用组号和时隙号进行标识，即 A0～A32767、B0～B32767、C0～C32767，时隙分配保证 A 组的第 N 个时隙跟在 C 组的第 N-1 个时隙之后，而在 B 组的第 N 个时隙之前，此处的 N 代表 0～32767 间的整数。三组时隙在时帧中的排序如图 4-2 所示。

A-0,	B-0,	C-0
A-1,	B-1,	C-1
A-2,	B-2,	C-2
⋮	⋮	⋮
A-32767	B-32767	C-32767

图 4-2　时隙排序图

3) 重复率

在时隙组中，定义时隙数量的对数称为重复率(Recurrence Rate Number，RRN)。RRN 表征某一个参与平台在某个时隙组中占有多少个时隙。由于这些时隙在时帧或时元内是均匀间隔分布的，因此可知它们数量多少与间隔大小，因此时隙的数量和时隙的间隔可以由 RRN 唯一确定。在一个信号周期中 A 时隙组中的时隙总数是 32768 或 2^{15}，该组的时隙分布是每 3 个时隙间隔出现一次。若分配 A 组一半时隙数量给某参与平台时，即 163874 个时隙，那么在时间轴上每 6 个时隙重复出现一次，其重复率值就是 14。若时隙数量再为此数一半时，用户的发送或接收时刻将每 12 个时隙出现一次，其重复率值就是 13。

表 4-1 给出了重复率值与时隙数和时隙间隔之间的关系。由于采用了三个组交替式结构，即使把某个平台划分到一个时隙组中，时隙之间最小间隔还是 3，杜绝了时隙紧邻的状况发生。较为常用的 RRN 是 6、7 和 8。例如，当 RRN 为 6 时，每时帧分配 1 个时隙也就是每个时元分配 64 个时隙，时隙间隔为 1536，时隙的间隔为 12s，可用间隔时隙数乘以 7.8125ms 得出其间隔时间，即 12s = 1536×7.8125ms。

表 4-1　重复率

重复率值	时隙数/时元	时隙块内时隙间隔	
		相隔时隙数	相隔时间
0	1	98304	12.8min
1	2	49152	6.4min
2	4	24576	3.2min
3	8	12288	1.6min
4	16	6144	48s
5	32	3072	24s
6	64	1536	12s
7	128	768	6s
8	256	384	3s
9	512	192	1.5s
10	1024	96	750ms
11	2048	48	375ms
12	4096	24	187.5ms
13	8192	12	93.75ms
14	16384	6	46.875ms
15	32768	3	23.4375ms

4) 时隙块

通常某个平台分配的时隙数量不止一个，时隙的数量是以时隙块(Time Slot Block，TSB)的形式分配给各个网络终端，一个时隙块包括若干个时隙。时隙块利用三个参数进行标记：①时隙组(Set，取值为 A、B 或 C)；②索引号(Index，取值为 0～32767)，时隙块的起始时隙位置；③重复率(RRN，取值为 0～15)，时隙块内的时隙个数以及每两个相邻的时隙间隔。Set-Index-RRN 三个参数就定义了一个时隙块，该时隙块共有 2^{RRN} 个时隙，每两个时隙的间隔为 $3\times 2^{15-\text{RRN}}$，起始位置为 $3\times \text{Index}+\text{Set}$，时隙块中对应于时帧的自然时隙号为 $(3\times \text{Index}+\text{Set})+(i-1)\times(3\times 2^{15\text{-RRN}})$，其中 Set = 1, 2, 3(分别对应组 A、组 B 和组 C)，i 代表时隙块中的时隙序号，其取值范围为 $[1,2^{\text{RRN}}]$。例如，时隙块 A-6-9 中的字母 A 表示该时隙块属于组 A；数字 6 表示时隙块从组 A 的第 6 个时隙开始；数字 9 表示时隙块中每两个时隙之间的间隔为 192($192 = 3\times 2^{15-9}$)个时隙。这样时隙块 A-6-9 对应着每个信号周期中的第 19, 211, 403, 595, 787, 979,…, 98131 个时隙，共有 512 个时隙，如图 4-3 所示。

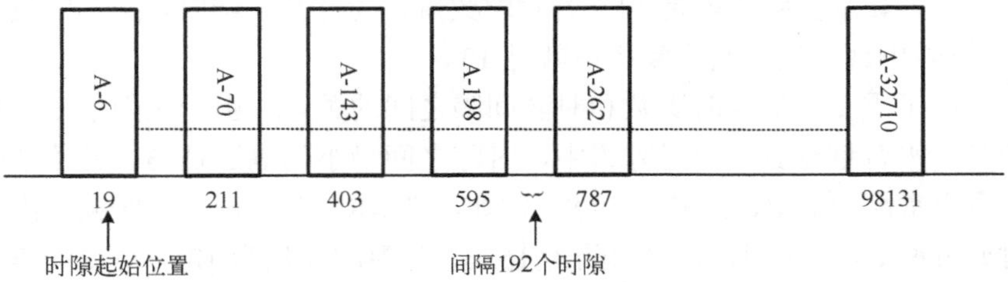

图 4-3　时隙块组成示意图

2. 接入方式

TDMA 技术体制解决了时隙资源共用的问题，接入方式是具体的如何利用时隙资源参与数据链网络的方式。在 Link-16 系统网络成员接入数据链网络的主要方式可以分成固定分配接入方式、竞争接入方式和时隙再分配接入方式三种。

1) 固定分配接入方式

固定分配接入方式是在一个网络子网内把指定的时隙资源分配给指定的 Link-16 网络参与单元使用。参与单元可不受限制地接入为其分配的时隙。固定分配接入方式的优点是：能够确保参与单元有可用的发送时隙，并保证至少在单个子网环境下不会产生传送冲突。由于发送消息实际上可能只用到所分配时隙的一小部分，因此在突发传输消息的情况下，这种接入方式会造成系统容量的浪费。再者就是网内成员不能直接互换。例如，一架待战的飞机不能简单地替代另一架已经战伤的飞机进入数据链网络。如果行动中需要这样的话，必须首先对其终端发射和接收进行初始化设置，使其时隙与被替代设备的时隙保持一致，且两者不能同时在网。该方式特别适合网络参与单元的业务量大，发送周期确知的场合，不足之处在于当网络参与单元没有数据发送时，分配的时隙资源不能被其他成员使用，会造成一定程度的浪费。

2) 竞争接入方式

竞争接入方式是允许在网络内的每个参与单元根据需要从公共时隙池中伪随机地选择发送时隙，争用可用的时隙资源。这种接入方式特别是在突发传输或由响应时间驱动消息传输的情况下，可以节省系统资源，其传送信息的频次取决于分配给该成员网络接入的接入速率大小。每个终端在这个时隙段内都有同样的初始化注入参数，这样可以大大简化网络的设计，从而减轻了网络管理的负担。由于不需要专门对每一个 Link-16 终端固定分配不同的时隙资源，因此 Link-16 终端设备相互间可以替换，这便于容纳新加入的网络参与平台，并易于设备快速替换，这对空军执行空中任务是有利的。不足之处在于视距通信范围内的多个网络参与平台可能同时选择相同的时隙发送消息，造成距离接收端较远的平台发送的消息不被正确接收，在整体上降低了消息到达其预定目的端机的概率，因此该接入方式只适合网内成员数较少，且发送频次不高的场合，例如，可应用在编队话音网，在发话之前先监听一下是否有其他成员占用信道，再决定是否按下发话键，提高话音信息接收成功率。

3) 时隙再分配

时隙再分配(Time Slot Reallocation，TSR)接入方式允许一个网络参与组中的参与单元周期地重新分配共享时隙池，每个参与单元能根据其预期的需求和其他参与单元通告的需求，为自己分配时隙。在某个特定的网络参与组中，许多参与单元共享和分配用于信息交换的时隙池称为时隙再分配时隙池。如果全体参与单元对时隙的总需求超过了再分配时隙池的容量，则参与单元将根据需求按比例给自己分配时隙，为使分配的时隙不超过再分配时隙池的容量，应按公共因子比例缩减分配给自己的时隙。该接入方式的优点是既确保了时隙的占用，又可根据业务的大小实现资源的灵活性调整，整体的时隙利用率较高，不足之处在于技术上实现起来较复杂。

3. 中继转发

Link-16 是一个特高频视距通信系统。其常规通信距离约为 300 海里，扩展通信距离为 500 海里，因此中继转发是系统不可或缺的。系统的中继转发功能有两层含义：一是同一网内的中继转发，系统端机的地面通信距离较近，军兵种指挥所之间端机即使在同一网内，也可能需要通过空中平台进行中继转发；二是跨网之间中继转发，即采用空中转发。当作战地域较大时，需要多网同时工作，这就要求系统具有跨网中继转发能力，保证通信联络畅通。另外，由于一个网的用户数和容量有限，不能满足各军兵种的业务要求，这就要求在同一战区同时有多个网络在工作时，不同单位不同网络之间的信息交换须通过中继转发来实现。

在网络设计期间就已经确立了中继关系，并专门为中继端机分配了时隙。应尽可能将更多的 Link-16 设备预先指定为有条件中继、无条件中继或中止中继。为中继分配时隙是网络设计的一部分，中继时隙只有在时隙发生变化时才重新分配。

1) 一般要求

在网络结构设计中要为“中继对”设定专门的时隙，并指定专门的 Link-16 端机设备执行中继功能。应该额外为 Link-16 中继设备提供传送中继报文的容量。在一个时隙段内接收的报文，可以在下一个已预先分配的专用时隙段内进行中继。我们将原始报文和二次发送报文称为一个“中继对”。双时隙段的作用是为每个需要中继支持的网络参与群分配足够的时隙，确保消息发送的实效性。所需时隙数量取决于抵达目的地要求的中继转发的次数。

此外，中继设备必须采用精同步和正常距离模式。在二次发送报文之前，中继终端先进行 RS 纠错；未进行错误校正的报文不能被二次发送。中继技术的最基本形式就是双时隙中继。发送终端在传送报文后，中继终端可以接收到这个报文，并将其存储和重新转发。发射时隙与接收时隙组配成对，且二者之间形成固定时间偏移称为中继延迟。中继延迟必须大于 6 个时隙且小于 31 个时隙。中继传送设备的网号不一定与接收设备的网号相同。例如，Link-16 中继设备可以被初始化为在 0 号网络上进行中继接收。将一个中继对分配当作一个时隙段分配来考虑，通过对双时隙的要求，中继可以使网络参与群的潜在容量降低 50%，或者说为了中继，在相同业务数据的情况下，需要加倍分配时隙资源。中继时隙对如图 4-4 所示。

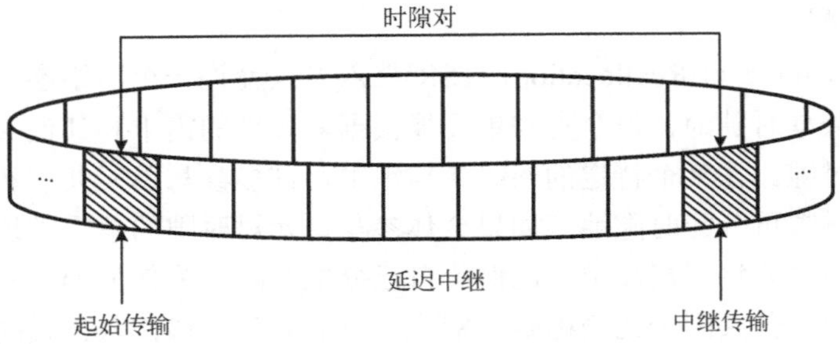

图 4-4　中继时隙对

中继延迟计算，如表 4-2 所示。

表 4-2　中继延迟计算

问题	如何确定中继接收时隙块 n_0–s_0–r 和中继传送时隙块 n_1–s_1–r 之间的中继延迟。注意：中继时隙块的重复率数量必须相同
解答	第 1 步：用一个数表示时隙段，如 $A=1$，$B=2$，$C=3$。因此，时隙块 B-4-12 就可表示为 $n=2$，$s=4$，$r=12$。 第 2 步：中继延迟 D 可用公式计算 $D=(3\times s_1+n_1)-(3\times s_0+n_0)$ 第 3 步：如果延迟是负的，则加上调整因子 $3\times 2^{15-r}$
举例	例 1：中继接收有一个时隙块 A-0-12，中继传送有一个时隙块 A-4-12，计算中继延迟。 解： 第 1 步：时隙段 $n_0=1$，$s_0=0$ 和 $n_1=1$，$s_1=4$ 第 2 步：计算延迟 D $D=(3\times 4+1)-(3\times 0+1)=13-1=12$ 结论：延迟了 12 个时隙
	例 2：指定时隙块 B-31-10 中继接收，指定时隙块 B-23-10 中继传送，计算中继延迟。 解： 第 1 步：时隙段 $n_0=2$，$s_0=31$ 和 $n_1=2$，$s_1=23$ 第 2 步：计算延迟 D $D=(3\times 23+2)-(3\times 31+2)=71-95=-24$ 第 3 步：负延迟加上调整因子 $D=-24+(3\times 2^{15-10})=-24+3\times 2^5=72$ 结论：延迟了 72 个时隙。这超出了允许延迟的最大值 31，应该由网络设计者重新分配时隙块

2) 中继类型

报文本身已规定了双时隙中继的类型，且双时隙中继类型为终端提供了有关中继的附加信息。

主网是可以执行内务处理和内务操作功能的网络。这些功能包括：往返计时(Round Trip Time，RTT)报文和精确参与定位与识别(Precise Participant Location and Identification，PPLI)报文的交换，主网通常在 0 号网内，语音和空中管制网通常被定为层叠网。快速转换中继允许将选择的主网部分中继到另一网上。定向报文中继允许将一个特殊的报文发至一特定的网络参与群。

如果中继被定为无条件中继，终端将按照在初始化时提供的接收与中继传送时隙分配中继报文，除非终端不在精确同步状态或已经被设定为数据/无线电静默，否则均将出现中继。

另一方面，有条件中继可以根据 Link-16 设备所提供的最有效覆盖形式，要求终端有选择地启动或撤销中继功能。如果它的地理覆盖范围大于当前中继的覆盖区域，有条件中继就是有效的。地理覆盖由中继设备精确参与定位与识别的高度数据和范围数据所决定。通常认为，中继设备位置较高有利于中继。对于层叠网(如语音和空中管制网)，初始发送的网号和中继网号必须匹配。例如，一架在 Link-16 语音 1 号网上的战斗机只能中继 Link-16 语音 1 号网，而不是所有的语音网。在有条件中继模式下，可以指定几部设备中继相同的网络参与群。一台设备也可以在一个子网上进行中继接收，在另一个不同的子网上进行中继传送。

3) 中继方式

(1) 扩散式中继。

双时隙扩散式中继是改善超视距设备相连接的一种策略。采用扩散式中继时，网络设计中用于中继的网络参与群可以由任何设备中继。其工作过程如图 4-5 所示：初始发射终端在初始时隙和所有双中继时隙中发送报文。当在多次发射中继时，接收首次发射的中继传输设备可在剩下的任何中继的时隙内传送该信息。在扩散式中继过程中所有设备都进行无条件重复中继。扩散式中继的时隙利用率最大。

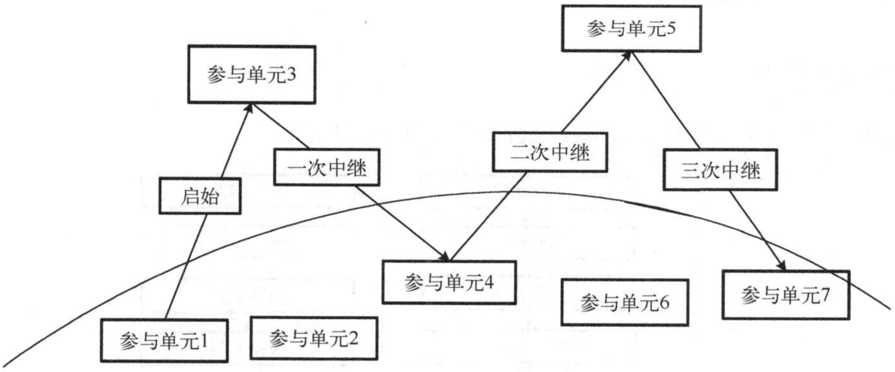

图 4-5　扩散式中继

(2) 二次传播中继。

美陆军 2M 级终端就属于增强型二次传播中继设备。二次传播中继适用于那些与其他设备的视距不断变化的地面移动设备。一旦信号源发射信号，所有经过初始化后的接收设备都在下一个时隙中继报文。报头包含了二次传播中继所需要的信息，如中继指示指令、初始发射数和当前发射数。如果接收终端还没有中继报文，它将减小当前发射数并在下一个时隙重新转发报文。通过规定期望的发射数，信号源可以确定二次发射的次数。因此，始发端可以将报文按现有的连接路径从一台设备发射传播到另一台设备，不断地中继下去，如图 4-6 所示。

二次传播中继可维持发射传播。如双时隙中继一样，二次传播中继对报文的时隙需求也成倍增加，当首次中继重复收发完成后，信号源可以发送其他报文。与此同时，始发报文由其他设备继续维持中继。美海军不使用二次传播中继。

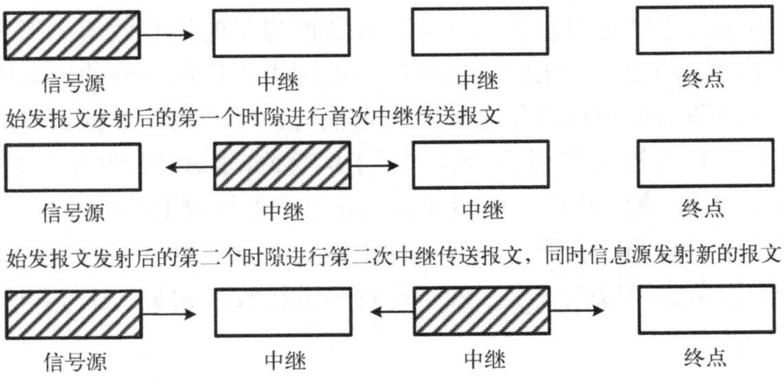

图 4-6　二次传播中继

(3) 盲中继。

指定中继的中继设备不能解释报文的内容，这种中继分配称为盲中继。此类中继设备仅设有正确的传输安全加密变量，因此能够收发报文，但没有解密报文内容所需要的报文安全加密参数。

4.1.2　Link-16 报文处理

1. 报文处理流程

报文处理必须经过严格的步骤，其流程如图 4-7 所示。

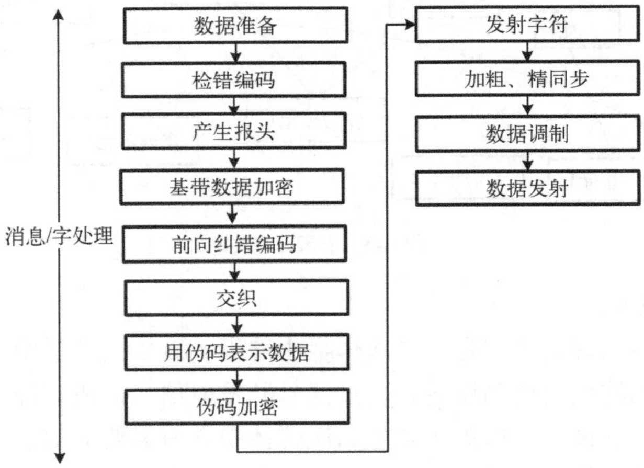

图 4-7　报文处理流程图

第 1 步：将要发射的数据区分成 210bit 的一组或几组，加上发射平台的航迹号 15bit。

第 2 步：将每组 210bit 数据和 15bit 航迹号，作 CRC(237, 225)检错编码。

第 3 步：加上报头的其他数据，使报头扩充到 35bit，形成规定格式。

第 4 步：对上述这些二进制数据作基带数据加密处理。

第 5 步：把加密之后的基带数据以 5bit 为 1 字节划分，在字符的基础上报头进行 RS (16, 7)和报文进行 RS(31, 15)纠错编码。

第 6 步：对已纠错编码的字节作交织处理。

第 7 步：用伪随机码不同的移位取代相应的字节，形成字符。

第 8 步：对伪随机码作加密处理。

以上 8 步完成了所要发射消息的码字和消息的形成，总称为消息/码字处理。下面的所有处理称为发射字符处理，这种处理改变的是发射信号波形。

第 9 步：发射字符产生，即双脉冲字符或单脉冲字符的产生。

第 10 步：在消息报头和本体之前加上粗同步头及精同步头字符。

第 11 步：为各发射脉冲选择相应的载频，并完成载频调制。

第 12 步：将消息发射出去，包括功放和高频滤波。

2. 报文打包

Link-16 链路报文包括报头和报文数据，共有四种形式：固定格式、可变格式、自由电文和往返计时。固定格式报文用于交换固定格式消息标准定义的 J 系列报文。可变格式报文用于交换可变格式消息标准定义 K 系列报文。自由电文报文用于数字语音交换。往返计时报文用于获取系统的计时同步信息。

1) 报头

报头由 16 个双脉冲字符构成，占用 416ms 的时间。报头载有用于本时隙消息的封装和格式说明，以便接收端机对收到的消息进行处理。为了提高抗干扰能力，报头字符用了 RS(16, 7)编码，因此报头只载有 7 个字符的信息，即 7×5 = 35bit 的信息。这 35bit 的安排如图 4-8 所示。

34　　19	18　　4	3	2　　0
保密数据单元(SDU)序号	航迹号(源)	RI/TM	时隙类型

图 4-8　报头格式

其中时隙类型字段占 3bit，用于标识本消息的封装类型、消息类型(固定格式、可变还是自由电文)，以及自由电文是否带纠错编码等。RI/TM 字段占 1bit，当传输自由电文时，这 1bit 用于标识是双脉冲字符还是单脉冲字符；当传输的是固定格式化消息或可变格式化消息时，这 1bit 指出这一时隙传送的是中继的还是非中继的消息。航迹号(源)字段标识的是本时隙消息的发射平台的编识号。保密数据单元序号字段标识本时隙消息是如何加密的，接收端机将依据此作解密处理。

2) 固定格式报文

固定格式报文由 1～8 个消息字组成，每个消息字包括 75bit，其中数据位占 70bit；校验位占 4bit；备用位占 1bit。消息字共有三种类型，即初始字、延长字和继续字。初始字用于传输一条报文的基本信息，延长字用于传输与初始字相关的有关补充信息，必须紧跟初始字发送，继续字用于传输剩下的信息，对延长字继续补充和完善，必须紧跟延长字发送，多个继续字之间发送的次序根据消息的改变情况发送，一条固定格式的报文通常包括一个初始字、一个延长字以及一个或多个继续字。一条报文中消息字的多少在该报文的初始字的消息长度字段中定义，一条报文可以只传输初始字，但不能单独传输延长字或继续字，也就是说延长字和继续字只有与初始字配合才有意义。如果一个传送块不足 75bit，终端便用无语字(Null String，NS)进行填补。主计算机中的报文测定功能有助于使终端插入的无语字数量减至最少。固定格式报文的初始字、延长字和继续字的结构如图 4-9 所示。

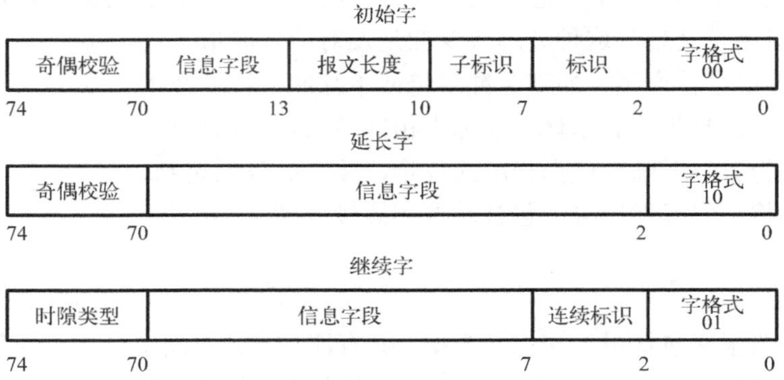

图 4-9　Link-16 固定格式报文中的初始字、延长字和继续字

3) 可变格式报文

类似于固定格式报文，可变格式报文(Variable Message Format，VMF)包括 75bit，如图 4-10 所示。这种格式报文的内容和长度都可变化，并且报文中的字域可越出字界。报文内的信息可自识别字域和长度。

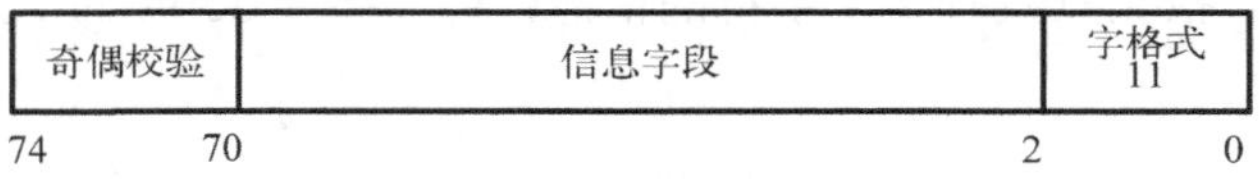

图 4-10　Link-16 可变格式报文结构

4) 自由电文报文

自由电文报文不受任何报文标准限制。一条报文中没有任何格式上的限制，消息字中所有 75bit 数据位置均可使用。也就是说包含校验位的 3 个消息字中的 225bit 数据都可以使用，如图 4-11 所示。

重复率	时隙/帧	比特/时隙	比特/秒
13	128	225(RS编码) 450(未编码)	2400 4800

图 4-11　自由电文报文与标准波特率

自由电文报文没有奇偶校验处理。它们可以采用也可不采用 RS 编码法用于纠错。当采用 RS 编码时，225bit 数据将映射成 465bit 数据传送；当不采用 RS 编码时，所有 465bit 均可用于数据传送，但只用其中的 450bit。这使得单个时隙分配与标准速率(2400bit/s、4800bit/s 等)相一致。

5) 报文字的处理

根据采用的打包方式不同，一条报文可按 3 个字、6 个字或 12 个字分组发送，如果字数不够一个完整的字组，终端将填入一个“无语句字”。对 3 个字一组的处理格式称为标准(Standard，STD)封装格式；6 个字一组的处理格式称为 2 倍封装(P2)格式；12 个字一组的处理格式为 4 倍封装(P4)格式。数据通过若干次指令操作：奇偶校验，RS 编码并转换为 5bit 码元，如图 4-12 所示。

图 4-12　标准封装结构(3 个字一组)的处理过程

3. 时隙结构

1) 单脉冲与双脉冲

Link-16 所传送的是成串的脉冲信号，一条报文可在一个时隙内发射完成。每个时隙报文由多个脉冲串构成，每个脉冲的有效宽度为 6.4μs，是以一个码片宽度为 0.2μs 的 32 位 CCSK 编码序列作为调制信号对载频作 MSK 调制而形成的。脉冲之间的间隔是 13μs。当相邻两个脉冲成对使用，双脉冲所载信息完全相同，但在跳频时使用不同的载频发送就形成了双脉冲字符。而每个脉冲单独工作时，叫单脉冲字符。采用双脉冲字符时，由于信息的冗余传输，接收端只要正确解调任意一个脉冲信息，就可恢复接收信息，从而可提高抗干扰能力。而用单脉冲字符时，同等条件下信息传输速率更高一些，但不具备冗余抗干扰能力，如图 4-13 所示。

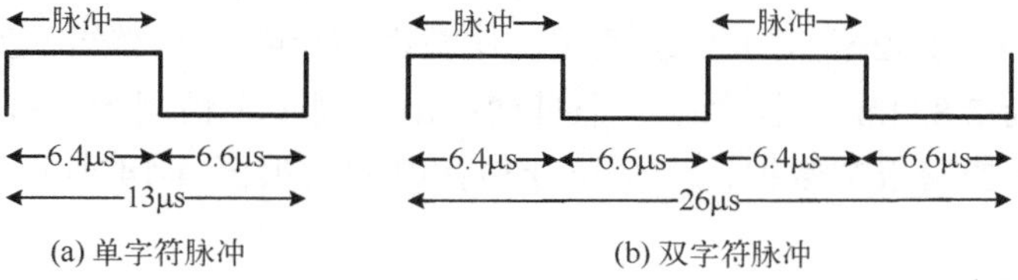

图 4-13　脉冲与字符

2) 报头与数据脉冲

时隙中报头与数据均有三种不同的方式打包：标准封装格式(打包 3 个码字)、2 倍封装格式(打包 6 个码字)、4 倍封装格式(打包 12 个码字)。标准封装格式始终是以双脉冲结构发送；2 倍封装格式可用单脉冲或双脉冲结构发送；4 倍封装格式始终以单脉冲结构发送。因此对于 Link-16，数据有四种打包格式，即标准封装双脉冲(Standard-Duble Pluse，

STD-DP)、2 倍封装单脉冲(Pocket 2-Single Pluse，P2-SP)、2 倍封装双脉冲(Pocket 2- Duble Pluse，P2-DP)和 4 倍封装单脉冲(Pocket 4-Single Pluse，P4-SP)。

报头自始至终采用双脉冲形式。但每个时隙中数据打包结构可有所不同，报头中的部分信息规定了数据的打包结构。利用报头中的类型字段可以定义后续的数据打包结构。固定格式与自由电文在各种打包结构下的编码与非编码报文的字数量和数据比特数据如表 4-3 所示。

表 4-3　固定格式和自由电文在各种打包结构下的字数和比特数

封装形式			末编码	RS 编码
			字 = 数据位 + 奇偶校验 = 整个数据；整个输出	字 = 数据位 + 奇偶校验 = 整个数据；整个输出
固定格式	标准封装	SP	N/A	N/A
		DP	N/A	3：210+15＝225；465
	2 倍封装	SP	N/A	6：420+30＝450；930
		DP	N/A	6：420+30＝450；930
	4 倍封装	SP	N/A	12：840+60＝900；1860
		DP	N/A	N/A
自由电文	标准封装	SP	N/A	N/A
		DP	3：450+0＝450；450	3：210+15＝225；465
	2 倍封装	SP	6：900+0＝900；900	6：420+30＝450；930
		DP	6：900+0＝900；900	6：420+30＝450；930
	4 倍封装	SP	12：1800+0＝1800；1800	12：840+60＝900；1860
		DP	N/A	N/A

注：SP-单脉冲；DP-双脉冲；N/A-不适用。

(1) 标准封装双脉冲。

标准封装双脉冲冗余打包结构使其具有最可靠的传送方式。时隙中的“标准封装双脉冲”标准报头与数据部分包含 109 个交错单元。它们代表 225bit 编码数据或 465bit 非编码数据。前面已提到标准报文的报头和数据部分包括 3 个 75bit 数据字和一个 35bit 报头。它们分别是 465bit 和 80bit RS 编码数据。然后每次取 5bit，以形成 93 组的 32 位数据传送码元和 16 组的 32 位报头传送单元。该数据与报头相互交错。发射 109 个双脉冲码元所需总时间为 2.834ms。包含：一个抖动；由粗同步、精同步、报头组成的 3.354ms 的码元包；225bit 加密报文数据；一个可变传播时间，如图 4-14 所示。报头和数据实际上是相互交错的。

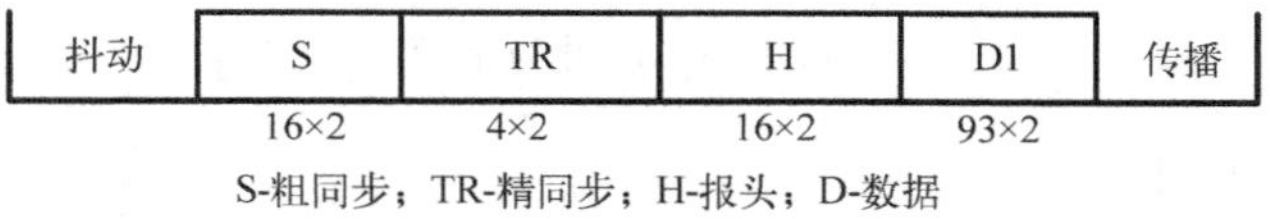

图 4-14　标准封装双脉冲时隙结构

(2) 2 倍封装单脉冲。

2 倍封装单脉冲打包结构通过舍弃冗余，使其包含的数据比标准封装双脉冲结构增加一倍，如图 4-15 所示。2 倍封装单脉冲(P2-SP)时隙的报头和数据部分包含 16 组双脉冲报头码元和 186 个代表 35bit 报头数据和 450bit Link-16 链路加密报文数据(或 930bit 加密自由电文数据)。发送 2 倍封装单脉冲结构的报头和数据部分所需的总时间为 2.834ms。与标准结构所需时间相同。

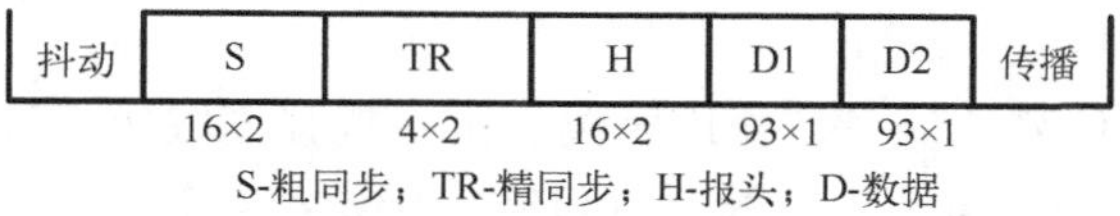

图 4-15　2 倍封装单脉冲时隙结构

注意：2 倍封装单脉冲不具备抗干扰能力：虽然报头信息仍然以冗余方式发送，但数据仅发送一次，以便达到双倍的数据量。

包含一个抖动；3.354ms 的码元表示粗同步、精同步、报头和 450bit 的 Link-16 链路加密报文数据及变化的传播时间。报头以冗余发送(双脉冲)，而数据仅发送一次(单脉冲)。

(3) 2 倍封装双脉冲。

2 倍封装双脉冲(P2-DP)时隙的报头和数据部分包含 202 个交错的双脉冲码元：16 组作为报头信息，186 组作为 6 个 450bit 加密数据字(或 930bit 非加密的自由电文数据)。2 倍封装双脉冲结构发射时隙的报头和数据部分所需要附加时间为 5.252ms，如图 4-16 所示。采用冗余发送数据所需附加时间是通过在时隙的起始处消除抖动周期而得到的。2 倍封装脉冲格式是在时隙开始后即得到发送。

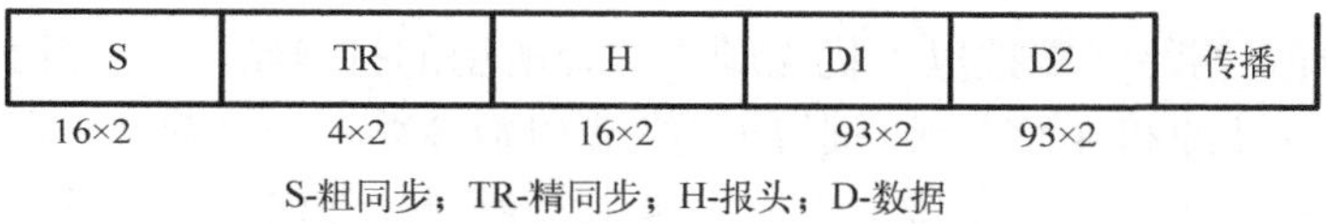

图 4-16　2 倍封装双脉冲时隙结构

2 倍封装双脉冲时隙结构不包含抖动。5.772ms 的码元表示粗同步、精同步、报头和 450bit 的加密报文数据。其余时间用于传播。

(4) 4 倍封装单脉冲。

4 倍封装单脉冲(P4-SP)打包结构舍弃了抖动和数据冗余，使其所能包含的数据为标准双脉冲结构的 4 倍。

4 倍封装单脉冲时隙结构中的报头和数据部分包含 16 组双脉冲报头码元和 372 个单脉冲数据码元。这些报头和数据码元相互交错，代表 35bit 报头码元和 900bit 的 Link-16 链路加密的报文数据(或 1860bit 非编码的自由电文数据)。发送 4 倍封装单脉冲结构中时隙的报头和数据部分所需总时间为 5.252ms，如图 4-17 所示。与 2 倍封装单脉冲结构所需时间相同。

注意：4 倍封装单脉冲结构抗干扰能力最弱。该格式中不含抖动，数据仅被发送一次。

4 倍封装单脉冲时隙结构中不含抖动。5.772ms 的码元包包括粗同步、精同步、报头和 900bit 的编码报文数据。

S	TR	H	D1	D2	D3	D4	传播
16×2	4×2	16×2	93×1	93×1	93×1	93×1	

S-粗同步；TR-精同步；H-报头；D-数据

图 4-17　4 倍封装单脉冲时隙结构

3) 报文打包的限制

Link-16 链路发送信号的流量、作用距离和抗干扰强度取决于打包结构。

(1) 信号流量。信号流量大小由报文打包密度确定：3 个、6 个或 12 个数据字可被封装到单一时隙中。

(2) 传播距离。传播距离既可以是常规的也可以是扩展方式的。所有打包结构都可实现 300 海里常规传播距离，而扩展传播距离可达到 500 海里，它只适用于标准封装双脉冲(Standard-Duble Pluse，STD-DP)和 2 倍封装单脉冲格式。扩展距离方式不能使用 2 倍封装双脉冲和 4 倍封装单脉冲打包结构。在扩展距离方式下，抖动的静寂时间被缩短，以便获得更长的信号传播时间。由于时隙结构取决于距离，网络中的所有参与设备必须有相同的距离设置。扩展距离方式会损失某些抗干扰能力。

(3) 抗干扰。Link-16 链路发送数据的抗干扰取决于时隙中起始时间的变化(抖动)和冗余(双脉冲)。抗干扰强度随流量增加而降低。4 倍封装单脉冲结构具有最大的流量和最低的抗干扰能力。在可能的条件下，使用标准打包结构可使终端具有最高的抗干扰能力。然而，随着报文载荷的增加，将自动放弃抗干扰能力，以利于扩大数据传送流量。

(4) 优先顺序。网络终端按以下优先顺序选择所用的打包结构：标准封装；2 倍封装单脉冲；2 倍封装双脉冲和 4 倍封装单脉冲。终端初始参数之一“存储上限”设定了一个该终端能够在清单中向下到什么范围的上限。也就是说，在任何特定时隙内多大的抗干扰空间可放弃。但对于特定的时隙，主机的终端输入报文可以不受此限制。

美海军利用 2 倍封装双脉冲的存储上限对终端进行初始化，以确保一定的抗干扰强度。随着数据载荷的增加和减少，该终端自动地在标准封装结构和 2 倍封装结构间转换。对任何时隙，指挥与控制处理器程序不选用 4 倍封装单脉冲(P4-SP)。

4. 数据编码

1) 校验码

固定格式报文的编码总是包含 CRC 校验。一条报文的报头中第 4～18 位(源平台编识号)与 3 个消息字中的 210 个数据比特一起参与 CRC 计算得到 12 比特的校验值。这些校验比特分三组被放置在每个消息字的第 71～74 位，每个消息字的第 70 位留作备用。

2) RS 编码

RS(Reed Solomom，里德-索罗蒙)是一种多进制的 BCH 码，而且是完备码，能特别有效地纠正突发性的连续比特错误。Link-16 系统的信道编码报头采用 RS(16,7)纠错编码，而数据部分采用 RS(31,15)纠错编码。在 RS(16,7)纠错编码中全部用来纠删，可以恢复 9 个删除字符，全部用来纠错可以纠正 4 个错误。RS(31,15)纠错编码中全部用来纠删，可以恢复

16 个删除字符，全部用来纠错可以纠正 8 个错误字符。为了防止突发性的误码长度超出译码能力范围，在纠错编码后一般还要进行交织处理。

3) 交织

码元交替也称为交织，在数据链中所谓交织编码是指报文不是按 RS 编码后字符顺序发射，而是把这个顺序打乱，在各 RS 码字中伪随机地选择字符，形成新的顺序发射，这样就使各 RS 码字均等地分担因突发性强干扰而造成的误码。将突发错误分散为随机误码，使 RS 编码的纠错能力得到充分发挥。

在报文中，所有码字的码元采用交替排列，有利于报文的保密性和增大信号的抗干扰强度，如图 4-18 所示。

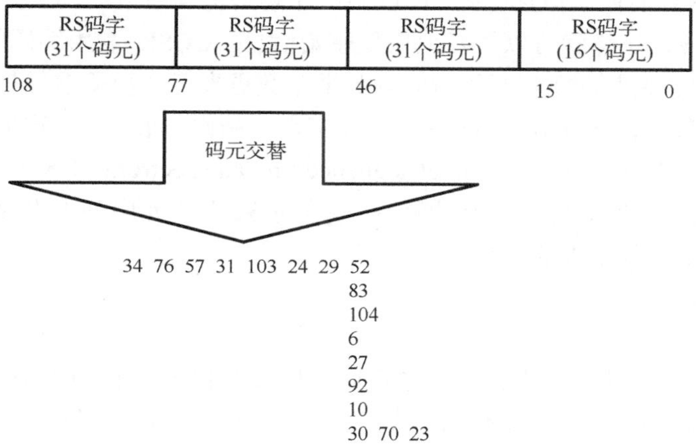

图 4-18　报文与报头数据码元交织

5. 扩频调制

扩频调制也称为循环码频移键控(Cyclic Code Shift Keying，CCSK)，每个 5bit 码元由一个 32bit 序列表示。为避免混淆，将该序列比特称为组位。这种 32bit 一组序列是通过移动一个初始序列(每次移动一位)得到。该初始组位序列数(被设定为 S0)为 0111110011101001 0000101011101100。由于 5bit 码元可取值为 0～31，因此有 32 种唯一的等效码序列。这些序列也称为码元包。它说明了生成 Link-16 扩展信号所使用的 32bit 直接序列扩展码的位相。它们的编号为 S0～S31。循环码频移键控等效码序列的生成，如图 4-19 所示。

为了增强 Link-16 信号的传输保密，32bit 一组位序列与伪随机噪声(Pseudo-Noise，PN)的 32bit 一组位序列作“异-或”(也称模二加)。得出的等效码序列通常称为传输码元。该伪随机噪声码由传输保密可变密码确定并保持连续变化。因此，当数据最终发出时，看上去如同不相干噪声。

CCSK 的每个码字是由一个基码通过移位得来的，精心选择基码可以确保每个码字的自相关峰值很尖锐，但互相关值较小，很容易相互区别。由于信道存在干扰，误码率的升高会使得 CCSK 相关峰值改变，相关主峰与次高峰的差别越来越小，从而产生错误，需要合理设置判决门限，若判决门限过高会造成漏判，若门限过低又会造成虚警。

5bit码元	←移动方向
	32bit一组位序列(循环码频移键控代码字)
00000	S0 01 11 11 00 11 10 10 01 00 00 10 10 11 10 11 00
00001	S1 11 11 10 01 11 01 00 10 00 01 01 01 11 01 10 00
00010	S2 11 11 00 11 10 10 01 00 00 10 10 11 10 11 00 01
⋮	⋮
11111	S31 00 11 11 10 01 11 01 00 10 00 01 01 01 11 01 10

图 4-19　循环码频移键控等效码序列的生成

接收端检测时，依次计算接收的序列和本地序列的相关性，选择相关值最大的码字作为译码的结果，这称为最大似然译码，可以确保译码的正确率最大，由于 CCSK 码字与 5bit 的信息码一一对应，这样就可以很好地恢复原始信息。CCSK 利用编码的方式实现了 5bit 信息到 32 位码元的映射，在相同的时间内数据位数更多了，根据信号与系统的理论可知，时域信号的压缩意味着频域信号的扩展，从而实现了频谱扩展，称为软扩频或多进制扩频，虽然与通常所说的直列序列扩频(Direct sequence Spread spectrum，DS)原理不同，但效果是一样的，CCSK 的扩频增益可达 8dB，即使在接收时 32 个码元序列中出现几个码元的错误，也会根据译码规则恢复正确的信息。

6. MSK 调制

数据以 5Mbit/s 的速率对中频频率进行连续相移调制而产生。这种调制使用 32 一组位的发射码元(传输码元)作为调制信号，等效码速度为 5MHz，则每一位组的持续时间为 200ns。

调制过程使用了两种频率，它们的周期每 200ns 相差半个波长，因此在 200ns 周期末端由一个频率转换到另一个频率，相位是连续的。

这两个频率用来表示组位的相对变化而不是绝对值。当第 n 个组位与 n–1 个组位相同时，以低频传送；当第 n 个组位与 n–1 个组位不同时，以高频传送。由于在接收机中采用非相干检测方法，第一个组位传送频率是任意的。这种连续相位调制技术也可描述为相位相差二进制频移键控(Frequency Shift Keying，FSK)调制。

在较低频率处，每个 200ns 周期中都有完整周期的一个准确值；在较高频率处，每个 200ns 周期中有一个准确的附加半周期。用完整的 32 一组位序列对载波进行调制所需时间为 200ns×32 = 6.4μs。传送信号是由多个脉冲组成，每个脉冲带有一个等效序列。脉冲调制的形成如图 4-20 所示。

7. 跳频发射

Link-16 基带 MSK 调制后需要把信号搬移到较高的射频频段用于发射，本地载波不再是固定的频率，而是在 960～1215MHz 的 Lx 频段范围内的 51 个频点进行跳变，每个频点的最小间隔为 3MHz，但 MSK 信号的带宽可达 5MHz，为了防止临道干扰，需要相邻两跳的频率间隔 10 个信道以上，也就是至少间隔 30MHz 以上，故 Link-16 是宽间隔跳频。每个频点的驻留时间为 13μs，但一个 CCSK 码字的持续时间仅为 6.4μs，预留 6.6μs 的时间

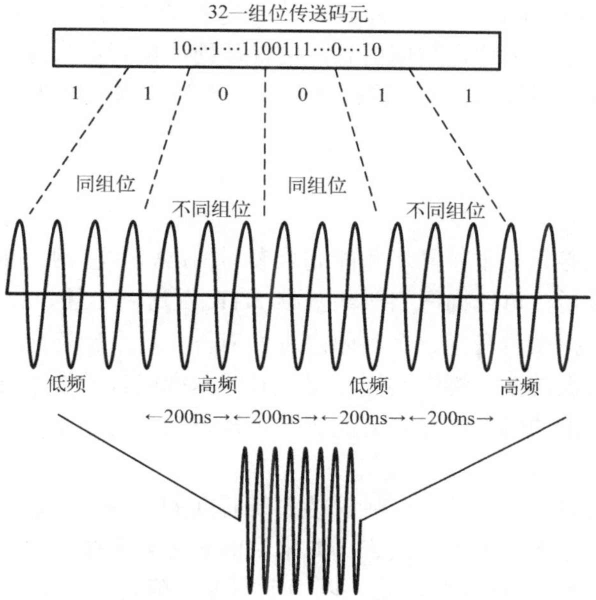

图 4-20　MSK 调制

用于频率的切换保护，在频率跳变时，频率合成器在输出信号的上升沿和下降沿的过渡时间在跳速很高时不可忽略，为了确保载波稳定可靠用于射频调制，只在 6.4μs 进行射频的处理，确保跳频的跳速可达每秒 76923 跳。由于 Lx 频段和塔康系统、敌我识别器(Identification Friend or Foe，IFF)的 1030MHz 和 1090MHz 频段重叠，为防止相互干扰，频点的选择要避开该频段，也就是说 Link-16 的跳频频段是不连续的，整个跳频频点被划分在 969～1008MHz、1053～1065MHz、1113～1206MHz 三个子频段，为了防止系统对其他电子系统的干扰，在频段的两端各预留 9MHz 的频段作为缓冲带。高速和宽带跳频的信号很难被跟踪干扰，采用跳频进行射频调制具有很强的抗截获和抗干扰性能。但毕竟采用的跳频点数有限，在对抗宽带阻塞式干扰时性能稍逊。

4.1.3　Link-16 同步方式

为了在 Link-16 网络中进行发送和接收报文，网络终端必须与网络保持严格的时间同步。同步过程分为粗同步和精同步两个阶段。

1. 粗同步

入网的第 1 步是取得粗同步。利用当前时间的估算值和其内部时钟误差的估算值，入网终端从 A-0-6 时隙块中选择一个当前还未出现的时隙，然后开始收听网络时间基准(Network Time Reference，NTR)发送的入网报文。在预计的时隙之前，终端会收听到一段时间不定的时段，以后还会继续这样一段时间不定的时段。如果未定估算值是正确的，就能收到入网报文；如果没有收到入网报文，终端就会再一次尝试。如果成功接收到了一次入网报文，终端就会调整自身的系统时间与入网报文中的系统时间相一致。调整后的系统时间仍然会包含由传播时间导致的误差。一旦终端接收到入网报文，终端的时隙与时间基准大体上对齐，但还不足以传送数据信息，也就是处于粗同步状态。终端实现粗同步后，也就知道了网内的实际系统时间，只能向其传送往返计时(Round Trip Time，RTT)询问数据来进一步提高时间同步质量。

2. 精同步

数据链系统终端必须处于精同步才能完全参与网络，并在网上传送报文。数据链系统终端实现了粗同步以后，可以向网络时间基准(NTR)发送一个往返计时(RTT-A)询问报文，网络时间基准收到该报文后在同一个时隙内进行应答。这个应答包含了询问报文抵达网络时间基准的时间。数据链系统终端利用测得的时间基准应答抵达本终端的时间和往返计时询问报文抵达时间基准的时间，终端就能进一步校正它自身的系统时间，并消除由于传播时间导致的时间误差。

数据链系统终端可以连续估算时钟保持系统时间的误差。为估算终端已启动的时间，甚至终端部件温度的影响也要考虑进去。如果当前时钟频率在下一个 15min 期间内能够使终端的时钟误差保持在 36μs 以内，就可以确定实现了精同步。如果时钟误差超出 54μs 的时限值，终端的状态就从确定的精同步降低到正进行精同步状态。在精同步状态下的终端由于本地时钟的时钟漂移精度较高，也能保持足够精确的系统时间，数据链系统可以连续运行数小时以上，这样的时间保持能力即使时间基准被摧毁，确保系统也有足够健壮性，一旦完成初始的同步过程，网络成员就不依赖时间基准了，足以证明 Link-16 是个无中心的分布式网络，具有很强的抗毁能力。

3. 同步实现原理

往返计时报文就是专门支持完成时间精确同步功能的一种报文，如图 4-21 所示。它们是唯一能够在单个时隙内完成发送和接收的报文，如图 4-22 所示。其他所有类型的报文在某个时隙内要么仅仅被网络参与单元发送，要么被其他参与单元接收。也就是说除了执行往返计时操作，数据链终端在某个时隙上不能设置为即发又收的状态。

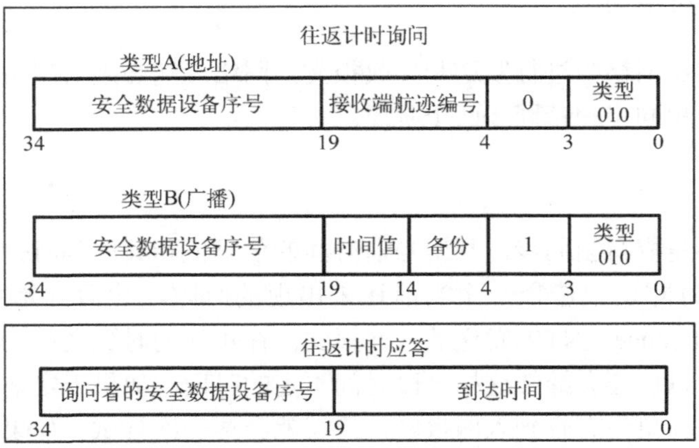

图 4-21　往返计时询问/应答报文

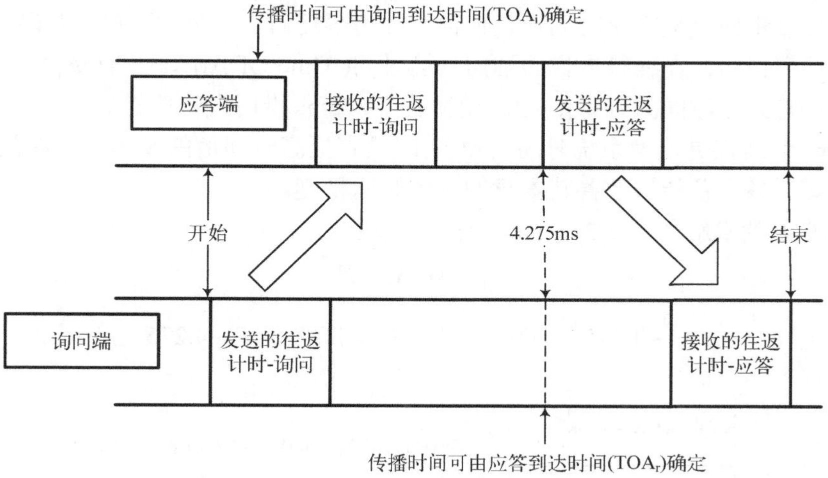

图 4-22　往返计时询问与应答过程

通过往返计时报文的初始交换，数据链系统能够确保终端与数据链网络达成时间上的精确同步。在达成精确时间同步后，还要周期性交换该报文，使该终端能够对系统时间质量进行精确测量。每个网络内数据链终端都可以通过网络报告它的时间质量的数值，这样该数据链终端可视通信范围内就可以形成一份报表，指明哪些终端具有较高的时间质量参数值。通过查询该报表可以帮助终端选择向哪一个设备询问下一个往返计时报文，而不必都向时间基准进行询问。

1) 往返计时询问(RTT-I)

数据链终端在进行往返计时询问时，既可以采用指定特定对象的编址(往返计时-A)方式，也可以不指定特定对象的广播(往返计时-B)方式。

编址方式：这种方式的报头报文指明了时间质量高的设备地址。它在一个指定的时隙内被传送到所指明的终端上，只有这个指定的终端才给出应答。“往返计时-A”在网络参与群 NPG2 中发送。

广播方式：这种方式的询问不是发给特定的接收终端，任何比本终端时间质量值高的数据链终端都能够进行应答。“往返计时-B”典型地应用于多层网络结构。“往返计时-B”在网络参与群 NPG3 中发送。

往返计时询问非常类似于报文报头。它包含 35bit 并采用 RS 编码。但其后不跟随报文数据并且它的码元也不相互交替，按连续顺序发送。另外，它们是在时隙的起点开始发送，不存在延迟和抖动时间。

2) 往返计时应答(RTT-R)

被询问的数据链网络参与平台在时隙运行到 4.275ms 时，对往返计时询问报文进行应答。这个时间由接收终端测量得出。该应答包括最后一个接收到的询问码元的时间。

3) 修正本系统时钟

询问终端利用应答报文中的询问到达时间以及本身测量的应答到达时间得到对本系统时钟与数据链系统的时钟修正数值。

例如，假设询问终端系统时间误差使得时隙边界迟后一个量 E，则时钟误差 E 可由以下三个信息计算得出：在应答报告的询问到达时间(Time Of Arrival，TOA_i)；由询问终端直接测出的应答到达时间(TOA_r)；已知时隙内 4.275ms 准时发送应答。

通过与一个具有更精确系统时间的设备(即具有更高时间值的设备，如时间基准)交换往返计时报文，各设备能够改善其本身的系统时间精度。

时间误差 E 的求解如图 4-23 所示。计算公式：

$$t_p = \mathrm{TOA_i} - E$$

$$t_p + 4.275 = \mathrm{TOA_r} + E \Rightarrow t_p = \mathrm{TOA_r} + E - 4.275$$

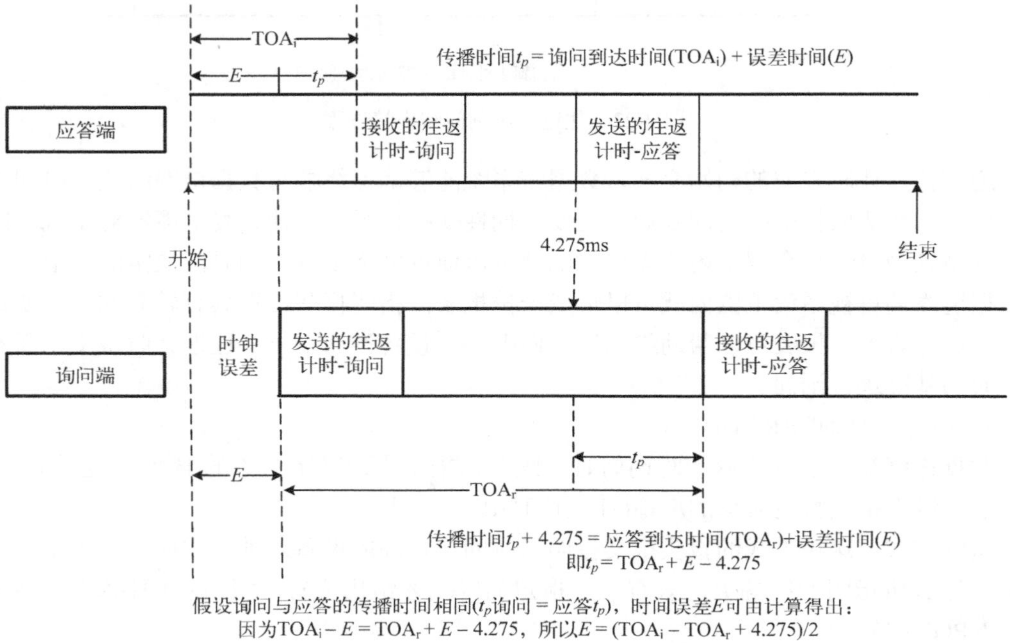

图 4-23　时钟误差计算

根据应答 t_p = 询问 t_p，

$$\mathrm{TOA_r} + E - 4.275 = \mathrm{TOA_i} - E$$

$$E = \frac{\mathrm{TOA_i} - \mathrm{TOA_r} + 4.275}{2}$$

4. 同步处理方式

Link-16 数据链系统的同步处理方式包括主动式与被动式两种。

为改进终端系统时间估算值而传送往返计时 RTT 报文的过程称为主动同步。如终端处于网络时间基准设备的视距范围内，它仅需要几秒钟便可在网络上实现主动同步，由于需要为每个入网平台分配专用的 RTT 时隙，故该入网方式适合网络平台数量较少但需要快速入网的场景。

在不专门传送消息的情况下，也可以被动获得系统时间。在允许远距离发送抑制且终端处于无线电静默的情况下，必须采用被动同步。一旦能够接收入网报文实现粗同步后，终端不是发送往返计时报文，而是收听精确参与定位与识别(Precise Participant Location and Identification，PPLI)网络参与群的位置报文。利用精确参与定位与识别报文通报的设备位置和从其导航系统获得的自身位置的信息，终端能够估算报文所需要的传播时间。比较抵达的预期时间和抵达的实际时间，终端可以调整它的系统时间估算值来消除传播误差。被动式同步入网方式需要多次接收 PPLI 消息才能计算出系统时间误差，因此入网时间较长，但无须专用的 RTT 时隙，适于数量巨大的网络成员需要入网的场合。

4.1.4　Link-16 波形能力

在 Link-16 数据链中，数据吞吐量、距离和抗干扰能力取决于消息的封装结构。

标准封装双脉冲格式 STD-DP 中，既有时间抖动又有信息冗余(双脉冲)，因此抗干扰能力最强。当报文不采用 RS 纠错编码时，每个时隙可传输 $3\times75\times\dfrac{31}{15}=465\,\text{bit}$ 数据信息，传输速率为 59.52Kbit/s；当报文采用 RS(31, 15)纠错编码时，每个时隙可传输 $3\times75=225$ bit 的原始数据信息，相应的传输速率为 28.8Kbit/s。

2 倍封装单脉冲格式 P2SP 与 STD-DP 相比未采用冗余措施，而是采用单脉冲用于发射其他信息，抗干扰能力有所下降，但是能够传输的信息容量比标准封装双脉冲格式增加了一倍。如果报文不采用 RS 纠错编码，每个时隙可以传送 930 个信息位，传输速率为 119.04Kbit/s；如果报文采用 RSRS(31, 15)纠错编码，每个时隙仅可以传送 450bit 的原始信息，则传输速率为 57.6Kbit/s。

2 倍封装双脉冲格式 P2DP 结构与 STD-DP 结构相比没有了抖动，而是增加了报文数量，将更多的时间用来传送战术数据，抗干扰能力与标准双脉冲消息结构相比也有所下降。如果报文不采用 RS 纠错编码，每个时隙可以传送 930 个信息位，传输速率为 119.04Kbit/s；如果报文采用 RSRS(31, 15)纠错编码，每个时隙可以传送 450bit 的原始信息，则传输速率为 57.6Kbit/s。

4 倍封装单脉冲格式 P4SP 结构中既没有抖动，也没有消息冗余，抗干扰能力最差。如果不报文采用 RS 纠错编码，每个时隙可以传送 1860 个信息位，传输速率为 238.08Kbit/s；如果报文采用 RSRS(31, 15)纠错编码，一个时隙内可以传送 900bit 原始信息，则传输速率为 115.2Kbit/s。

抗干扰能力大小与采用多种措施有关，例如时隙起始点时间是否抖动、有无脉冲冗余。标准封装双脉冲格式 STD-DP 消息结构抗干扰性能最好，2 倍封装单脉冲格式 P2SP 消息结构与 2 倍封装双脉冲格式 P2DP 结构次之，4 倍封装单脉冲格式 P4SP 消息结构抗干扰性能最差。如果数据链终端工作于高对抗环境，要求具有较高的抗干扰性能，应采用 STD 封装结构。

从传输速率上来看，STD-DP 消息封装结构传输 3 个消息字，传输速率最低，P2SP 消息结构与 P2DP 消息结构可一次性传输 6 个消息字，传输速率为 STD-DP 消息结构传输速率的 2 倍。P4SP 消息结构可同时传输 12 个消息字，在 4 种封装结构中传输速率是最高的，为 STD-DP 消息结构传输速率的 4 倍。对于 P4SP 封装结构来说，随着其数据吞吐量的增加，其抗干扰性能下降。其实，如果想要增加数据吞吐量，通常是以放弃一定的抗干扰性能为代价换来的。

在 Link-16 数据链中，传输距离有两种：常规距离和扩展距离，取决于在一个时隙内一条消息预留空中传输时间的大小。所有的封装结构都能达到 300 海里的常规距离。只有 STD-DP 和 P2SP 两种封装结构能实现扩展距离 500 海里的消息传输；P2DP 和 P4SP 封装结构只能进行 300 海里的常规距离消息传输。

Link-16 数据链终端有三种通信模式。模式 1 是正常工作模式，模式 2 和模式 4 是系统容量和工作性能下降时使用，即 Link-16 波形具有降级使用能力或最大限度保障能力。

Link-16 数据链信号跳频速率很快，属于超高速跳频，每 13μs 就要改变一次载波频率，达到惊人的 76923 跳/秒，用频率跟踪的方法难以对其实施干扰。频率表中的最小频率间隔为仅有 3MHz，但每个射频上的数据带宽可达 5MHz，为防止临道干扰，相邻两跳脉冲之间载频间隔需要很宽，通常要大于 30MHz，51 个信道频点的总射频带宽超过 237MHz，对其进行宽带阻塞式干扰需要巨大的干扰功率才能进行有效压制。

4.1.5　Link-16 波形特点

Link-16 波形特点如下。

(1) Link-16 数据链是采用 TDMA 方式的无中心网络结构的战术数据链，主要传输固定格式消息和自由文本消息。

(2) Link-16 数据链待传输的消息可采用 STD-DP、P2SP、P2DP 和 P4SP 四种封装结构进行消息封装，封装结构不同，其数据吞吐量、传输距离和抗干扰能力也不同。

(3) 为了提高信息传输的抗干扰能力，Link-16 数据链采用了扩频、跳频、跳时、交织、纠错编码、双脉冲和检错编码共七项综合的抗干扰措施。

(4) Link-16 数据链采用消息保密变量(Message Security，MSEC)和传输保密变量(Transport Security，TSEC)两层加密机制来完成通信加密，以提高信息传输的安全性。

(5) Link-16 数据链通过多个网络、多重网和重叠网等多网结构来提高系统的吞吐量。

(6) Link-16 数据链采用 Lx 频段传输信息的数据链网络，其视距作用距离限制了它的效能发挥，必须采用中继方式以扩展其传输距离，通常要分配专用时隙并指定具体参与单元完成中继功能，时隙效率明显下降；通过卫星链路来扩展 Link-16 数据链的传输距离，不仅可节约时隙，而且可大幅度提高其作用距离。

4.2　Link-11 波形协议

Link-11 数据链系统属于指挥控制类数据链，产生于 20 世纪六七十年代。Link-11 主要被西方海军使用，其衍生型 Link-11B 也用于陆上，Link-11 在数据链的发展历程中占有十分重要的地位，具有典型的代表性，其服役应用范围也是最广泛的。

4.2.1　Link-11 系统信号流程

Link-11 战术数字信息链(Tactical Data Information Link-A，TADIL A)采用网络通信技术和标准消息格式(M 系列消息)在飞机、陆基和舰载战术数据系统间交换数字信息。Link-11 设备能够工作在高频(HF)或超高频(Ultra High Frequency，UHF)两种频段。当工作在高频时，Link-11 可完成以发送地点为中心，半径为 300 海里的无缝全向通信；当工作在超高频时，该链路舰对舰或舰对空的无缝全向通信距离分别为 25 海里和 250 海里。

Link-11 的设备配置有多种不同形式。图 4-24 所示为 Link-11 系统的典型配置。由计算机系统、加密设备、数据终端机(Data Terminal System，DTS)、高频或超高频电台、天线耦合器和天线组成。

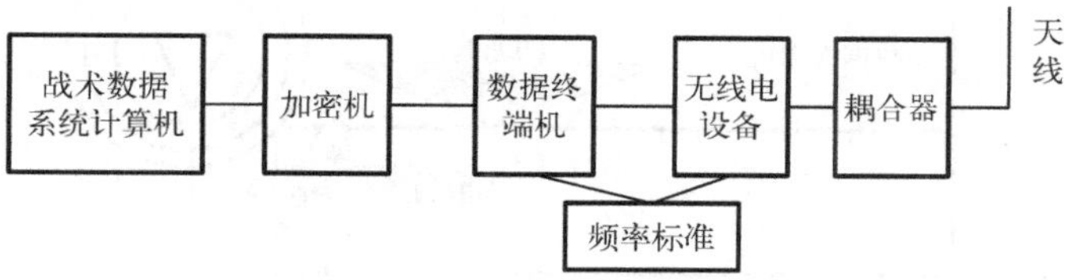

图 4-24　Link-11 设备配置

计算机系统称为战术数据系统(Tactical Data System，TDS)，机载设备称为机载战术数据系统(Airborne Tactical Data System，ATDS)，水面舰艇载装置称为海军战术数据系统(Navy Tactical Data System，NTDS)。保密机或密码装置是 40A 型保密机(KG-40A)。

1．发送数据流程

图 4-25 所示为发送数据流程。战术数据系统接收来自传感器(如雷达)、导航系统和操作员的数据，然后把这些信息集中到一个数据库。为了与其他战术数据系统计算机共享该数据库，必须将该信息格式化成特定的、有明确定义结构的消息，也应将命令和其他管理性信息格式化成消息，分发给其他参与单元。

把这些数字化消息送入缓冲器，它是在计算机内存中留作用于输入或输出的一个区域。当建立了输出缓冲器时，逐字将其内容发送到 KG-40A 保密机进行加密。

将经过加密的数据传送到数据终端机。数据终端机把该数据从数字格式转换成模拟音频信号。然后，把该信号传送到 Link-11 发射机。

发射机用音频信号调制射频载波，并通过天线耦合器把该信号传送到天线，广播给链路中的其他参与单元。

2．接收数据流程

接收数据流程如图 4-26 所示。当接收机收到所发射的信号时，它就从射频信号中解调出音频部分。把得到的音频信号传送到数据终端机，在那里把音频信号再变换成数字数据。然后，把数字数据逐帧地传送到 KG-40A 进行信息解密。最后，把这种解密数据进行格式化处理后变为战术消息，传送到战术数据系统计算机，并将其集中在输入缓冲器中供处理。

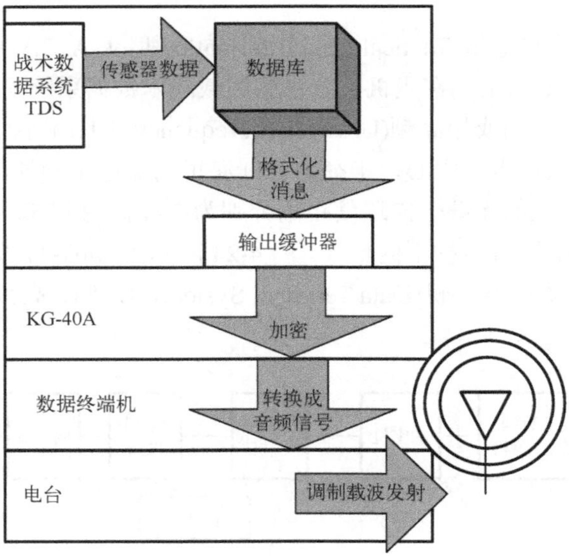

图 4-25　Link-11 发送数据流程

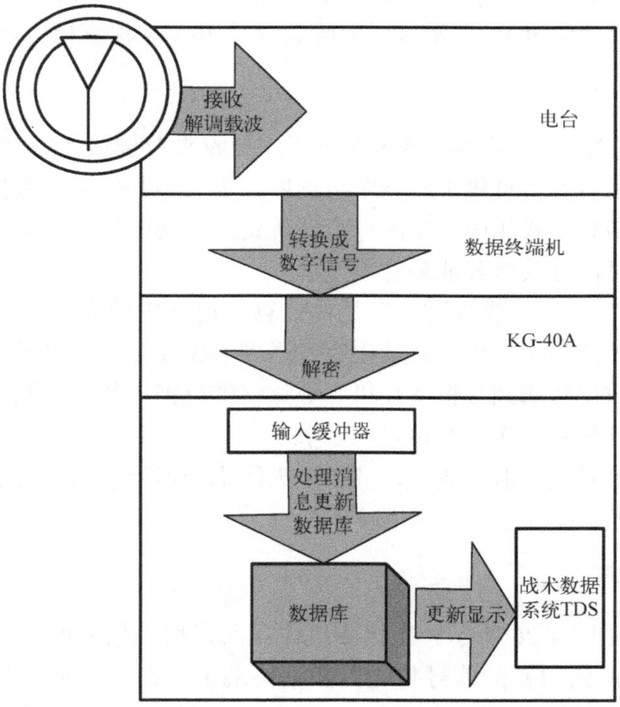

图 4-26　Link-11 接收数据流程

4.2.2 Link-11 并行波形协议

1. 帧结构

Link-11 音频信号分为两种类型：前置信号和数据信号。所有的信号都要分为帧，每个帧的时间长度取决于数据率，也就是该数据发送的快慢。

1) 帧时间

Link-11 支持两种帧时间。这些时间由数据率建立，通常被称为快数据率和慢数据率。快数据率以 75 帧/秒工作，慢数据率以 45.45 帧/秒工作。快数据率开始单个帧的时间长度为 1/75s 或者说是 13.33ms；而慢数据率发送单个帧的时间长度为 1/45.45s 或者说 22ms。

每个数据帧含有 30bit 信息。在快数据率时，数据的发送为 2250(75×30)bit/s；在慢数据率时，数据的发送为 1364(45.45×30)bit/s。

2) 总间隔

总间隔是指数据稳定时，帧内的时间间隔。它是用于数据处理的时间周期。快数据率的总间隔为 9.09ms，而慢数据率的总间隔为 18.18ms。慢数据率长的总间隔则允许处理 2 倍以上时长的信号。因此，信噪比增加了 3dB。

3) 音频信号

Link-11 波形的频率组成部分是处于音频范围。音频信号可以用数学中正弦函数表示，即

$$Y = A\sin(2\pi ft + \vartheta)$$

Link-11 音频信号是由 16 个 55Hz 的奇次谐波的一组单音频率建立的。这 16 个频率如表 4-4 所示。

表 4-4　并行波形子载波频率

频率/Hz	605	935	1045	1155	1265	1375	1485	1595
谐波/n	11	17	19	21	23	25	27	29
频率/Hz	1705	1815	1925	2035	2145	2255	2365	2915
谐波/n	31	33	35	37	39	41	43	53

用于同步的前置码波形仅由 605Hz 和 2915Hz 两个单音组成，而数据帧波形则包含全部的 16 个单音。

4) 前置码

前置码是一个双单音音频信号。其中 2915Hz 单音以 180°相位作周期性变化。在相位保持稳定期间，这些相移之间的时间由数据率确定，而且称之为一帧。

所有数据终端机都把 2915Hz 单音的移相用于同步，也就是说用于精确地确定帧边界，并使所有数据终端机同步。因此，2915Hz 单音叫做同步单音。605Hz 单音用来确定在发送信号中是否有频率误差或者多普勒频移。605Hz 单音叫做多普勒单音。为了识别信号，这两种单音都是需要的。

605Hz 单音功率必须比 2915Hz 单音功率大 6dB。在前置码帧期间，605Hz 和 2915Hz 单音要得到其 2 倍的正常振幅，或者其 4 倍的正常功率。这就完成了两件事。

(1) 如果前置码单音的功率比较大，信号就容易在背景噪声中被识别。

(2) 在前置码信号中的 2 个单音功率与数据信号组成的 16 单音的总功率大致相同。

5) 数据帧

数据帧包含全部的 16 个单音，用这些单音中后面的 15 个进行二进制数据编码，每个单音有四种可能的相位变化，故一个单音的相位代表 2bit 数据。帧期间的相位是保持不变的。在帧结束时，相位移到一个新的值，并在下一帧持续时间内保持不变。第一个 605Hz 的单音不调制数据，但其功率必须高于其他数据单音功率 6dB。605Hz 单音保持相位连续，也就是说在整个发送过程中，没有相移。

2. 数据编码

Link-11 信号在进行音频调制时，采用差分正交移相键控(Differential Quadrature Phase Shift Keying，DQPSK)方式。在帧期间，每个频率都有一个特殊相位。该相位从一个帧变到下一个帧，相位差代表 2bit 数据值。这就可能有 00、01、10 和 11 四种组合。每种组合都与这四种值中的一种相位差有关：45°、135°、225°和 315°，如图 4-27 所示。

相位移	数值(偶、奇)
−45°	11
−135°	01
−225°	00
−315°	10

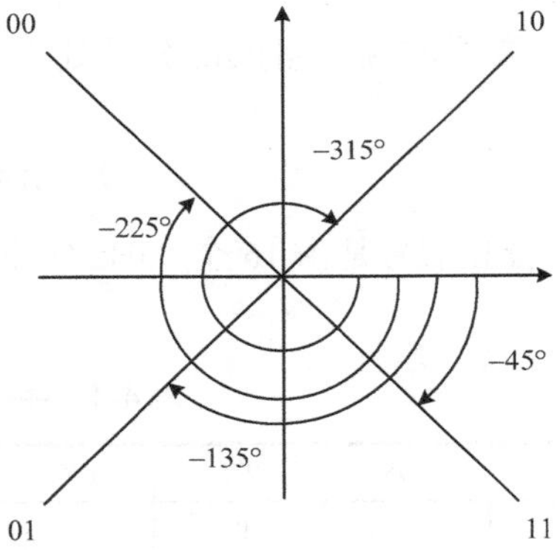

图 4-27　数据编码

这些角中每一个都标出一个象限的中心，或者说圆的四分之一处。每个象限又规定一个二进制值(2bit)，进入到那个象限中的任何一个相位差都表示那个二进制的值。例如，2bit 值 11，用一个−45°的相位变化进行编码。

3. 发送结构单元

发送结构单元由前置码、相位参考、控制码、密码帧和报文数据组成。

1) 前置码帧(5 帧)

前置码由 605Hz 和 2915Hz 两种单音组成。2915Hz 单音在每个帧结束时，它相位移动 180°，605Hz 单音相位保持不变，并且前置码必须连续发送 5 帧。

2) 相位参考帧(1 帧)

紧跟在前置码后边的数据帧叫相位参考帧。它为后面帧的每个数据单音提供一个参考相位。在参考帧中，给定单音相位角和后面帧中的相同单音相位角之间的差确定那个单音相位。

在发送中，仅有一个相位参考帧。每个接着的数据帧对直接跟在它后面的帧起相位参考帧的作用。

3) 控制码(2 帧)

控制链路运行的码称为控制码。15 个数据单音允许 30bit 信息编码，在每个帧内，每个单音 2bit。控制码是一个专门的两帧序列。

Link-11 控制码包括起始码、前哨终止码、控制终止码、入网单元地址码。这里可能有 62 个入网单元地址码，每一个八进制入网单元地址码都为 01～76。在八进制中，表示 30bit 需要 10 位八进制数。

(1) 地址码(2 帧)。

网络控制站呼叫时，地址码直接跟在相位参考帧后面；在网络控制站报告时，地址码跟在控制码后头。地址码规定下次哪个入网单元发送。当确认收到地址码为自己的地址码时，数据终端机向战术数据系统计算机发出一个准备发送中断。

表 4-5 列出了 62 个地址码八进制数值。详阅一下这个地址码表，就会注意到一个入网单元的地址码的第 1 帧也是另一个入网单元地址码的第 2 帧。例如，入网单元 23 地址码第 1 帧是 72546 73223，它也是入网单元 40 的地址码的第 2 帧。这时，具有这种关系的入网单元就叫做同等入网单元(cousin PUs)。

表 4-5　地址码(八进制值)

地址	帧 1	帧 2	地址	帧 1	帧 2
01	05712 14101	05315 66447	21	64470 57121	10176 53156
02	16136 24302	37526 33551	22	77254 67322	42745 06040
03	13624 30203	52633 55116	23	72546 73223	27450 60407
04	34274 50604	77254 67322	24	55116 13624	02037 52633
05	31566 44705	12141 01765	25	50604 07725	67322 34274
06	22342 74506	40772 54673	26	43020 37526	35511 61362
07	27450 60407	25467 32234	27	46732 23427	50604 07725
10	70571 21410	76531 56644	30	11613 62430	03752 63355
11	75263 35511	13624 30203	31	14101 76531	66447 05712
12	66447 05712	41017 65315	32	07725 46732	34274 50604
13	63355 11613	24302 03752	33	02037 52633	51161 36243
14	44705 71214	01765 31566	34	25467 32234	74506 04077
15	41017 65315	64470 57121	35	20325 26335	11613 62430
16	52633 55116	36243 02037	36	33551 16136	43020 37526
17	27121 41017	53156 64470	37	36243 02037	26335 51161
20	61362 43020	75253 35511	40	42745 06040	72546 73223

续表

地址	帧 1	帧 2	地址	帧 1	帧 2
41	47057 12141	17653 15664	60	23427 45060	07725 46732
42	54673 22342	45060 40772	61	26335 51161	62430 20375
43	51161 36243	20375 26335	62	35511 61362	30203 75263
44	76531 56644	05712 14101	63	30203 76263	55116 13624
45	73223 42745	60407 72546	64	17653 15664	70571 21410
46	60407 72546	32234 27450	65	12141 01765	15664 47057
47	65315 66447	57121 41017	66	01765 31566	47057 12414
50	32234 27450	04077 25467	67	04077 25467	22342 74506
51	37526 33551	01362 43020	70	53156 64470	71214 10176
52	24302 03752	33551 16036	71	56644 70571	14104 76531
53	21410 17653	56644 70571	72	45060 40772	46732 23427
54	06040 77254	73223 42745	73	40772 54673	23427 45060
55	03752 63355	16136 24302	74	67322 34274	06040 77254
56	10176 53156	44705 71214	75	62430 20375	63355 11613
57	15664 47057	21410 17653	76	71214 10176	31566 44705

(2) 起始码(2 帧)。

起始码紧跟着相位参考帧。它表示即将开始的数据报告。认出起始码时，数据终端机向战术数据系统计算机发出一个准备接收中断，通知战术数据系统将有新的数据到达。

假如网络控制站的数据终端机在呼叫的 15 个帧内没有收到起始码，那么网络控制站就会再次查询。因为这里有 5 个前置码、1 个相位参考和起始码的 2 个帧，所以 15 个帧中的 8 个用于发送的初始结构单元。为了避免第二次呼叫有干扰响应，前哨终端机必须在接收和识别出自身地址码后的 7 帧内开始响应，实际上前哨终端机通常是在识别出自身地址码的 3 个帧内作出响应。

起始码的两帧八进制数表示为 74506 04077 54673 22342。

(3) 前哨终止码(2 帧)。

前哨终止码是一个入网单元数据报告的结束。认出前哨终止码时，数字终端机向战术数据系统计算机发出一个“接收结束”中断。值得注意的是，只有识别出完整的 2 帧停止码，才能确认为接收到停止码。在向战术数据系统发送接收结束终端之前，停止码的第 1 帧会当作数据传输给战术数据系统。

前哨终止码的两帧八进制数表示为 77777 77777 77777 77777。

(4) 控制终止码(2 帧)。

控制终止码仅通过网络控制站发送，指示网络控制站自身报告的结束，紧随其后的是下一传输单元的地址。控制终止码的识别，也会引起数据终端机发出“接收结束”中断。因而，为了识别终止码，需要正确接收控制终止码的两个帧，并且控制终止码的第 1 帧作为一个数据要传给战术数据系统计算机。

控制终止码 2 帧的八进制数表示为 00000 00000 00000 00000。

4) 报文数据帧

在起始码与终止码之间传输的是来自上层应用系统报文数据。计算机为报文数据帧提供 24bit 有效的信息。由数据终端机采用汉明码方式，为数据加上冗余的 6bit 进行误码检测和校正，在接收端，6bit 汉明码用来在 24 数据比特中检测误码并可能校正它们，但只能纠正发生的 1 位错误。若校验通过则把误码检测和校正位去掉，误码检测和校正比特和原来的 24 数据比特一起送到计算机进行处理。

5) 密码帧

跟在起始码之后的第 1 帧数据实际上是在密码机中产生的。首先加密机对第 1 帧报文进行加密，当第 2 帧报文被加密时，把第 1 帧保密报文数据送到数据终端机。数据从战术数据系统到密码机，从加密机再到数据终端机，以“流水线”的方式来处理传输。

4. 工作方式

在 Link-11 中系统采用了六种工作方式：网络同步、网络测试、点名呼叫、短广播、广播(长广播)和无线电静默，由数据终端机完成工作方式选择。

1) 网络同步

网络同步发送的是连续的系列前置码。网络同步，由操作员手动开始，直至操作员手动停止。这项操作经常用作检验网络参与单元之间射频连通性的第 1 步，如图 4-28 所示。

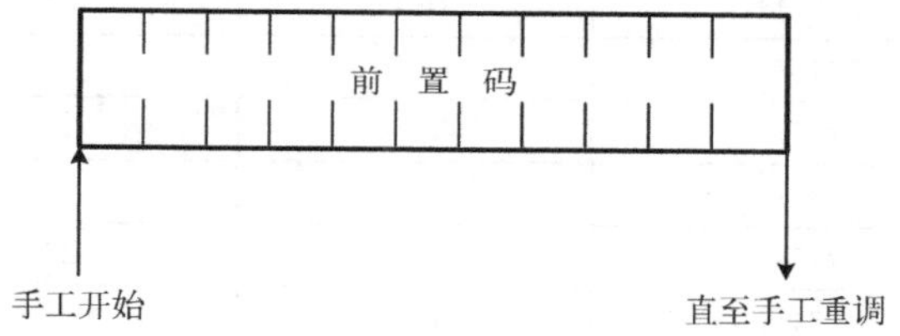

图 4-28　网络同步发送结构

2) 网络测试

网络测试发送，首先从前置码帧和相位参照帧开始，随后是 21 个字的重复测试图案，这些形成控制码的字在这个图案上交替出现。第 1 次通过时，字 1 和字 2 配成对，形成起始码。下次通过时，字 21 和字 1 配成对，形成入网单元 34 的地址码。字 2 和字 3 配对，形成入网单元 42 的地址码。总数为 21 的控制码(地址码)是由重复 21 帧而产生的，如图 4-29 所示。

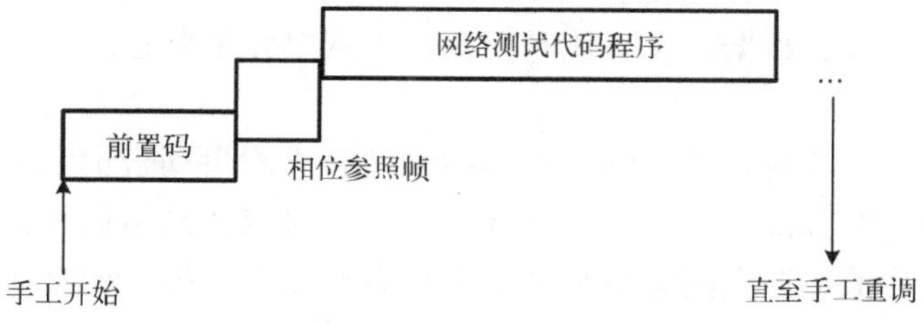

图 4-29　网络测试发送结构

21 字码帧面如表 4-6 所示。网络测试方法是单元之间连通性的测试，同时测试信号以 0dBm 传输给数据终端设备，也可以用于设置数据终端设备音频输入输出的电平。网络测试还可用于校验数据终端设备的控制码识别电路。

表 4-6 网络测试发送的 21 字码帧面

字码	解码(释码)	数值	控制码	
			过程 1	过程 2
1	74506	04077	开始	
2	54673	22342		42
3	45060	40772	72	
4	46732	23427		27
5	50604	07725	25	
6	67322	34274		74
7	06040	77254	54	
8	73223	42745		45
9	00407	72546	46	
10	32234	27450		50
11	04077	25467	67	
12	22342	74506		06
13	40772	54673	73	
14	23427	45060		60
15	07725	46732	32	
16	34274	50604		04
17	77254	67322	22	
18	42745	06040		40
19	72546	73223	23	
20	27450	60407		07
21	25467	32234	34	
从帧 1 重复序列				

3) 点名呼叫

点名呼叫是 Link-11 的常规模式，通常指定上级网络单元为网络控制站(Net Control Station，NCS)，也叫主站，剩下的单元指定为前哨站(从站)，也叫入网单元(Participate Unit，PU)。网络控制站的数据终端机保存一张其他入网单元的呼叫顺序列表。只有被呼叫的入网单元才能发送它的报文数据，在其他时间内，入网单元都要自动接收来自其他网络成员的报文。

如果入网单元不回答对它的呼叫，网络控制站将再次自动查询它，如仍然不响应，网络控制站在呼叫序列中查询下一单元。每次查询序列时或者网络循环完成后，网络控制站报告其自身信息，战术数据在网络成员之间进行有控制的交换。网络一旦开始，数据终端机的工作就是自动的。发生在点名呼叫中的发送类型是：主站呼叫(查询)、从站回答和主站报告。图 4-30 说明了这些发送帧结构。

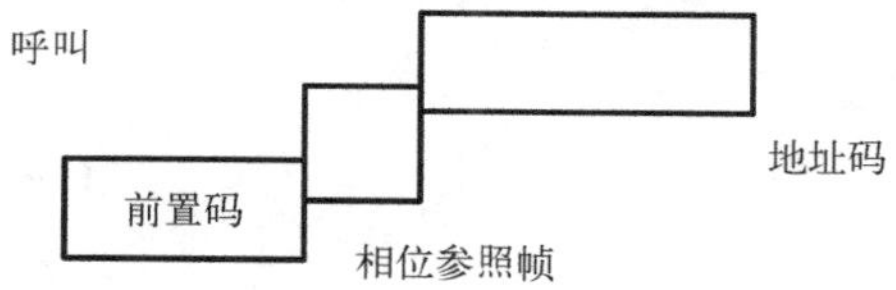

(a)

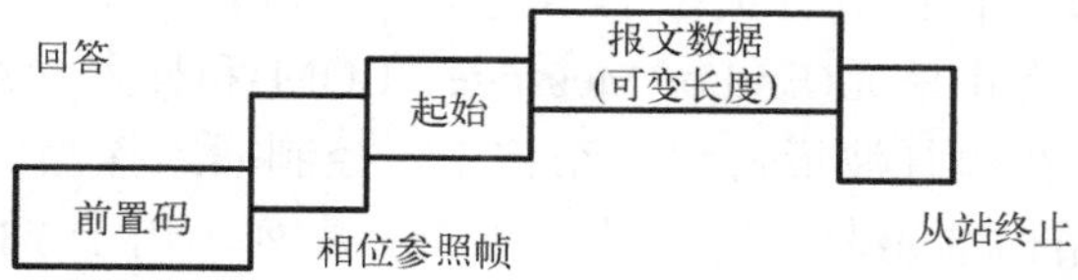

(b)

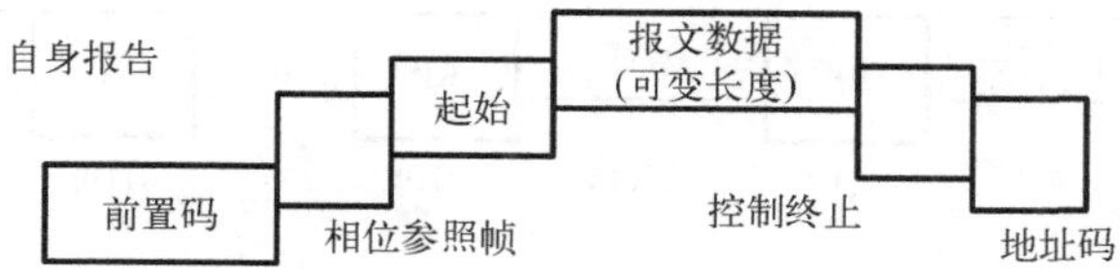

(c)

图 4-30　点名呼叫发送帧结构

4) 短广播

不管是通过从站还是主站，短广播把单个数据发送给所有网络成员。它是在数据终端机处由操作员手动开始的，如图 4-31 所示。

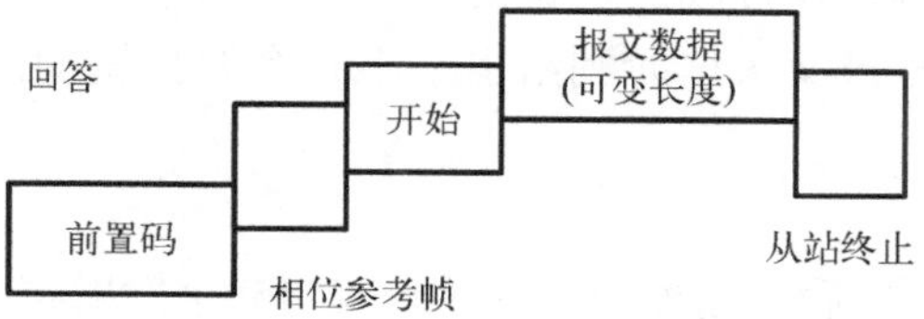

图 4-31　短广播发送结构

5) 广播

广播或者长广播，工作方式是由连续的一系列短广播组成，用空载时间的两个帧分开。不管是从站还是主站，一开始由操作员手动，一直连续到操作员手动让它停止，如图 4-32 所示。

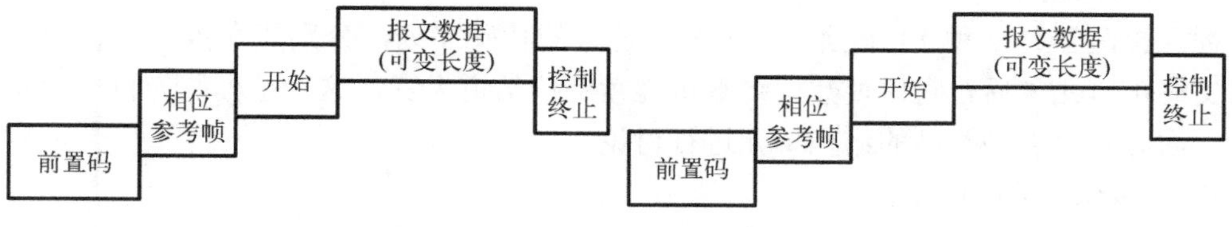

图 4-32　广播发送结构

6) 无线电静默

无线电静默就是无任何发送。在无线电寂静时，入网单元将接收来自其他网络成员的数据，如果查询它时，它也不会响应。

4.2.3 Link-11 串行波形协议

1. 发送结构单元

串行波形协议的帧结构由五种类型的结构单元组成：同步化单元(前置码)、报文头单元、数据单元、报文终止单元(End of Message，EOM)和插入探测器(Repetition Probe，RP)，如图 4-33 所示。在串行波形协议帧结构中，控制插入探测器(RP)跟随在每一结构单元之后。每一类型结构单元发射符号是一个 3bit 序列，用于 1800Hz 单音 8PSK 相位调制。

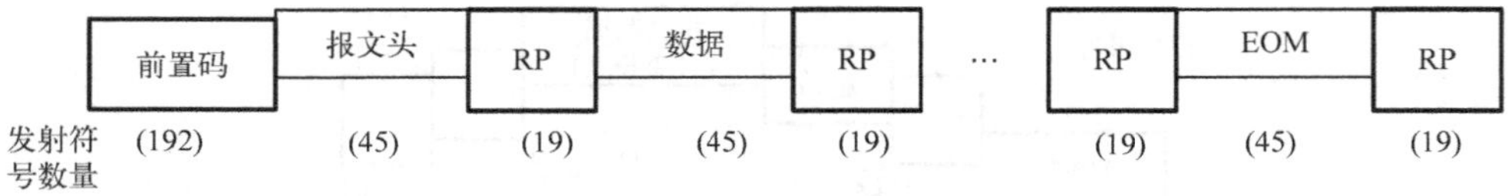

图 4-33　串行波形帧结构

1) 同步化单元(前置码)

每一次发射均要由此开始。单音 Link-11 波形前置码含有 192 个发射符号。

2) 报文头单元

紧随同步化单元之后，由 45 个发射符号组成。当有一个入网单元发射时，表示数据报告将开始，而且它使得正在接收的数据终端机产生的一个“准备接收”中断到战术数据系统。当主站发射时，报文头单元则给出了下一个要传输的从站地址，表示主站报告的开始。

3) 数据单元

它紧跟在报文头单元之后。这种类型单元含有 45 个发射符号。在一次数据报告传输中可以包含不同个数的数据单元，每个数据单元都包含一个来自战术数据系统的 M 系列消息的报文编码。

4) 报文终止单元

它由 45 个发射符号组成，表明报文传输的结束，并使数据终端机产生“接收终止”中断加到战术数据系统。

5) 插入探测器

插入探测器是一种 19 个预先确定发射符号的特殊序列，分别随在报文头、数据单元和报文终止单元之后。它可使数据终端机连续补偿信道失真，这一过程称为自适应均衡。

下面分别对五种类型的结构单元进行讨论。

1) 同步化单元(前置码)

前置码是 192 个发射符号的一种特殊序列，每个发射符号是由 3bit 组成。

这种发射符号的预定方式所完成的功能与 16 单音常规 Link-11 波形信号的前置码所完成的功能是相似的。

(1) 它允许无线电设备自动增益控制进行调整，适应不同强度的信号。

(2) 它表示一个单音 Link-11 波形发射即将开始。

(3) 它提供了一种多普勒频移或无线电频率误差测量和修正的方法。

(4) 它确定了单音 Link-11 波形发射符号时间界限。

(5) 它能使数据终端机的自适应均衡器功能初始化，用于补偿信号衰落。

2) 报文头单元

报文头单元含有 33bit 信息。从 0 到 32 被标注，如图 4-34 所示，这些比特被编组进入 4 个区序和 1 位作为备份。

比特	32	31　26	25　　2	1	0
区序	类型	地址	报文指示器	主站/从站指示器	备份
长度	(1)	(6)	(24)	(1)	(1)

图 4-34　单音 Link-11 波形报文头单元

(1) 基本结构。

可调区序是传输类型指示器(1bit)、地址(6bit)、报文指示器(24bit)、主站/从站(1bit)和备份比特(1bit)。

传输类型指示器：比特 32 是传输类型指示器。当其值是 0 时，传输是一种询问(传呼)；而当其值是 1 时，传输是一份报告。

入网单元地址：比特 26～31 是 6bit 八进制位入网地址。对于一个主站发射来说，这是正在呼叫的、下一个入网单元进入发射的地址。对于一份从站报告来说，这是正在发射的入网单元本身的地址。

报文指示器：比特 2～25(总 24bit)是报文指示器帧，或密码帧，由 KG-40A 产生。

主站/从站指示器：比特 1 是主站/从站指示器，它表示发射单元是主站还是一个从站。当其值是 0 时，表示发射单元是主站；而当其值是 1 时，表示发射单元是一个从站。

备份：比特 0 是一个备份，总是设置为 1。

(2) 传输类型。

单音 Link-11 波形报文头单元标识出呼叫工作期间发生的 Link-11 的三种传输类型：主站询问(或传呼)、从站应答和主站本身报告和询问。

①主站发射报文头。

在呼叫期间，主站产生两种类型发射：传呼，也称为询问报文(Inquiry Messages，IM)；网络控制站本身报告，也称为带有报文的询问(Inquiry With Messages，IWMs)。一个传呼(或IM)报文头中，传输类型区序被设置为 0；入网单元地址区序被设置为下一个将要发射的入网单元的 6bit 地址；报文指示区序将含有 0；主站/从站指示器区序将设置为 0，表示主站在发射，如图 4-35 所示。

类型	地址	报文指示器		网	备份
0	000101	xxxxxx…	x	0	1

图 4-35　单音 Link-11 波形主站询问报文(IM)

主站本身报告，或带有报文的询问的报文头中，传输类型区序被设置为 1；下一个进入发射的入网单元的地址在区序中规定；报文指示区序将含有报文指示帧；主站/从站指示器将被调到 0，以表示主站发射，如图 4-36 所示。

类型	地址	报文指示器	网	备份
1	000101	xxxxxx…　　x	0	1

图 4-36　单音 Link-11 波形主站报告报文(IWM)

如果具有报文询问报文头的入网单元区序只含有 0 值，那么第二报文头单元，称为拖后报文头，将跟着发射的报文终止单元和控制插入探测器。拖后报文头与初始报文头是相同的，除非它含有下一个入网单元进入发射的地址。这种偶然性是很少的，而且它可以通过设计为机载 Link-11 系统的时限提供兼容性。存在一种与机载战术系统有关的数据终端机工作的方式，称为计算机注入地址法，在这种方法中，数据终端机从战术计算机获得传呼地址，而不是从它的控制者。

②从站发射报文头。

从站仅产生并发射一种类型报文头，发射类型区序被设置为 1，表示一份报告，入网单元地址区序含有入网单元本身八进制的地址，报文指示器区序含有报文指示帧，主站/从站指示器调到 1，表示一个从站发射，如图 4-37 所示。

类型	地址	报文指示器	网	备份
1	000101	xxxxxx…　　x	1	1

图 4-37　单音 Link-11 波形从站报文

3) 报文终止单元

单音 Link-11 波形发送是由识别数据终端机的报文终止单元来终止的。可以使用主站报文终止单元和从站报文终止单元中的任一种，如图 4-38 所示。

单音Link-11波形主站报文终止

00 00 00 00 00 00 00 00 00 00 00 00 00 00 00 00
00 00 00 00 00 00 00 00 00 00 00 00 00 00 00 00
00 00 00 00 00 00 00 00 00 00 00 00 00 00 00 00

单音Link-11波形从站报文终止

11 11 11 11 11 11 11 11 11 11 11 11 11 11 11 11
11 11 11 11 11 11 11 11 11 11 11 11 11 11 11 11
11 11 11 11 11 11 11 11 11 11 11 11 11 11 11 11

图 4-38　报文终止单元

(1) 主站报文终止单元。

在此单元中，所有比特均设置为 0，对控制站停止码。主站报文终止单元用于终止主站的报文询问(具有传呼的本身报告)发送。

(2) 从站报文终止单元。

在此单元中，所有比特均调为 1，对从站停止码。从站报文终止单元用于终止每一从站数据的发送。

4) 数据单元

数据单元含有来自战术数据系统的 48bit 报文信息。在一份完整报告中，数据单元数量将随所交换数据容量而变化。Link-11 系统的一个 M 系列报文含有 48bit，这是在一个单音 Link-11 波形数据单元中数据比特的数量，而事实上，每一单音 Link-11 波形数据单元均含有一个 M 系列报文。

通过战术数据系统或高级战术数据系统接口的数据传送时限与常规 Link-11 波形数据

传送时限是保持匹配的。对于常规 Link-11 波形来说，报文被分成 2 个 24bit 帧，而且以 A 帧和 B 帧连续发送。音频信号所产生的波形，在数据终端机的时限控制下，每次总是以 24bit 帧获取报文数据。对于单音 Link-11 来说，A 帧和 B 帧被连成 48bit 数据，加入 CRC 校验后形成 60bit，然后再进行 2/3 速率的卷积编码变成 90bit，进一步处理后形成 45 个符号，然后它们作为一个单音 Link-11 波形数据单元被发送。

5) 控制插入探测器

控制插入探测器是一种已知符号序列，它插在单音 Link-11 波形发射的每一单元之间。

单音信号的改善之一是算法的组合，此种算法允许数据终端机自动修正信道失真，特别是多径效应，修正这种信道失真的过程称为均衡，有两种类型的自动均衡：预调均衡和自适应均衡。

(1) 预调均衡。

在预调均衡中，一个已知序列被发射，而且在接收机处与一个本地产生的序列进行比较。两个序列之差被用于调整算法的均衡系数。

此种方法的缺点是：如果在发射中没有任何中断，就必须进行重复。此外，时间可变信道可能衰落，因为各种系数被固定用于发射。

(2) 自适应均衡。

在自适应均衡中，各种系数被直接或连续地从发射的数据进行调整。如果信道误差性能是满意的，自适应均衡完成得很好。如果此种误差性能是差的，所接收的信道误差则不允许算法收敛。

通常的解决办法是组合这些方法，对于单音 Link-11 波形工作来说，已经执行了这种技术。前置码同步图案提供了已知的序列，根据这个序列，均衡系数被初始化为预调均衡算法的一部分。在发射开始之后，数据终端机转变到一个自适应均衡算法，此种调整系数，像每一个控制插入探测器被接收一样。在调整这些系数以后，每一数据单元就能使数据终端机自动地补偿时间之外变化的信号。

2. 工作方式

并行波形协议的六种工作方式，对于串行波形协议也是有效的。这些工作方式是：网络同步、网络试验、点名呼叫、短广播、广播。无线电静默有时也被称为一种网络方式。

1) 网络同步

单音 Link-11 波形网络同步(Net Sync Hronization)，是一系列主站自询问。由一个含有本单元地址的报文头跟随在前置码之后。由控制插入检测器随在报文头之后。发射的间隙是 200ms。网络同步被重复发射，直至由数据终端操作人员手动终止，如图 4-39 所示。

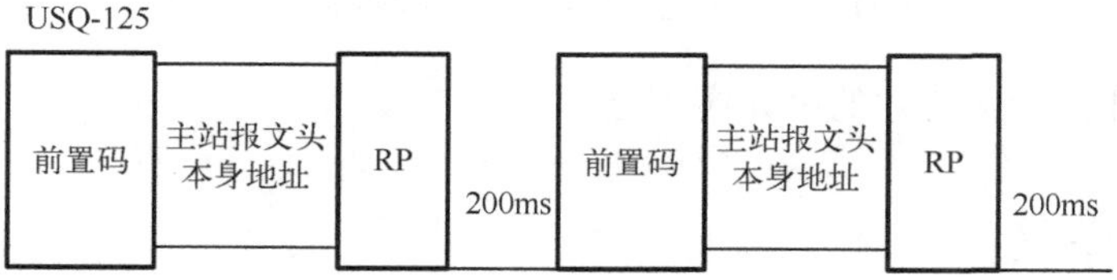

图 4-39　单音 Link-11 波形网络同步

2) 网络测试

单音 Link-11 波形网络测试是含有 180 个数据单元的一系列报告，在这种数据单元中，以十六进制位的方案 5A5A5A5A5A5A 进行编码，报文头单元的报文指示器区序是 0。网络试验由操作人员启动并连续进行，直到由操作员手动终止，如图 4-40 所示。

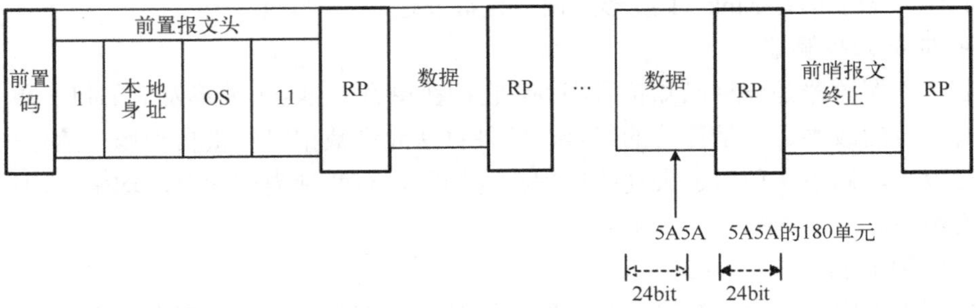

图 4-40　单音 Link-11 波形网络测试

3) 点名呼叫

点名呼叫是 Link-11 网络常用工作方式。在点名呼叫中，由主站指定的一个单元的询问所对应的前哨自动报告把战术数据分配全网。每一循环发生后，主站就发射它本身的数据。单音 Link-11 波形点名呼叫工作采用常规 Link-11 波形工作使用的相同发射类型来完成，即传呼、应答和主站本身报告，如图 4-41 所示。

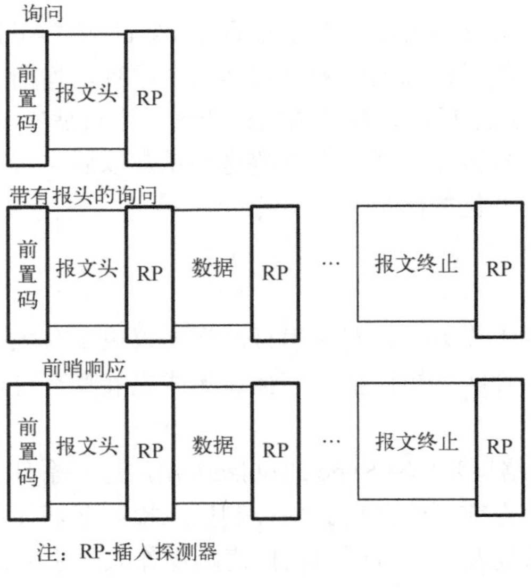

图 4-41　单音 Link-11 波形点名呼叫的三种类型

(1) 主站传呼。主站传呼的单元序列是：

①前置码；

②报文头单元；

③控制插入探测器。

报文头中的类型比特 0 标识出主站作为发射单元。报文头中的区序标识出下一个入网单元进入发射。

(2) 从站应答。从站应答中的单元序列是：

①前置码；

②报文头单元；

③控制插入探测器；

④报文数据单元的可变数量，每一单元后插入探测器；

⑤从站报文终止单元；

⑥控制插入探测器。

报文头单元中的类型比特“1”标识出作为从站的发射单元。报文头单元也含有发射单元的本身地址。

(3) 主站本身报告。主站本身报告的正常单元序列是：

①前置码；

②报文头单元；

③控制插入探测器；

④报文数据单元的可变数量，每一单元后插入探测器；

⑤从站报文终止单元；

⑥控制插入探测器。

报文头单元中的类型比特“0”标识出主站作为发射单元。正常而言，报文头单元的入网单元地址区序列标识出下一个入网单元进入发射。

(4) 带有报文的询问也可以采取一种交错方式：

①前置码；

②报文头单元；

③控制插入探测器；

④报文数据单元的可变数量，每一单元后插入探测器；

⑤网络站报文终止单元；

⑥拖尾报文头单元；

⑦控制插入探测器。

如图 4-42 所示，当初始报文的地址使用时，拖尾报文头单元跟随报文终止单元，进入发射的下一个入网单元的地址则包含在拖尾报文头单元。

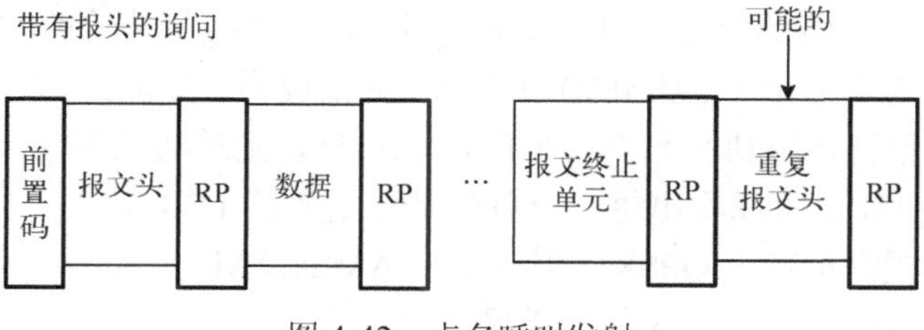

图 4-42　点名呼叫发射

4) 短广播

单音 Link-11 波形短广播是由一个单元发射单一数据报告。它由数据终端机操作人员启动，如图 4-43 所示。

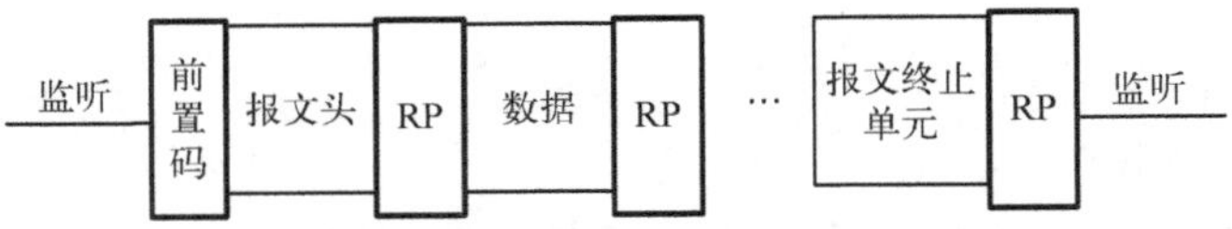

图 4-43　短广播

5) 广播

单音 Link-11 波形广播(或长广播)是由静止时间的两个单元分隔的一系列的短广播。在静止时间期间，无线电设备其余部分被锁住。由数据终端机操作人员手工启动广播，而且连续进行，直至手工终止，如图 4-44 所示。

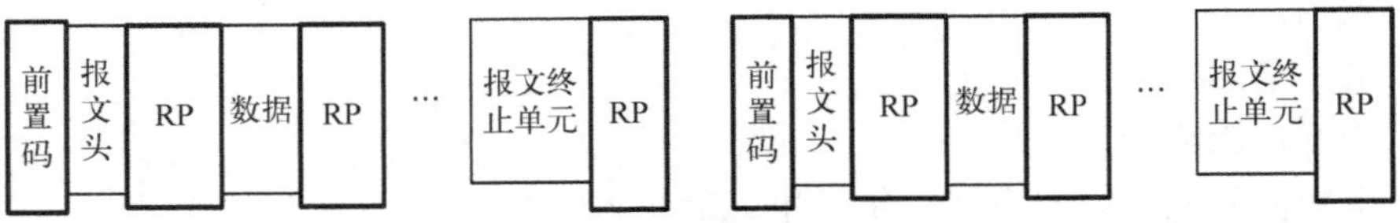

图 4-44　广播

4.2.4　Link-11 并行波形与串行波形比较

Link-11 系统的并行波形在 4.2.3 节已经介绍过了，下面归纳两种波形的特点，并比较两者的差异。

1. 并行波形的特点

并行波形采用 16 个单音来传递信息，这 16 个单音是并行传输的，每一个数据单音上可有效传递 2bit 的信息，一个单音是多普勒导航音，不传输具体数据。每一个单音之间由于保持了正交性，虽然间隔比较小，但不会相互间干扰。

由于 16 个单音是并行传输的，所有合成的语音信号就是包含 16 个单音的频率，由于总的速率是一定的，所以每个单音的数据传输时间可以大大提高，信号的波特率是可以很低的，也就说符号间的间隔可以很长。以传输 2250bit/s 速率为例，这么高的速率，分散到 15 个数据音上，每一个数据音就可以 150bit/s 的速率传输，由于每个单音可以传输 2bit 信息，因此就可以用 75 波特的低速率进行传输，那么每一个符号传输的时间就可以高达 1/75 = 13.33ms。从另一方面考虑，总的传输功率一定的情况下，分散到每一个单音上的功率就很少了，假设每一单音使用功率为 P，导航单音为 $4P$，则单边功率为 $19P$，那么总功率是两个边带之和共计 $38P$，可以看出每一个单音是总功率的 1/38。

采用的调制方式是单音上 QPSK，射频上是 AM 或 FM。

采用汉明纠错编码，只能够纠一个错误。

频率误差敏感，由于是 16 个单音互相正交才能保证不互相干扰，接收端频率若有误差，很难保证频率的正交性，干扰就不可避免。

由于符号持续时间长，远远大于多径的时间延迟，说明抗多径效应能力很强。

并行波形实现比较容易。

2. 串行波形的特点

串行波形只采用一个单音进行数据的传输，就是 1800Hz。数据是一比特一比特地按顺序对这个单音进行调制，所以符号的持续时间很短暂。比如，2400bit/s 的速率，若采用多进制调制方式，则波特率为 $2400/\log_2 M$，若用八进制，则 $M=8$，波特率是 800，每一个符号持续的时间 1.25ms，远远少于并行波形的 13.33ms。

由于所有的功率都可以用来传输信号，信号的功率利用率很高。

信号在 1800Hz 单音上进行 8PSK 调制。

采用可卷积纠错编码，纠错能力很强。

采用纠错编码，交织技术等，系统的抗干扰能力很强。

符号持续时间短，多径效应不可忽视，若不采取措施，就会造成很严重的码间串扰问题，解决办法就是需要自适应均衡算法，弥补信道造成的信号损伤。

自适应均衡算法复杂，波形实现较复杂。

3. 两种波形对比

并行和串行波形比较如表 4-7 所示。

表 4-7　并行和串行波形比较

波形类型	优点	缺点
并行波形	实现简单 FFT 算法运算量小	抗干扰性能差
	抗多径性能好	单音正交性不易满足、频率偏移敏感
	符号持续时间长	功率分散
串行波形	抗干扰性能好	实现复杂、自适应均衡运算量大
	频率偏移不敏感	码间串扰严重
	功率集中	符号持续时间短

小　　结

本章介绍了 Link-11 和 Link-16 两种典型数据链波形协议。首先，通过工作方式、报文处理、同步方式、波形能力和波形特点五方面，对 Link-16 波形协议进行了重点讲解。最后，通过信号流程、并行波形协议、串行波形协议三方面，对 Link-11 波形协议进行了分析，并对 Link-11 并行和串行波形的优缺点进行了比较分析。

思　考　题

1．简述 Link-16 波形的特点。

2．Link-16 中有几种数据打包格式？假定当前敌方的电磁信号干扰比较严重，导致 Link-16 网络中的误码率较高，请问此时采用哪种数据打包格式较好？在选定打包格式并采用 RS(31, 15)纠错编码后，假定 Link-16 网络中有一架预警机需要以 3Kbit/s 的速率向网络中广播态势信息，此时网络中的空闲时隙资源块为 A-0-15，请为该预警机在空闲时隙资源中分配一个合适的时隙资源块。

3．比较 Link-11 中并行和串行波形的区别。

第 5 章　数据链信息融合技术

信息融合技术可以使指挥员从海量信息处理的烦琐中解脱出来，依靠融合系统提供及时准确的战场情报和态势信息，提高指挥决策的及时性和正确性。Link-16 的基本定位是战术信息分发系统，对各种平台和情报源的态势信息进行综合、分发和共享是其遂行作战任务最重要的功能，尤其是友方目标利用 Link-16 发送 PPLI 消息在全网共享航迹和身份信息对于战术级的指挥控制有非常重要的意义。本章的内容将围绕 Link-16 数据链的相对导航技术、数据融合与关联技术、航迹管理与融合技术三部分内容进行展开。

5.1　相 对 导 航

Link-16 是一个同步、时分多址、扩频通信系统，能为一个网络内的端机之间提供被动的、高精度的相对导航能力。

Link-16 的导航能力来源于端机对于接收到的网络中其他端机的信号具有很高的到达时间(Time of Arrival，TOA)测量精度。这样，只需要在 Link-16 端机计算机程序中增加一个软件模块即可实现相对导航功能，不需要额外的硬件。尽管处理过程只包括端机之间的相对距离测量，如果一些端机，如地面站点，有相应的地理位置信息，也可以获得绝对导航数据。Link-16 的开发者开始就设想到了这些导航能力，在选择关键部件(如端机时钟)时已考虑其性能要求。本节介绍相对导航的基本原理、体系结构和软件功能，讨论了观测模型、导航算法和主要误差来源等内容。

5.1.1　相对导航的基本原理与体系架构

1. 基本原理

按照 Link-16 相对导航的概念，一个用户顺序测量到其他网络中端机的距离，根据测量的距离以多点定位的方式确定其自身的位置。因为 Link-16 是一个基于单个参考时间的同步系统，所有端机在指定的已知时间发送。这样，如果用户与原点良好同步，3 个合适的测量距离就可以确定其三维位置。若用户存在同步误差或时间偏差(通常是存在的)，一系列对来自高时间质量源信号的被动测距可以提供连续的位置和时间偏差的更新。时间偏差的确定也称为被动同步。这种情况下，相对导航的处理是一种伪测距，因为测距是基于其自身的时钟，而不是绝对时钟或基于环回测量，用户的时钟不断地得到调整。

所有主动用户每 12s 一次，周期性地发送位置和状态(Precise Participant Location and Identification，PPLI)消息，包含源端机的位置、速度、航向和高度，以及其位置质量、时间质量和相对栅格方位质量。相对栅格方位质量是对相对栅格正北方向的自身航向的误差估计。使用这些数据和合适的源点选择逻辑，基于源点和用户端机质量等级，用户端机选择所需的源点，计算预测的距离，与从到达时间(TOA)测量的距离相比较。根据这些 TOA 测量序列，在用户端机的计算机中采用递归滤波机制(如卡尔曼滤波)，连续地更新其位置、速度和相对于系统时的时间偏差。

为了保证系统在较长的时间内正常运行，一些用户也可以不是很频繁地、周期性地与时间基准或最高时间质量源点实施主动的往返校时(RTT)操作，这个处理可为用户时间偏差的校准提供最好的测量值。另外，有些用户可以相对频繁地实施 RTT 操作。用这种方式，网络中的一些单元可以维持较高的时间质量，可以作为其他单元的导航源。

2. 网络角色

为了保证 Link-16 数据链网络的运行，Link-16 数据链中的每个网络参与单元(Jtids Unit，JU)都扮演特定的网络角色，在网络运行过程中，JU 可以根据 Link-16 数据链操作规程或网络管理员的控制改变自己的身份。网络角色主要包括时间基准、位置基准、初始入网单元、导航控制器、辅助导航控制器、主用户、次用户、数据转发单元、网络管理等。

1) 时间基准(Network Time Reference，NTR)

网络时间基准单元是建立 Link-16 数据链网络必不可少的组成部分。对于给定的网络，NTR 这个角色可由任一指定单元担任(一个且仅仅一个)。NTR 通常分配给指控(C2)单元并需要与其他单元保持视距连通性。通过 NTR 单元建立网络系统时间。NTR 单元通过广播初始入网消息 J0.0，将系统时间发送至所有网络单元。所有其他单元利用这个消息实现网络同步。NTR 单元是数据链网络中拥有最高时间质量的单元。所有其他单元周期性地调整它们的内部时钟以保持与 NTR 单元时间同步。由于所有 JU 内部都有一个精确的时钟，所以同步建立后，即使没有 NTR 单元，数据链网络也能连续工作数小时，只是由于时钟的漂移同步误差越来越大。

2) 位置基准(Position Reference，PR)

位置基准用于为地理栅格提供一个高稳定的基准点。位置基准(PR)单元不允许通过 TOA 测量来校正自己的初始位置。将一个单元定义为 PR 单元，事实上是关闭其自校正功能。自校正功能被称为相对导航，允许 JU 通过接收到的 PPLI 消息采用 TOA 到达时间测量的方式来计算它与其他网络单元的距离。关闭 PR 单元这一通过 TOA 测量纠正位置的功能，是为了保证 PR 单元的位置精度不受网络其他单元的影响。

3) 初始入网单元(Initial Entry JU，IEJU)

初始入网单元帮助将系统时间传播到 NTR 视距范围之外的单元。一旦指定作为 IEJU 的平台处于精同步，它也发布入网消息，每隔一帧发送一次，即每 24s 发送一次，使在 NTR 视距范围之外的那些单元能够入网。

4) 导航控制器(Navigation Controller，NC)

导航控制器不是一个必须有的角色。当需要相对栅格导航时，需要指定导航控制器(NC)。相对栅格是一个三维坐标系。NC 作为栅格的参考点，其相对位置品质为 15。担任 NC 角色的平台应是激活的机动平台，并且尽可能与大多数网络单元保持良好的视距连通性。当担任 NC 角色的平台单元变为静止单元时，应取消或关闭其导航控制器功能。

5) 辅助导航控制器(Secondary Navigation Controller，SNC)

当 NC 对其他栅格坐标的参与者没有足够的角度运动差时，辅助导航控制器为相对栅格提供稳定性。在一个网络中只能有一个 SNC，它必须是一个激活单元。SNC 和 NC 两者之间必须保持相对运动，两者之间的距离必须大于 50 海里，且满足二者速度矢量方向差别大的要求。任何移动单元或固定单元都可担任 SNC 角色。

6) 主用户(Primary Users，PU)

除 NTR 单元外，所有通过发送 RTT 消息实现并保持主动时间同步的 JU 单元，都被称为主用户。

7) 次用户(Secondary User，SU)

次用户是通过接收已经到达精同步的 JU 发出的 PPLI 消息，并利用相对位置实现精同步。

3. 相对导航体系结构

相对导航可以在相对栅格坐标，也可以在地理、地心绝对坐标系(纬度、经度)中实施。相对栅格坐标系由导航控制器的建立，所有单元都可以在这个坐标系中确定其位置。无论哪种情况，网路中的一个成员指定为时间基准，建立系统时，指定为最高时间质量。对于相对栅格操作，导航控制器(可以是飞机或舰艇)建立切平面栅格的原点和正北方向，其原点在海平面，并假设为静止的。实际上，由于导航控制器的推航误差，栅格原点和正北方向可能缓慢变化。导航控制器指定为最高相对位置质量。在使用地理坐标时，拥有高精度绝对位置信息的端机被指定作为位置基准(PR)，并指定为最高绝对位置质量。在基准和导航控制器以下，有两类用户，主用户和次用户。主用户(PU)可以相对频繁地使用 RTT 进行时钟同步，只要端机滤波器估计的时间质量低于设定的等级就实施 RTT 操作。这些单元相对较少，具有很好的时间质量，用于主要的导航基准。次用户(SU)不能频繁地实施 RTT 操作，必须完全被动地实施时钟同步和相对导航，不能依赖 RTT 操作。这两类用户质量等级的确定基于端机滤波器估计的精度。可以构造源选举算法，确定数据交换的规则。例如，仅当其他次用户具有更高的位置和时间质量，次用户才能将其作为源点，而主用户则遵循不同的规则。这种规则保证不会因为使用低质量的源而扩大用户位置和时间误差。采用这种体系结构，不在时间基准、位置基准或导航控制器视距范围内的用户，可以通过被动测量与其他源(如在这些基准或其他主用户视距范围内的主用户)的距离来实现导航。这样，尽管使用很高的无线电频率，相对导航网络的相对导航覆盖范围就可以很好地扩展到视距以外，如图 5-1 所示。图中主用户(PU)和次用户(SU)之间的单向箭头表示可以利用 PPLI 消息做被动测距的方向(次用户可以使用主用户的 PPLI 消息)，根据假设，主用户具有更高的质量等级。另外，图中右侧的次用户假设运行在全被动模型(无线电静默)。如果用户处于位置基准的视距范围内，它们就可以确定其位置的地理坐标。

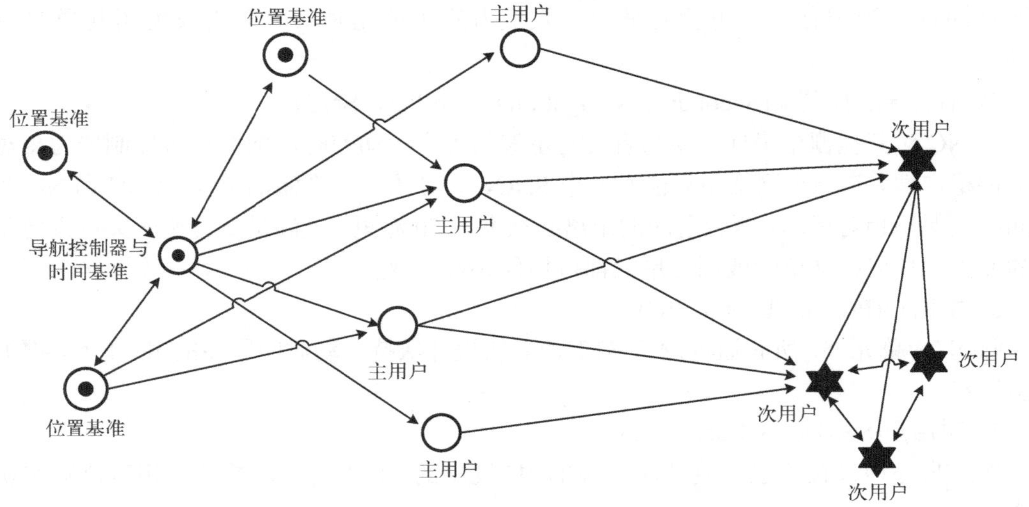

图 5-1　相对导航体系结构

5.1.2　相对导航软件功能流程

相对导航功能通常为一个软件模块，驻留在端机的通信处理器(CP)程序中，接口包括与信号处理器(SP)中 TOA 测量功能接口及与通信处理器中的通信处理功能的接口。基本的相对导航软件子功能包括：①初始化；②源点选择；③推航数据处理；④卡尔曼滤波；⑤数据外推；⑥质量等级变换；⑦坐标转换。也可以仅利用 TOA 测量数据实现相对导航，即不需要推航数据。图 5-2 给出了一个典型的相对导航软件功能流程图。

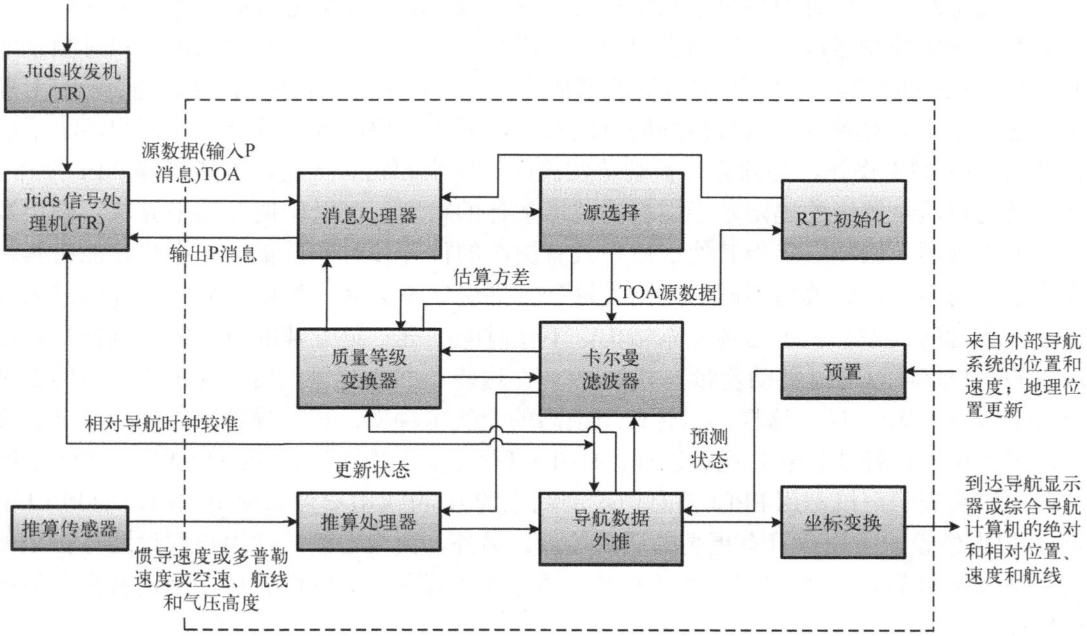

图 5-2　相对导航软件功能流程图

运行中，输入 PPLI 消息中的源点数据及这些数据的 TOA 都来自信息处理器，首先在通信处理器软件的通信处理模块处理。在源点选择模块中，将源质量等级与端机自身的质量等级相比较，以确定是否作为源点使用，所选源点的位置和 TOA 数据送往卡尔曼滤波器处理。源点质量还转换成方差，用于卡尔曼滤波，后面将详细介绍。滤波器使用 TOA 作为观测的距离，与预测的值会有差异，通过合适的卡尔曼滤波器增益修正，加到预测的状态适量，更新各个状态值。在传统的卡尔曼滤波器中，每个滤波周期都要更新协方差矩阵。更新的状态输入到推航处理模块和导航数据外推模块，许多状态是误差状态，如空速比例因子、航向误差、高度误差。理想情况下，每次对选择源的 PPLI 消息得到 TOA 测量值就可以获得新的滤波器状态更新，通常几秒钟就可以完成一次。在这个更新间隔，通过外推获得所需的导航数据，可以以更高的数据速率读取，通常可以每秒几次，保证用户以所需要的速率获取数据。在笛卡儿坐标系中实施卡尔曼滤波可能更方便，而且考虑到相对导航的双重栅格运行，需要一些坐标转换功能，在数据交付给用户时进行必要的坐标转换，如 U、V、W 位置转换成纬度、经度和高度。从平台上的推航传感器接收推航(DR)数据，使用来自滤波器最新估计的状态信息进行处理，通过外推产生所需的输出。外推值也用于产生预测的状态。这样，推航数据就不只是用于外推，还与根据 TOA 得到距离数据组合，实现估计优化，而外推只是为了克服高机动条件下的延时误差。外推的导航数据放到输出的 PPLI 消息中，加上单元的质量等级(根据最新的滤波器方差得到)，发送到信号处理器，由端机发送。滤波器还更新时间偏差和频率偏差，这些送给信号处理器用于修正端机的时钟。

5.1.3　基本相对导航算法

1. 基于扩展卡尔曼滤波器的基本算法

基本的相对导航被动测距观测模型可以表示为

$$R_0 = C \times \text{TOA} = R_c + b_t - b + N$$

$$R_c = \sqrt{(X_t - X)^2 + (Y_t - Y)^2 + (Z_t - Z)^2}$$

式中，R_0 为到源点的观测距离；C 为光速；TOA 为观测到的相对于用户自己时钟时间而言的到达时间；R_c 是计算的(预测的)到源点的距离；X_t、Y_t、Z_t 为源点(发送端机)的位置坐标；X、Y、Z 为用户(接收端机)的位置坐标；b_t 为源端与系统时间的时间偏差，对源端和用户端来讲都是未知的，每个源在发送消息之前都力争将时间偏差降为零；b 为用户(接收者)的时间偏差，它作为相对导航滤波过程的一部分被更新；N 为量测噪声之和。

因为通常接收方无法测量或估计 b_t，可以将其归到 N，这样观测模型改为

$$R_0 = C \times \text{TOA} = R_c - b + N$$

可观测的最基本的测量值就是 TOA。此外，可以从接收的 PPLI 消息中获得源点位置数据及其方差(作为质量等级)。因为这些源点位置数据的误差会增加整个测量误差，所以在计算滤波器增益矩阵时要利用接收的源点位置方差，将用户自己的协方差矩阵加上源点

位置方差。为了计算滤波器增益矩阵，需要将非线性的观测方程线性化。这样，可以机械地采用扩展卡尔曼滤波算法，根据 TOA 观测序列，递归地更新用户自身的位置、时钟偏差、偏差率和其他状态。基本扩展卡尔曼滤波方程如下。

状态矢量一步预测

$$\hat{\boldsymbol{X}}_{k/k-1}=\boldsymbol{\phi}_{k,k-1}\hat{\boldsymbol{X}}_{k-1/k-1}$$

均方误差一步预测

$$P_{k/k-1}=\boldsymbol{\phi}_{k,k-1}P_{k-1}\boldsymbol{\phi}_{k,k-1}^{T}+\boldsymbol{\tau}_{k-1}\boldsymbol{Q}_{k-1}\boldsymbol{\tau}_{k-1}^{T}$$

滤波增益矩阵

$$\boldsymbol{K}_k=P_{k/k-1}\boldsymbol{H}_k^T[\boldsymbol{H}_kP_{k/k-1}\boldsymbol{H}_k^T+R_k]^{-1}$$

状态矢量估计

$$\hat{\boldsymbol{X}}_k=\hat{\boldsymbol{X}}_{k/k-1}+\boldsymbol{K}_k(R_0-\hat{R}_0)$$

均方误差估计

$$P_k=[I-K_k\boldsymbol{H}_K]P_{k/k-1}$$

式中，$\boldsymbol{\phi}_{K,k-1}$ 为状态转移矩阵；$\boldsymbol{\tau}$ 为扰动噪声协方差矩阵；$\boldsymbol{Q}$ 为扰动噪声转移矩阵；R_k 为测量噪声方程，等于 $\sigma_{\text{TOA}}^2+\sigma_{\text{jitter}}^2$；$\sigma_{\text{TOA}}^2$ 为到达时间测量的标准差，σ_{jitter}^2 为发射机抖动的标准差；$\boldsymbol{X}$ 为状态矢量，R_0 为观测距离，$\hat{R}_0$ 为预测距离，等于 $\sqrt{(X_t-\hat{X}_{k/k-1})^2+(Y_t-\hat{Y}_{k/k-1})^2+(Z_t-\hat{Z}_{k/k-1})^2}-b_{k/k-1}$；$\boldsymbol{H}$ 为线性化观测矩阵，$\boldsymbol{H}=\dfrac{\delta R_0}{\delta X(i)}$，$X(i)$ 为状态矢量的第 $\boldsymbol{i}$ 个元素，因此，$\boldsymbol{H}$ 包含 $\dfrac{X_t-X}{R_c}$、$\dfrac{Y_t-Y}{R_c}$、$\dfrac{Z_t-Z}{R_c}$ 三个元素，它们是用户和源之间的方向余弦，分别表示用上述各源对某一给定方向上位置估算值改善的程度。

实际运行中，滤波器利用所有状态的最佳估计和所有可用的导航数据，预测 PPLI 消息接收时刻的状态矢量 $\boldsymbol{X}$ 和协方差 P。然后，得到线性化观测矩阵 $\boldsymbol{H}$。在滤波器运算的(k|k–1)点(即接收到新的 PPLI 消息)，要将状态加上发射机的位置坐标。在计算滤波器增益矩阵前，要将协方差矩阵 P 增加源点位置协方差。然后，计算滤波器增益矩阵，用增益矩阵作为新息 $(R_0-\hat{R}_0)$ 的权重，状态矢量加上加权的新息 $(R_0-\hat{R}_0)$。最后，更新状态误差的方差。这样，就完成了一个 PPLI 消息在卡尔曼滤波器中的处理，更新了所有的状态。在需要读出和发送 PPLI 消息，或者需要预测下一个 PPLI 消息接收时刻的状态时，都需要利用这些已有的状态数据进一步外推位置和速度。

为了提高时间同步的精度，用户端机需要在特定的时间初始一个 RTT 消息。在 RTT 处理过程中，可观测的变量为 TOAD 和 TOAU。其中，TOAD 为用户 RTT 询问消息到达授时端机的时间，授时端机在应答时告知用户端机；TOAU 为源端应答达到用户端机的时间。可以证明，用户端机和授时端机之间的相对时差是授时端机与用户端机之间 TOA 测量值之差的函数。如果授时端机是时间基准，测量的时差就是公式中的用户时差。同样，观测到的 TOAD 和 TOAU 之和给出了到 RTT 应答的授时端机的距离。因为在标准的 RTT 消息中不带有位置信息，除非用户知道授时端机的位置，否则到授时端机的通常对用户没有用。

除了基本的位置和时钟状态以外，不同的应用会选择不同的状态变量构成状态矢量，状态矢量中元素的选择取决于最重要的输出变量、所用的坐标系、所需的精度、输出数据的速率和所用的平台航位推测传感器的类型等因素。所选取的状态矢量的大小还需要考虑端机所用计算机的处理能力和存储容量。

2. 相对导航的误差源

Link-16 相对导航的定位误差是以下主要误差源的函数。

(1) 到达时间测量精度和发射机抖动。

(2) 源和用户之间相对几何关系。

(3) 源的时间质量和位置质量。

(4) 传播时延。

(5) 平台推测传感器特性。

(6) 计算误差。

(7) 端机的时钟特性。

(8) PPLI 消息发送频度。

到达时间的测量精度是带宽、信噪比和到达时间测量电路的函数。到达时间测量误差和发射机抖动都是极小的。几何精度因子(Geometric Dilution of Precision，GDOP)效应在动态的情况下，通过滤波有随时间的推移而降低的趋势。所用源的位置质量和时间质量对可获得的定位精度来说是个限制。所用的推测器的类型会对总的位置和速度精度产生影响。用户和源推测系统的误差之间的相关性很重要的，因此希望各设备尽可能地使用同一推测系统。端机时钟的短期稳定会影响到定位精度，这与所接收的 PPLI 消息数据速率有关。大气中的传播异常效应和多径效应限制着可获得的精度。对传播效应做出模型是可能的，但总有一些残留误差。一般来说，来自各源的 PPLI 消息速率越高，用户精度越高。处理器的计算误差是对可获得精度的最后一个限制，但根据处理器目前的技术水平，这些计算误差可以忽略不计。

3. 相对导航误差对目标跟踪精度的影响

Link-16 是一个综合的通信、导航和识别系统，除了具有扩频时分多址(TDMA)通信和识别功能外，在标准的 WGS-84 地理坐标和一个相对栅格正切平面坐标系统中提供综合导航功能。每个 Link-16 端机都是一个精确同步用户网络的参与者。Link-16 导航利用到达时间(TOA)测量和接收其他端机数据的方式，通过扩展卡尔曼滤波估计主机导航系统(如惯导)的为位置、速度和姿态误差。

Link-16 提供了作战网络范围内精确的相对导航，意味着维护了一个网络成员间方位、位置和时间的相关关系。这样，任何网络成员就像拥有一个虚拟的魔棒，可以以导航精度探知任何成员，甚至对于战术范围内的任意点，只要有一个成员探测到，所有成员都可以探知。为相同任务网络的成员提供目标获取、有效集结、交换位置数据、有效和精确地武器投送等能力。所有成员都不是孤立的实体，而是由精确的射频测距系统连接起来的终端网络的组成部分，网络成员都知道相互间的相对位置，网络可以看成是一个具有分布式传感器混合的导航/武器投送系统。精确的地理位置数据分发，建立起了一个地理上的共同体，与最佳的地理位置参考点(如经过测量的地面站点、GPS)相关联。相对栅格另外提供了一种独立的测量基准，可以完全按照相对值精确地交换各成员的传感器数据，不需要精确的地理信息。从作战考虑，这意味着可以在成员间交换目标位置和其他感兴趣的点，不管采用地理坐标，还是相对栅格坐标，都不会明显地损失精度。

5.2　多传感器数据融合与数据关联

近年来，随着科学技术的发展，特别是微电子技术、集成技术及其设计技术、计算机技术、近代信号处理技术和传感器技术的发展，多传感器数据融合已经发展成为一个新的学科方向和研究领域。尤其是在军事领域，至 20 世纪 90 年代初，美国已经研制了几十个军用数据融合系统。如“军用分析系统”“多传感器多平台跟踪情报相关处理系统”“海洋监视融合专家系统”“雷达与 ESM 情报关联系统”等。国内的研究起步较晚，但目前已经有部分高校和研究所从事此领域的研究工作，已有部分专著面世。

多传感器信息融合研究的对象是各类传感器提供的信息，这些信息是以信号、波形、图像、数据、文字或声音等形式给出的。传感器本身对数据融合系统来说也是非常重要的，它们的工作原理、工作方式、给出的信号形式和给出的测量数据的精度，都是我们研究、分析和设计多传感器信息系统，甚至研究各种信息处理方法所要了解和掌握的。

5.2.1　数据融合的定义和通用模型

1. 数据融合的定义

从军事应用的角度看，多传感器数据融合可以这样来定义：所谓多传感器数据融合就是人们通过对空间分布的多源信息——各种传感器的时空采样，对所关心的目标进行检测、关联(相关)、跟踪、估计和综合等多级多功能处理，以更高的精度、较高的概率或置信度得到人们所需要的目标状态和身份估计，以及完整、及时的态势和威胁评估，为指挥员提供有用的决策信息。

这一定义基本上能够描述数据融合的如下三个主要功能。

(1) 数据融合是在多层次上对多源信息进行处理的，每个层次代表信息处理的不同级别。

(2) 数据融合过程包括检测、关联(相关)、跟踪、估计和综合。

(3) 数据融合过程的结果包括低层次上的状态和属性估计，以及高层次上的战场态势和威胁评估。

2. 数据融合的通用模型

由于应用领域不同，数据融合的模型可能有些区别。美国国防部实验室联合执导委员会小组给出了一个数据融合在军事领域应用的通用模型。该模型开始分为三级，后来发展为四级。在这里，“级”的含义并不意味着各级之间的时序特性，实际上，这些子过程经常是并行处理的。

第 1 级处理：包括数据和图像的配准、关联、跟踪和识别。数据配准是把从各个传感器接收的数据或图像在时间和空间上进行校准，使它们有相同的时间基准、平台和坐标系。数据关联是把各个传感器送来的点迹与数据库中的各个航迹相关联，同时对目标位置进行预测，保持对目标进行连续跟踪，关联不上的那些点迹可能是新的点迹，也可能是虚警，保留下来，在一定条件下，利用新点迹建立新航迹，消除虚警。识别主要指身份或属性识别，给出目标的特征，以便进行态势和威胁评估。

所采用的网络结构不同，所对应的信息处理方法也不同。对分布式融合系统，所处理的对象是各个传感器送来的航迹，首先要对它们进行关联，以保证不同传感器对同一目标观测的航迹得到合并。

第 2 级处理：包括态势提取、态势分析和态势预测，统称为态势评估。态势提取是从大量不完全的数据集合中构造出态势的一般表示，为前级处理提供连贯的说明。静态态势包括敌我双方兵力、兵器、后勤支援对比及综合战斗力估计；而动态态势包括意图估计、遭遇点估计、致命点估计等。态势分析包括实体合并，协同推理与协同关系分析，敌我各实体的分布和敌方活动或作战意图分析。态势预测包括未来时刻敌方位置预测和未来兵力部署推理等。

第 3 级处理：威胁评估是关于敌方兵力对我方杀伤能力及威胁程度的评估，具体地说，包括综合环境判断、威胁等级判断及辅助决策。

第 4 级处理：可以把第 4 级处理称为优化融合处理，包括优化利用资源、优化传感器管理和优化武器控制，通过反馈自适应，提高系统的融合效果。也有人把辅助决策作为第 4 级处理。

数据融合的一般模型如图 5-3 所示。

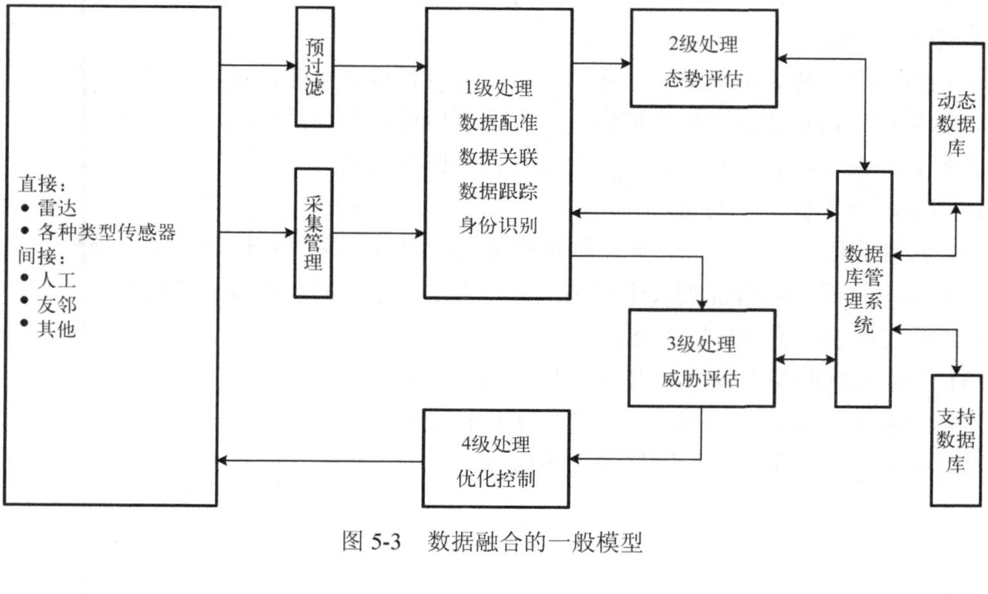

图 5-3　数据融合的一般模型

5.2.2 数据融合的分类与技术

1. 数据融合的分类

由于考虑问题的出发点不同，数据融合目前有许多分类方法。有的按照融合方法分类，分为统计方法、人工智能方法等；有的按照信号处理的域进行分类，分成时域、空域和频域等；有的按照融合过程的顺序和融合层次的高低分类，分成低级、中级和高级，并根据融合的层次和实质内容，将其与像素级、特征级和决策级对应起来。应当说最后一种方法更合理，也被更多人所接受。

1) 像素级融合

像素级融合是指在融合过程中要求各参与融合的传感器信息间具有精确到一个像素的配准精度。通常，它对原始传感器信息不进行处理或只进行很少的处理。在信息处理层次中像素级融合的层次较低，故也称其为低级融合。

像素级融合的主要优点在于：它能提供其他融合层次不能提供的细微信息。由于没有信息损失，它具有较高的融合性能。

像素级融合的缺点主要是：

(1) 它要处理的数据量大，对计算机的容量和速度要求较高，所需处理时间长，实时性差。

(2) 此类融合是在最底层进行的，信息的稳定性差，不确定和不完全情况严重。

(3) 要求各类传感器信息间有像素级的配准关系，这些信息应来自同质传感器。

(4) 数据通信量大，抗干扰能力较差。

2) 特征级融合

特征级融合是指在各个传感器提供的原始信息中，首先提取一组特征信息，形成特征向量，并在对目标进行分类或其他处理前对各组信息进行融合，一般称其为中级融合。

3) 决策级融合

决策级融合也称为高级融合，它首先利用来自各传感器的信息对目标属性等进行独立处理，然后对各传感器的处理结果进行融合，最后得到整个系统的决策。决策级融合可以有三种形式：决策融合、决策及其可信度融合和概率融合。

决策级融合的优点主要是：

(1) 容错性强，即当某个或某些传感器出现错误时，系统经过适当融合处理，仍能得到正确结果。决策级融合能把某个或某些传感器出现错误的影响减到最低限度。

(2) 通信量小，抗干扰能力强。

(3) 对计算机的要求较低，运算量小，实时性强。

决策级融合的缺点主要是：信息损失大，性能相对较差。

表 5-1 给出了三个融合层次优缺点的比较。

表 5-1　三个融合层次优缺点的比较

对比维度	像素级融合	特征级融合	决策级融合
信息处理量	最大	中等	最小
信息损失量	最小	中等	最大
抗干扰性能	最差	中等	最好
容错性能	最差	中等	最好
算法难度	最难	中等	最易
融合前处理	最小	中等	最大
融合性能	最好	中等	最差
对传感器的依赖程度	最大	中等	最小

2. 数据融合技术

数据融合采用的主要技术有以下几种。

1) 经典推理和统计方法

经典推理和统计方法是在已知先验概率的情况下，求所观察事件的概率。它是建立在牢固的数学基础之上的，但其存在严重不足：

(1) 先验概率往往是不确知的。

(2) 在一个时刻只有估值二值(H_0 和 H_1)假设的能力。

(3) 对多变量情况，复杂性成指数增加。

(4) 不存在先验似然估计的优点。

2) 贝叶斯推理技术

贝叶斯推理解决了部分经典推理中的问题，但问题在于：

(1) 定义先验似然函数困难。

(2) 在存在多个潜在假设和多个条件独立事件时，比较复杂。

(3) 要求有些假设是互斥的。

(4) 缺乏通用不确定性能力。

3) 模糊集理论

模糊集理论用广义集合论，在指定集合中确定实体的数目，广泛地应用于决策分析，包括不确定事件的决策分析中。模糊集理论在多传感器数据关联、目标跟踪、态势评估和威胁评估等领域中，有着非常好的应用前景。

4) 聚类分析

聚类分析是一种用途广泛的算法，在多传感器数据融合领域，它主要用于数据关联和身份融合等方面。聚类分析在指纹和广义观察数据分析方面，也有着非常广泛的应用。

5) 估值理论

估值理论的应用范围非常广泛，包括雷达、通信、导航、电子战和工业控制等。它所采用的技术比较娴熟，包括最大似然估计、α-β 滤波、卡尔曼滤波、加权最小二乘和贝叶斯估计，在已知噪声的情况下，可获得最优估计。

6) 熵法

熵法主要用于计算与假设有关的信息度量，主观和经验概率估计等。

7) 品质因数技术

品质因数技术用于计算两个客体之间的近似度，其计算简单。

8) 专家系统或人工智能技术

专家系统在数据融合领域有着广泛的应用，其中主要是黑板系统。

9) 人工神经元网络技术

人工神经元网络技术主要用于识别与分类。

10) 分布式和并行处理技术

这里主要指处理结构。处理结构有很多种，包括串行结构、并行结构、混合结构；有的有反馈，有的没反馈。并行结构可能有更高的处理速度。

5.2.3　数据融合的主要内容

1. 多传感器数据融合系统结构

众所周知，对数据融合系统来说，它的结构不同，可能导致其有不同的系统性能。从目标跟踪的角度来说，多传感器融合系统的结构通常分为四种，即集中式融合系统、分布式无反馈融合系统、分布式有反馈融合系统和并行分布式有反馈融合系统，如图 5-4 所示。

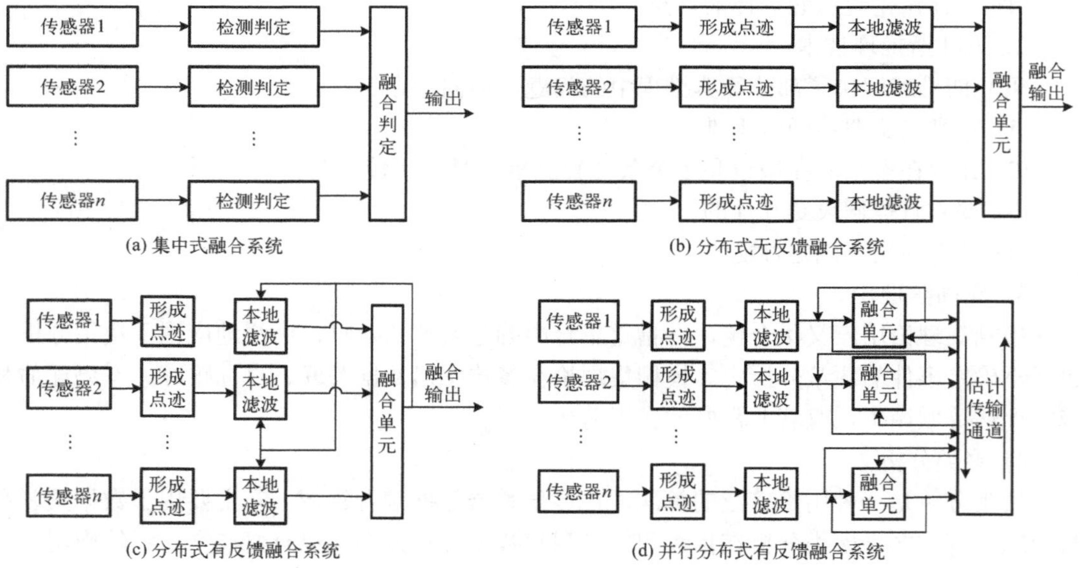

图 5-4　多传感器融合系统

图 5-4(a)所示为集中式融合系统。集中式融合系统可利用所有传感器的全部信息进行状态估计、速度估计和预测值计算。其主要的优点是利用了全部信息，系统的信息损失小，性能好，目标的状态，速度的估计是最佳估计。但把所有的原始信息全部送给处理中心，

通信开销太大，融合中心的计算机的存储容量要大。它的主要缺点是对计算机要求高，一级数据关联困难。

图 5-4(b)所示为无反馈的分布式结构，它的每个传感器都要进行滤波，这种滤波通常称为局部滤波。送给融合中心的数据是当前的状态估计，融合中心利用各个传感器所提供的局部估计进行融合，最后给出融合结果，即全局估计。分布式融合系统所要求的通信开销小，融合中心计算机所需的存储容量小，且其融合速度快，但其性能不如集中式融合系统。目前，许多雷达均具有检测录取能力甚至数据处理能力，故多雷达信息系统多采用分布式。

图 5-4(c)和图 5-4(d)相似，只是有融合中心到每个传感器有一个反馈通道，显然，这有助于提高各个传感器状态估计和预测的精度。当然，与图 5-4(b)相比，它增加了通信量。需要指出的是，在考虑其算法时，要注意参与计算的量之间的相关性。

图 5-4(d)所示的是一种全并行的、有反馈的融合结构。通过传送通道，每个传感器都存取其他传感器的当前估计，这样一来，每个传感器都独立地完成全部运算任务。因为他们不仅有局部融合单元，而且有全局融合单元，因此，这种结构的融合系统是最复杂的融合系统，但它也是一种非常有潜力的融合系统。实际上，这种结构方式，还可以进行扩展，即把每个传感器扩展成一个包含多个传感器的平台。

2. 数据关联

多传感器数据融合的关键技术之一是多源数据关联(Data Association，DA)问题，它也是多传感器数据融合的核心部分。所谓数据关联，就是把来自一个或多个传感器的观测或点迹 $Y_i(i=1,2,\cdots,N)$与 j 个已知或已经确认的事件归并到一起，使它们分别属于 j 个事件的集合，即保证每个事件集合所包含的观测来自同一个实体的概率较大。具体地说，就是要把每批目标的点迹与数据库中各自的航迹配对。因为空间的目标很多，不能将它们配错。

数据关联包括点迹与航迹的关联和航迹与航迹的关联，它们是按照一定的关联度量标准进行的。

3. 状态估计

状态估计在这里主要指对目标的位置和速度的估计。位置估计包括距离、方位和高度或仰角的估计，速度估计除速度之外，还有加速度估计。要完成上述估计，在多目标的情况下，首先必须实现对目标的滤波、跟踪，形成航迹。跟踪要考虑跟踪算法、航迹的起始、航迹的确认、航迹的维持、航迹的撤销。在状态估计方面，用得最多的是 α-β 滤波、α-β-γ 滤波和卡尔曼滤波等。这些方法都是针对匀速或匀加速目标提出来的，一旦目标的真实运动与所采用的目标模型不一致时，滤波器将会发散。状态估计中的难点在于对机动目标的跟踪，后来提出的自适应 α-β 滤波和自适应卡尔曼滤波均改善了对机动目标的跟踪能力。扩展卡尔曼滤波是针对卡尔曼滤波在笛卡儿坐标系中才能使用的局限而提出来的，因为很多传感器，包括雷达，给出的数据都是极坐标数据。当然，多模型跟踪法也是改善机动目标跟踪管理的一种有效的方法。

4. 身份估计

身份估计就是要利用多传感器信息，通过某些算法，实现对目标的分类和识别，最后给出目标的类型，如目标的大小或具体类型等。当然，目前在传感器分辨率较低的情况下，能够给出目标的大小就是可取的。例如，一个小目标，如果有 100m 以下的飞行高度和 3 马赫以上的速度，我们就可以将其判定为巡航导弹。身份估计所涉及的基本理论和方法包括参数模板法、聚类方法、神经网络方法和基于物理模型的各种方法。模式识别理论与方法在多传感器目标身份融合中有广泛的应用。

5. 态势评估与威胁评估

态势评估是对战场上敌、我、友三方战斗力分配情况的综合评价过程，它是信息融合和军事自动化指挥系统的重要组成部分。作为战场信息提取和处理的最高形式，态势评估和威胁评估是指挥员了解战场上敌我双方兵力对比及部署、武器配备、战场环境、后勤保证及其变化、敌方对我方威胁程度和等级的重要手段，是指挥员作战决策的主要信息源。

态势提取、态势分析和态势预测是态势估计的主要内容。

威胁评估是在态势评估的基础上，综合敌方的破坏力、机动能力、运动模式以及行为企图的先验知识，得到敌方的战术含义，估计出作战事件出现的程度或严重性，并对敌作战意图做出指示与警告，其重点是定量地表示出敌方作战能力和对我方的威胁程度。威胁评估也是一个多层视图的处理过程，包括对我方薄弱环节的估计等。

6. 辅助决策

辅助决策包括给出决策建议供指挥员参考和对战斗结果进行预测。

辅助决策属于多目标决策，一般不存在最优解，只能得到近忧解。

7. 传感器管理

一个完整的数据融合系统还应包括传感器管理系统，以科学地分配能量和传感器工作任务，包括分配时间、空间和频谱等，使整个系统的效能更高。

5.2.4 多传感器数据关联时的数据准备

多源数据关联是多传感器数据融合的关键技术之一，也是多传感器数据融合的核心部分。而在数据关联之前，为提高数据融合的精度，需要对多源信息数据进行数据关联之前的数据准备工作，主要包括数据的预处理、修正系统误差、坐标变换、时间同步、量纲对准等。

1. 对雷达信号处理的要求

在现代雷达的设计中，要求雷达系统尽量采用各种新的信号处理技术，如 MTI、AMTI、MTD、CFAR、视频积累和旁瓣对消等，尽可能地消除或减少各类雷达杂波，包括地杂波、海杂波、气象杂波和人为干扰，使由相消剩余或干扰产生的假点迹降到最低限度。这样，不仅可以减少数据处理计算机的负担，而且可以提高数据处理系统的性能。当然，在考虑组网雷达的种类时，应尽量采用不同体制的高性能相干雷达。

2. 预处理

在二次处理之前，对一次处理给出的点迹要做进一步的处理，即预处理，以提高信号的质量，其中主要包括点迹过滤、点迹合并和去野值。

1) 点迹过滤

尽管是现代雷达系统，除了有用的目标回波之外，还包含有大量的固定目标回波和慢速目标回波，即使采用高性能的数字目标显示系统，也会由于天线扫描调制、视频量化误差及系统不稳定等因素的存在，使其输出存在大量的杂波剩余。加之目前采用的 MTI 系统，往往只对消有限的距离范围，而不采用全程对消，以减小信号损失，因此对消范围以外的云雨杂波、海岛回波等仍能形成大面积的杂波回波。在系统脉冲数较少、给定的虚警数较大时，噪声和干扰也可能产生假目标，这就使检测系统所给出的点迹中，不仅包含运动目标点迹，而且包含大量的固定目标点迹和假目标点迹，我们称后者为孤立点迹。点迹的多少不仅取决于空中运动目标的多少，而且取决于雷达所处的地理环境、气象条件、MTI 的性能和对消范围的大小。这么多的杂波剩余进入数据处理计算机，增加了计算机负担，甚至可能导致计算机过载。因此，在对一次处理给出的点迹进行二次处理之前，必须进行再加工或过滤，争取将非目标点迹减至最少，这就是所谓的“点迹过滤”。点迹过滤可消除大部分由杂波剩余或干扰产生的假点迹或孤立点迹，除了减轻计算机负担和防止计算机饱和之外，还可改善数据融合系统的状态估计精度，提高系统性能。

点迹过滤的基本依据就是运动目标和固定目标跨周期的相关特性不同。利用一定的判定准则判定点迹的跨周期特性，就可区别运动目标和固定目标。特别需要强调的是，这里所说的跨周期是指扫描到扫描的周期，而不是脉冲到脉冲的周期。点迹过滤的基本原理如下：

通过一个大容量的存储器，保留雷达天线扫描 5 圈的信息，它是以坐标代码的形式存储在存储器中的。当新的一圈数据到来时，每个点迹都跟存储器中的前 5 圈的各个点迹按照由老到新的次序进行逐个比较。这里根据目标运动速度等因素设置了两个窗口，一个大窗口和一个小窗口，并设置了 6 个标志位 P_1～P_5 和 GF。新来的点迹首先跟第 1 圈的各个点迹进行比较，比较结果如果第 1 圈的点迹中至少有一个点迹与新点迹之差在小窗口内，那么相应的标志位置成 1($P_1 = 1$)，否则为 0($P_1 = 0$)；然后新点迹再跟第 2 圈的各个点迹进行比较，同样，只要第 2 圈的各个点迹至少有一个点迹与新点迹之差在小窗口内，再把相应的标志位置成 1($P_2 = 1$)，否则置成 0($P_2 = 0$)。依此类推，一直到第 5 圈比完为止。最后再一次把新点迹与第 5 圈的各个点迹进行比较，比较结果如至少有一个两者之差在大窗口内，就将相应的标志位 GF 置成 1，否则为 0。标志位 P_1～P_5 和 GF 根据以上原则产生了一组标志，根据这组标志，我们就可以按照一定的准则统计判定新点迹是属于运动目标、固定目标还是孤立点迹或可疑点迹，并在它的坐标数据中加上相应的标志。判决准则如下。

运动点迹：

$$\overline{(P_5+P_4)}\text{GF}=\overline{P}_5\overline{P}_4\text{GF}=1$$

该式表明，第 4 圈、第 5 圈小窗口没有符合，但在第 5 圈时，在大窗口中有符合，新点迹就判定成运动点迹。

固定点迹：

$$(P_5+P_4)(P_1P_2+P_1P_3+P_2P_3)=1$$

该式表明，如果在第 4 圈、第 5 圈小窗口至少有一次符合，同时第 1、2、3 圈小窗口至少有两次符合，则新点迹就判定为固定点迹。

孤立点迹：

$$\overline{(P_5+P_4)\text{GF}}=\overline{P}_5\overline{P}_4\overline{\text{GF}}=1$$

该式表明，如果第 4 圈、第 5 圈小窗口没有符合，第 5 圈大窗口也没有符合，则说明它是孤立点迹。

可疑点迹：

凡是不满足上述准则的点迹，统统被认为是可疑点迹，可以将其输出，在数据处理时进一步判断。

从判决准则可以看出，它实际上就是跨周期相关处理。对固定目标来说，如果处于理想的情况下，即不考虑噪声和干扰，不考虑测量误差及信噪比随距离的变化等因素，对每个位置上的固定目标，天线每扫过一次，就应该有一个点迹，即保留的 5 圈标志信息都应该是 1，即 $P_1\times P_2\times P_3\times P_4\times P_5=1$。但在考虑了上述因素之后，显然这个条件是太苛刻了，因此必须把条件放宽。

2) 点迹合并

在信号检测的过程中，由于要对所观察的距离范围进行距离分割，即将雷达的观测范围分成若干距离门或距离单元，已实现全程检测。这些距离门对雷达来说是相对固定的，如果目标运动到两个距离门的分界线处，就有可能在同一方位上相邻的两个距离门同时检测到目标。如果雷达的距离分辨率很高，其距离门的尺寸必然很小，目标的电尺寸若很大，就有可能同时在同一方位上的相邻几个距离门内被检测到，这种现象被称为目标分裂。在方位上也存在目标分裂的问题，这是在信噪比较小时，信号检测器所采用的检测准则不合适所造成的，将一个目标判定成两个目标。鉴于上述情况，在信号处理时就必须将它们合并成一个目标，这可通过在距离和方位上设置一个二维门的方法获得解决。二维门的大小与距离门尺寸、检测准则、脉冲回波数和目标的尺寸有关。

3) 去野值

在数据处理之前，还应该做的一项工作，便是去野值，去掉那些在录取、传输的过程中，由于受到干扰等原因所产生的一些不合理或具有粗大误差的数据。通常这些数据被称作野值。

3. 修正系统误差

当雷达对目标坐标参数进行测量时，在所测得的参数数据中包含两种误差。一种是随机误差，每次测量时，它都可能是不同的，这个误差是无法修正的；另一种是固定误差，即我们所说的系统误差，它不随测量次数的变化而变化，因此通过校正是可以消除的，其中包括：

(1) 雷达站的站位误差，即雷达所在位置的经纬度误差。

(2) 雷达所给出的目标坐标的误差，即测量误差中的固定误差部分，包括：雷达天线波束的指向偏差或雷达天线的电轴和机械轴不重合所产生的偏差；距离测量中的零点偏差；高度计零点偏差。

(3) 方法误差是指由于采用某种信息处理方法而产生的误差，如在进行方位测量时，采用方位起始和方位终了之后计算方位中心所产生的滞后误差等。

需要说明的是，系统误差尽管是固定误差，通过校准是完全可以消除的，如果不予以重视，可能会产生不堪设想的后果。

4. 坐标变换或空间对准

对处于不同地点的各个雷达站送来的点迹进行数据关联，必须对坐标系进行统一，即把它们都转换到信息处理中心或指挥中心的公共坐标系上来。

通常，信息处理中心采用笛卡儿坐标系，即直角坐标系，对两坐标雷达为 x、y 坐标，多三坐标雷达为 x、y、z 坐标。但雷达和多数据传感器所给出的坐标数据是以极坐标的形式给出的，即给出的是目标的斜距 r、方位角 θ 和仰角 φ。在进行数据处理时，需要将其变成直角坐标的形式。假定以 r、θ 和 φ 分别表示目标的斜距、方位角和仰角，则有直角坐标系的三个分量为

$$\begin{cases} x = r\cos\theta\cos\varphi \\ y = r\sin\theta\cos\varphi \\ z = r\sin\varphi \end{cases}$$

这是没有考虑地球曲率的情况下的变换公式。将极坐标数据变换成直角坐标数据是个非线性变换，会引入变换误差，导致了互相观测量噪声的产生。以两坐标雷达为例，其噪声协方差矩阵为

$$\boldsymbol{R}_{xy} = \begin{bmatrix} \delta_x^2 & \delta_{xy}^2 \\ \delta_{xy}^2 & \delta_y^2 \end{bmatrix}$$

利用一阶展开，得到协方差矩阵中的各元素 δ_x^2 、 δ_y^2 、 δ_{xy}^2 如下：

$$\begin{cases} \delta_x^2 = \delta_r^2\cos^2\theta + r^2\delta_\theta^2\sin^2\theta \\ \delta_y^2 = \delta_r^2\sin^2\theta + r^2\delta_\theta^2\cos^2\theta \\ \delta_{xy}^2 = \dfrac{1}{2}\sin\theta(r^2 - r^2\delta_\theta^2) \end{cases}$$

式中， δ_r^2 为距离测量方程； δ_θ^2 为方位测量方差。在跟踪过程中，利用笛卡儿坐标系时，状体方程是线性的，而测量方差是非线性的；利用极坐标系时，状态方程是非线性的，而

测量方程是线性的。这就意味着，在利用笛卡儿坐标系进行跟踪时，存在着允许利用线性目标动态模型进行外推滤波的优点。

5. 时间同步或对准

多雷达或多传感器工作时，在时间上是不同步的，主要是由以下几方面的原因造成的：每部雷达或传感器的开机时间是不一样的；它们可能有不同的脉冲重复周期或扫描周期，即有不同的采样率；在扫描过程中，来自不同雷达或传感器的观测数据通常不是在同一时刻得到的，存在着观测数据的时间差。这样在融合之前必须将这些观测数据进行同步，或者称为时间对准，即统一"时间基准"。通常，利用一个雷达或传感器的时间作为公共处理时间，把来自其他雷达或传感器的时间都统一到该传感器的时间上。假定，我们想把第 k 个传感器在时间 t_j 的观测状态数据同步到某个公共处理时间 t_i 上有

$$Z_k(t_i)=Z_k(t_j)+V(t_i-t_j)$$

式中，V 为目标运动速度，可从所用的 α-β 滤波器或卡尔曼滤波器在初始化过程中得到；$Z_k(t_j)$ 为在时间 t_j 来自传感器 k 的观测状态数据；$V(t_i-t_j)$ 为修正项。

该式的意义是将第 k 个传感器在时间 t_j 的状态数据同步到公共处理时间 t_i 上来。

6. 量纲对准

量纲对准就是把各个雷达站送来的各个点迹数据中的参数量纲进行统一，以便于后续计算。在历史上，曾有因为量纲不统一而造成宇宙飞船在火星登录失败的记录。

5.2.5　多传感器数据关联

当单传感器提供动态目标的时间采样信息或多传感器提供同一目标的独立测量时，需要融合多组测量数据，导出目标位置或运动状态信息。数据关联是建立单一的传感器测量与以前其他测量数据的关系，以确定它们是否有一个公共源的处理过程。由于这些测量可能涉及不同的坐标系，它们在不同的时间观察不同的源，即在时间上不同步，并且可能有不同的空间分辨率，因此，关联处理必须建立每个测量与大量的可能数据集合的关系，每个数据集合表示一个说明该观测源的假设，它们可能是下列几种之一。

(1) 对前面已检测到的每一个目标都有一个集合，当前一个单一目标测量与其中之一有同一个源。

(2) 新目标集合，表示该目标是真实的，并且以前没有该目标的测量。

(3) 虚警集合，表示该测量是不真实的，它们可能是由噪声、干扰或杂波剩余产生的，在某些条件下可以将它们消除掉。

1. 数据关联过程

数据关联过程总结起来包括三部分内容：首先将传感器送过来的观测-点迹进行门限过滤，利用先验统计知识过滤掉那些门限以外的所不希望的观测-点迹，包括其他目标形成的真点迹和噪声、干扰形成的假点迹，限制那些不可能的观测-航迹对的形成，在该关联门的

输出形成可行或有效点迹——航迹对，然后形成关联矩阵，用以度量各个点迹与该航迹接近的程度，最后将最接近预测位置的点迹按赋值策略将它们分别赋予相对应的航迹。一般数据关联过程如图 5-5 所示。

图 5-5　一般数据关联过程

1) 门限过滤

数据关联利用的是多部雷达不同扫描周期送来的数据或点迹。可以想象，在整个雷达网所覆盖的空域中，可能有许多批目标，如几百批，甚至上千批，那么在指挥中心数据库中也必然有许多相应的航迹与其对应；再考虑到各雷达站天线扫描范围要有较多的覆盖，每部雷达就会将更多的点迹送到指挥中心，不仅包括各个雷达本身覆盖范围内的目标点迹，还包括重复的，即其他雷达也发现了的点迹；各部雷达给出的点迹中，还包括由干扰和相消剩余所产生的假点迹。面对这样大量的数据，不可能把每个点迹与数据库中的每条航迹都进行一一比较、判断，看看某个点迹是不是数据库中某条航迹的延续点迹，实际上这是没有必要的，因为同一条航迹中相邻的两个点迹是有相关性的。如果前一个点迹确能代表目标的真实位置，那么第 2 个点迹在天线一个扫描周期内，考虑到目标的最大运动速度、机动变化情况和雷达的各种测量误差，目标不会跑出某个范围。如果根据这个范围在指挥中心针对两坐标或三坐标雷达设立一个二维或三维窗口，就会把其他航迹所对应的点迹及由干扰或相消剩余所产生的假点迹拒之门外了。当然，每一条航迹都必须有这样的一个窗口，这种窗口称为关联门。在雷达数据处理中采用关联门来限制非处理航迹和杂波数目的技术，就是我们所说的门限滤除技术，把它与滤波、跟踪结合起来，也将其称为波门跟踪技术，关联门内的点迹称为有效点迹。显然，门限的大小会直接对关联产生重大影响。门限小了，套不住可能的目标；门限大了，又起不到抑制其他目标和干扰的作用。通常都是以外推坐标数据作为波门中心，使相邻延续点迹以较大的概率落入关联门为原则来设立关联门的。实际上，由于关联门限制了由噪声、干扰或杂波剩余产生的假点迹，以及由固定目标产生的孤立点迹，有利于提高系统的正确关联概率和减小运算量，不仅提高了关联质量，同时也提高了系统的关联速度。目前采用的关联门有多种类型，如图 5-6 所示。

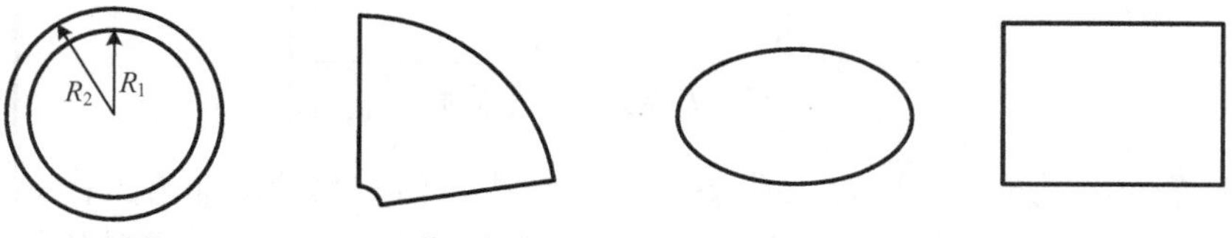

(a) 环形　(b) 截尾扇形　(c) 椭圆形　(d) 矩形

图 5-6　几种二维波门形状

下面简单介绍两种关联门。

2) 矩形关联门

最简单的关联门是一个矩形门。如果由传感器送来的观测 i 与已经建立的航迹 j 满足下式，则该观测就可以与该航迹关联：

$$\left|\tilde{Z}_{ij,l}\right| = \left|Z_{j,l} - \hat{Z}_{i,l}\right| \leqslant K_{G,l}\sigma_r$$

式中，$l \in M$, M 是波门的维数；$Z_{j,l}$ 是当前的观测-点迹；$\hat{Z}_{i,l}$ 是前一采样周期的预测值；$\tilde{Z}_{ij,l}$ 是残差；σ_r 是残差的标准偏差；$K_{G,l}$ 是门限常数，$K_{G,l}$ 取决于观测密度、检测概率和状态矢量的维数。σ_r 与测量数据的误差与 Kalman 滤波器的预测协方差矩阵有关：

$$\sigma_r = \sqrt{\sigma^2 + \sigma_p^2}$$

式中，σ 是测量的标准差，σ_p 是由卡尔曼滤波器得到的预测标准差。

如果假设的高斯误差模型与残差误差相互独立，则正确观测落入关联门内的概率为

$$P_G = [1 - P(|t_1| \geqslant K_{G,1})][1 - P(|t_2| \geqslant K_{G,2})]\cdots[1 - P(|t_l| \geqslant K_{G,M})]$$

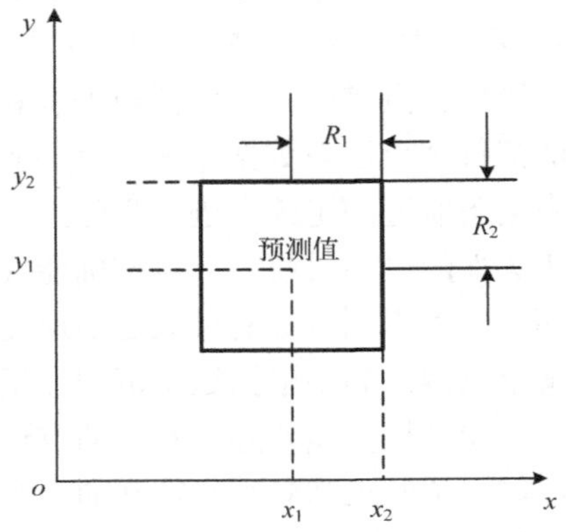

图 5-7　矩形关联门示意图

式中，$P(|t_l| \geqslant K_{G,l})$ 是标准正态随机变量超过门限 $K_{G,l}$ 的概率。如果对所有的测量维数 M，门限尺寸相同，即 $K_{G,l} = K_G$，则上式可简化为

$$P_G = [1 - P(|t| \geqslant K_G)]^M \approx 1 - MP(|t| \geqslant K_G)$$

这样，再给定正确观测的落入概率，就可通过查表的方法得到门限值。矩形关联门如图 5-7 所示。

3) 椭圆关联门

与矩形关联门不同，椭圆门是由残差矢量的范数表示的。如果残差矢量的范数满足下式，就可以说，观测落入关联门之内。

$$d^2 = (z - \hat{z})^T S^{-1}(z - \hat{z}) \leqslant G$$

式中，G 为关联门常数；S 为残差协方差矩阵。椭圆门由两种方法来确定关联门限，一种是最大似然法，另一种是 χ^2 分布法。

(1) 最大似然法。

用最大似然法确定的门限是最佳门限，门限常数 G_0 是检测概率 P_d、观测维数 M、新目标密度 β_N、假目标密度 β_F 和残差协方差矩阵 $\boldsymbol{S}$ 的函数，由下式给出：

$$G_0 = 2\ln\left[\frac{P_d}{(1 - P_d)(\beta_N + \beta_F)2\pi^{M/2}\sqrt{|S|}}\right]$$

由式可以看出，如果 P_d 很大，或 $(\beta_N + \beta_F)$ 很小，门的尺寸就非常大；如果残差误差增加或 P_d 很小，门的尺寸也随着减小。这说明，这种方法的门限实际上是随外界环境的变化而变化的，是一种自适应门限。

(2) χ^2 分布法。

第 2 种方法是根据 χ^2 分布来确定常数 G 的。因为 d^2 是 M 个独立高斯分布随机变量的平方和，它服从自由度为 M 的 χ^2 概率分布，M 是观测的维数。设 P_G 是正确观测落入关联门之内的概率值，则

$$P\{d^2 > G\} = 1 - P_G$$

它可以根据标准 χ^2 分布表查出门限值。与最大似然法相比，它缺乏自适应性。图 5-8 所示为椭圆门示意图。椭圆关联门的性能明显地好于标准矩形关联门。

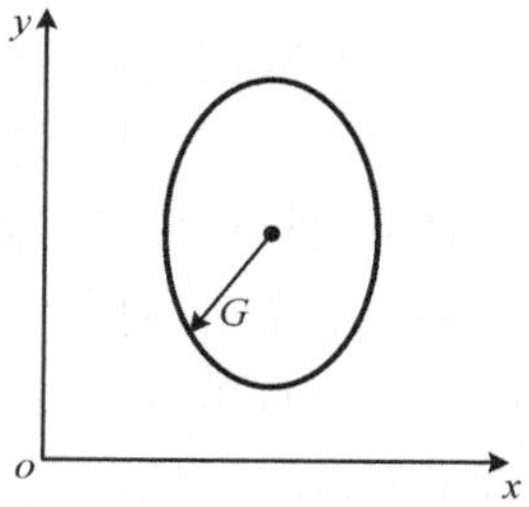

图 5-8　椭圆关联门示意图

(1) 关联矩阵。

关联矩阵表示两个实体之间相似性程度的度量，对每一个可行观测-航迹都必须计算关联矩阵。

(2) 数据关联度量标准。

为了进行观测-观测对和观测-航迹对之间的相似性的定量描述，必须定义度量标准。这种标准提供观测对相似与否的定量描述。这里给出四种准则以确定相似性度量是否为真的度量标准。

①对称性。

给出两个实体 a 和 b，它们之间距离 d 满足

$$d(a,b) = d(b,a) \geqslant 0$$

即两个观测间的距离大于或等于 0，并且不管从 a 到 b 测量还是 b 到 a 测量，其距离相等。

②三角不等式。

给出三个实体 a、b 和 c，它们之间的距离满足度量标准不等式，即三角形任一边小于另两边之和。

$$d(a,b) \leqslant d(a,c) + d(b,c)$$

③非恒等识别性。

给出两个实体 a 和 b，若

$$d(a,b) \neq 0\text{，则 } a \neq b$$

即若 a 与 b 之间的距离不等于零，即 a 与 b 不同，即为不同的实体。

④恒等识别性。

对于两个相同的实体 a_1 和 a_2，有

$$d(a_1, a_2) = 0$$

即两个相同实体间的距离等于零。换句话说，两个距离等于零的实体，实际上是同一个实体。

在确定的意义下，对一个关联度量必须满足这些原则。这些原则的重要性在于它们能够导出关联度量标准的性质和关系。

(3) 数据关联的逻辑原则。

逻辑关联的基本逻辑原则如下：

①在单目标的情况下，如果已经建立了航迹，在当前扫描周期，在关联门内只存在一个点迹，则该点迹是航迹唯一的最佳配对点迹。

②在单部雷达的情况下，不管空间有多少目标，在关联门内，如果只有一个点迹，则该点迹是已建立航迹的唯一配对点迹；如果有三个关联门，每个关联门内均只有一个点迹，自然每个点迹就是对应航迹的配对点迹。

③对单部雷达来说，在一个扫描周期总是来自同一部雷达的多个数据或点迹，应属于多个目标的数据或点迹，这些数据或点迹是不能关联的，因为雷达正常工作时，在一个扫描周期中，一个目标只能有一个点迹，而不可能有两个或两个以上的回波数据或点迹，关联是对不同扫描周期的点迹而言的。

④在单个目标情况下，多部雷达工作时，在关联门内，每部雷达报来一个数据或点迹，则认为这些数据或点迹属于同一个目标，因为相邻近的可分辨的两个目标，不可能其中一个被某部雷达发现，而另一个被另一部雷达发现。

⑤多部雷达工作时，在关联门内，每部雷达都报来相同数目的观测数据或点迹，这一数量将被认为是目标的数量，当然，这是在多部雷达有共同覆盖区域的情况下的结果。由于每部雷达距目标的距离有远近之分，也不排除远距离信噪比小的雷达漏检一个点迹，而近距离信噪比大的雷达由于杂波或干扰的影响而多了一个点迹，因为点迹是以概率出现的。

⑥在多部一次雷达都配有二次雷达一起工作时，二次雷达的每个回答数据中都包含有目标的编号信息，则可利用每部雷达的编号信息进行多雷达数据关联，使数据关联问题得到简化。

⑦在多雷达工作的情况下，只有一个点迹存在，并在几条航迹同时相关，则该点迹应同时属于这几条航迹，这可能是由于航迹交叉等原因造成的。

⑧一个点迹智能与数据关联领域的航迹进行关联，不管是否关联上，不能再与其他航迹进行关联。

需要强调的是，在多雷达工作时，必须有公共覆盖区域，否则谈不上多传感器数据的关联和融合。

(4) 相似性度量方法。

目前，用于衡量两个实体相似程度的方法有相关系数法、距离度量法、关联系数法、概率相似法和概率度量法等。相似性度量的选择取决于具体应用。

①相关系数。

已知两个观测矢量 $\boldsymbol{x}$ 和 $\boldsymbol{y}$，其维数为 M，两个矢量之间的相关系数定义为

$$r_{xy}=\frac{\sum_{i=1}^{M}(\boldsymbol{x}_i-\overline{\boldsymbol{x}})(\boldsymbol{y}_i-\overline{\boldsymbol{y}})}{\sqrt{\sum_{i=1}^{M}(\boldsymbol{x}_i-\overline{\boldsymbol{x}})^2(\boldsymbol{y}_i-\overline{\boldsymbol{y}})^2}}$$

式中，$\boldsymbol{x}_i$、$\boldsymbol{y}_i$ 是第 i 个观测，$\overline{\boldsymbol{x}}$、$\overline{\boldsymbol{y}}$ 是观测矢量中所有观测的平均值，$-1\leqslant r_{xy}\leqslant 1$。

相关系数描述的是几何距离，它可以用于任何类型的数据，但它对观测幅度的差值不太敏感。高度相关的矢量是一条直线，相关性差的矢量在空间的离散度较大。尽管相关系数不是一个真实的矩阵，但已经证明，它在广泛应用中是有效的。

②距离度量。

距离度量是一种最简单、应用最广泛的关联度量方法。与相关系数不同，距离度量是一个真实的矩阵，对观测幅度之间的差值敏感，它不存在上限。距离度量通常用来定量地

描述观测-观测对或观测-航迹对之间的相似性。距离度量是真实的度量标准，并且只用于连续变量的情况。

距离度量有很多表示方法，用得最广泛的是加权欧氏距离：

$$d_{ij}^2 = \tilde{y}_{ij}\boldsymbol{S}^{-1}\tilde{y}_{ij}^T$$

式中，$\tilde{y}_{ij}$ 可以看作两个实体 i、j 的距离，也可以看作是残差；$\boldsymbol{S}^{-1}$ 是加权矩阵，这里表示残差协方差矩阵的逆矩阵。距离度量被广泛用于多传感器数据融合。

由于距离度量具有明显的几何解释，因此它具有通俗性和直觉效果。在位置数据融合中，经常采用这种方法。但这种方法也存在一些问题，最重要的是具有大尺度差和标准差变量可能会湮没其他具有小尺寸差和标准差变量的影响。

③关联系数。

关联系数建立的是二进制变量矢量之间的相似性度量。首先形成两个矢量之间的关联表。典型的关联表如表 5-2 所示。

表 5-2　关联表

二进制矢量 $\boldsymbol{x}/\boldsymbol{y}$	1	0
1	a	b
0	c	d

表 5-2 中，1 表示变量存在，0 表示变量不存在；标量 a 表示在 $\boldsymbol{x}$ 和 $\boldsymbol{y}$ 中都存在的特征的数目；标量 b 表示在 $\boldsymbol{x}$ 中存在，在 $\boldsymbol{y}$ 中不存在的特征的数目；标量 c 表示在 $\boldsymbol{x}$ 中不存在，在 $\boldsymbol{y}$ 中存在的特征的数目；标量 d 表示在 $\boldsymbol{x}$ 和 $\boldsymbol{y}$ 中都不存在的特征的数目。关联系数可以定义为

$$S_{xy} = \frac{a+d}{a+b+c+d}$$

S_{xy} 的范围为 0～1，$S_{xy}=1$ 表示完全相似，$S_{xy}=0$ 表示完全不相似。实际上，关联系数有很多定义，此处不再赘述。

④赋值策略

观测和航迹真正的关联是由赋值策略决定的，在构造了所有观测和所有航迹的关联矩阵之后，就可以做这项工作了。关联矩阵中的每个元素都可通过选择前面叙述的某种相似性度量方法来决定。

表 5-3 给出了一个有三个目标和四个观测的例子。其中，列表示港机，行表示观测。

表 5-3　三个目标、四个观测情况的赋值矩阵

目标	观测			
	Y1	Y2	Y3	Y4
目标 1	$d11$	$d12$	$d13$	$d14$
目标 2	$d21$	$d22$	$d23$	$d24$
目标 3	$d31$	$d32$	$d33$	$d34$

表 5-4 表示应用矩形关联门之后的关联矩阵，其中具体数值是用欧氏距离的方法产生的。

表 5-4　具体赋值矩阵

目标	观测			
	Y1	Y2	Y3	Y4
目标 1	5	—	4	—
目标 2	9	7	—	—
目标 3	—	6	5	—

赋值问题，原则上可以分成两大类，即基于算法和非算法两类。基于算法类包括最邻近、全邻近技术等；基于非算法类包括神经网络和模糊逻辑技术等。这里，我们只考虑两种选择。

一种是采用总距离之和最小准则，其解释此类问题的最佳解；另一种是采用距离度量最小准则，它的解是准最佳的。选择最佳解的主要缺点是当前目标和观测的数目都比较大时，计算机开销太大，因此一般选择距离度量最小准则。本例中采用的是距离度量最小准则。结果是将观测 3 赋给了目标 1，观测 2 赋给了目标 3，观测 1 赋给了目标 2。按此比例分配结果，总距离之和是 19。如果采用总距离之和最小准则，分配方案是：观测 1 分配给目标 1，观测 2 分配给目标 2，观测 3 分配给目标 3，总距离之和为 17，即每个观测到目标 $i(i = 1, 2, 3)$的距离之和。总赋值矩阵可以看出，该例是一种比较复杂的情况，其中三个观测都同时落入两个关联门之内，只有观测 4 落入了三个关联门之外。

2. 数据关联的一般步骤

根据数据关联过程，结合前面的内容，我们归纳出用于确定观测-观测对或观测-航迹对之间进行数据关联处理的 6 个步骤，如图 5-9 所示。

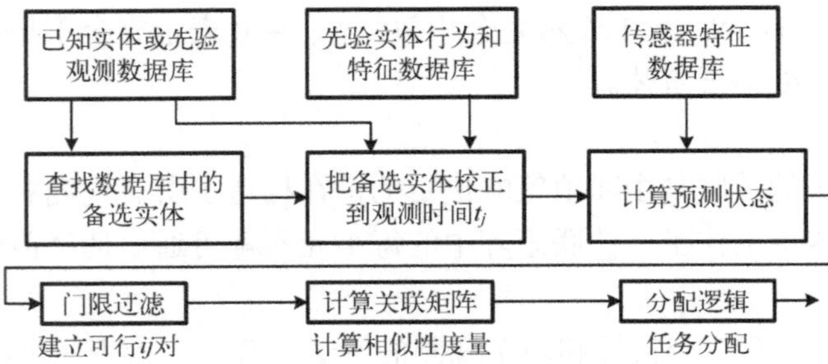

图 5-9　数据关联具体步骤

1) 查找数据库中的备选实体

有了当前的备选观测之后，首先从数据库中找出前一采样周期的观测 $z_j(t_j)$ 和表示当时实体状态估计的状态向量 $\hat{x}_j(t_j)$，它们表示实体的位置、速度或身份的估计，为后续处理做准备。数据库中存有前面已经有的观测和状态向量，或者说存储有各种目标的历史记录。

2) 把备选实体校正到观测时间 t_i

对于动态实体，数据关联的第 2 步就是将备选实体的状态向量校正到观测时间 t_i 。这样，就需要对每个备选实体通过解运动方程确定在时刻 t_i 的状态 x 的预测值。明确地说，

$$x(t_i) = \boldsymbol{\varphi}(t_i, t_j) x(t_j) + n$$

式中，$\boldsymbol{\varphi}(t_i, t_j)$ 为将状态由时刻 t_j 变换到时刻 t_i 的变换矩阵，

$$\boldsymbol{\varphi}_{ij} = \left| \frac{\partial x(t_i)}{\partial x(t_j)} \right|$$

其分量是在时刻 t_i 的状态向量元素对在时刻 t_j 的状态向量元素的偏导数；n 为未知噪声，通常是具有零均值的高斯噪声。

3) 计算每个备选实体航迹的预测位置

通过观测方程预测每个备选实体的预测位置，即

$$x_j(t_i + 1) = g[x_j(t_i)] + m$$

式中，函数 g 表示实体 j 通过时刻 t_i 的状态向量 $x_j(t_i)$ 预测该实体在时刻 t_{i+1} 时刻的状态所需的变换；m 为观测噪声，通常是零均值分布的高斯噪声。

4) 门限过滤

门限过滤的目的在于通过物理的或统计的方法来滤除关联过程中不太可能的或所不希望的观测-观测对和观测-航迹对，以及噪声和干扰，以减少计算量，防止计算机过载，同时提高关联速度，以便实时处理。

5) 计算关联矩阵

关联矩阵中的元素 S_{ij} 是用来衡量 k 时刻观测 $z_i(k)$ 与预测值 $x_j(k)$ 接近程度或相似程度的一个量。关联过程中，一个经常使用的关联度量是所谓的逆协方差矩阵加权的几何距离

$$S_{ij} = [z_i(k) - x_j(k)]^{\mathrm{T}} [R_i + R_j]^{-1} [z_i(k) - x_j(k)]$$

需要注意的是，$x_j(k)$ 是预测值。

$$v_{ij} = [z_i(k) - x_j(k)]$$

它是残差，或称为新息。

6) 分配准则的实现

最后一步是应用判定逻辑来说明观测 $z_i(k)$ 与某实体或状态向量之间的关系，把当前的测量值分配给某个集合或实体。

3. 数据关联举例

为了更好地说明数据关联的概念和过程，这里给出两个具体的说明性例子。

【例 5-1】 稳定目标观测-观测(或点迹-点迹)的关联。

在图 5-10 中，假设 A_1, A_2 是两个已知实体位置的估计值，均以经纬度表示。在数据获取过程中由测量误差、噪声和认为干扰等不确定因素所产生的误差由误差椭圆来表示。由于假定是稳定目标，不考虑两个实体的可能机动。又假设我们已获得两个实体的三个观测

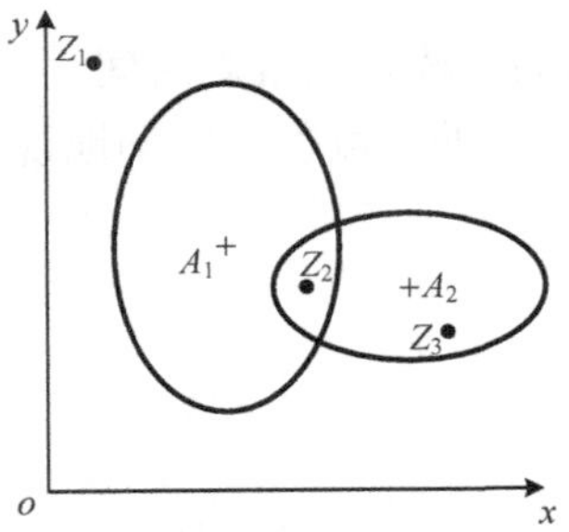

图 5-10 稳定实体与观测的关联

位置 Z_1、Z_2、Z_3，现在讨论三个观测位置 Z_1、Z_2、Z_3 如何与两个已知实体位置 A_1、A_2 进行关联的问题。

由图 5-10 可见，观测 $Z_i(i = 1, 2, 3)$，与实体 $A_j(j = 1, 2)$。关联有三种可能：

观测 Z_i 与实体 A_1 关联；

观测 Z_i 与实体 A_2 关联；

观测 Z_i 与实体 A_j 均不关联，它要么是由新的实体，要么是由干扰或杂波剩余产生的观测。

这里不考虑虚警的影响，并假定实体是稳定的。关联的基本思路如下：

(1) 建立观测 $Z_i(i = 1, 2,\cdots, m)$与实体 $A_j(j = 1, 2,\cdots, m)$的关联矩阵，如表 5-5 所示。

表 5-5 关联矩阵

	A_1	A_2	A_3	…	A_n
Z_1	S_{11}	S_{12}	S_{13}	…	S_{1n}
Z_2	S_{21}	S_{22}	S_{23}	…	S_{2n}
⋮	⋮	⋮	⋮	⋮	⋮
Z_m	S_{m1}	S_{m2}	S_{m3}	…	S_{mn}

在关联矩阵中的每一个观测-实体对(Z_i, A_j)均包含一个关联度量 S_{ij}，它是观测 Z_i 与实体 A_j 接近程度的度量或称相似性度量，它把观测 Z_i 与实体 A_j 按内在规律联系起来，我们把它称为几何向量距离，

$$S_{ij} = \sqrt{(Z_i - A_j)^2}$$

(2) 对每个观测-实体对(Z_i, A_j)，将几何向量距离与一个先验门限γ进行比较，以确定观测 Z_i 与实体 A_j 能否进行关联。如果 $S_{ij} \leqslant \gamma$，则用判定逻辑将观测 Z_i 分配给实体 A_j。没有被关联的观测，则追加逻辑确定另一个假设的正确性，如是新实体或虚警等。

(3) 进行观测与实体的融合处理，改善实体的位置与身份估计精度。

【例 5-2】 运动目标的观测-点迹与航迹关联。

假定实体 A、B 均以匀速进行直线运动，在时刻 t_0 位于用符号“+”表示的位置。首先，根据实体的运动方程将它们均外推到任一时刻 t_1 的位置，这里假定给出三个观测位置。接下来的问题就是确定哪些观测与已知实体航迹进行关联。预测位置等不确定与例 5-1 相同。关联处理如下。

(1) 把实体 A 和 B 在时刻 t_0 的位置均外推到新的观测时间 t_1，即

$$A(t_0) \to A(t_1)$$
$$B(t_0) \to B(t_1)$$

(2) 给出新的观测集合 $Z_j(t_1)$，$j = 1, 2, 3$。

(3) 计算观测 $Z_j(t_1)$与每个已知实体在时间 t_1 的估计位置之间的关联度量 S_{ij}，形成关联矩阵。

(4) 根据 S_{ij} 和门限 γ，确定哪一个观测 $Z_j(t_1)$ 与确定航迹关联。

(5) 确定关联之后，把该观测分配给实体航迹，利用位置估计技术更新实体的估计位置。

除了动态运动方程问题之外，其他问题与例 5-1 相同。图 5-11 所示为其关系示意图。

显然，Z_1 和 Z_3 不与任何实体关联，只有 Z_2 和实体 A 关联。

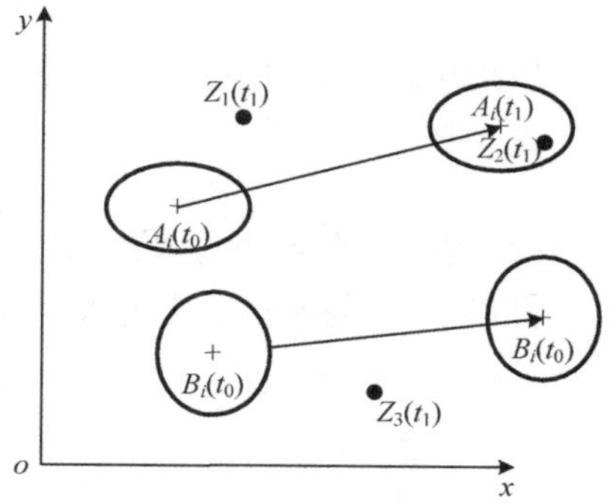

图 5-11　运动目标观测与航迹的关联示意图

多源数据关联问题是多传感器数据融合的关键技术之一，没有数据关联，就谈不上对目标的识别与跟踪。从以上几个例子，可以给数据关联下定义：所谓数据关联就是把来自一个或多个传感器的观测或点迹 $Z_i(i = 1, 2, 3,\cdots, N)$与 j 个已知的或已经确认的时间归并到一起，使它们分别属于 j 个事件的集合，即保证每个事件集合所包含的观测以较大的概率或接近于 1 的概率均来自同一个实体。对没有归并到 j 个事件中的点迹，其中可能包括新的来自目标的点迹或由噪声或杂波剩余产生的点迹，保留到下个时刻继续处理。

5.2.6　典型数据关联方法

1. 最邻近数据关联

到目前为止，已经有很多有效的数据关联算法，其中最邻近数据关联(Nearest Neighbor Data Association，NNDA)算法是提出最早也是最简单的数据关联方法，有时也是最有效的方法之一。它是 1971 年由 Singer 等提出来的。它把落在关联门之内并且与被跟踪目标的预测位置“最邻近”的观测点迹作为关联点迹，这里的“最邻近”一般是指观测点迹在统计意义上离被跟踪目标的预测位置最近。关联门、航迹的最新预测位置、本采样周期的观测点迹及最近观测点迹之间的关系，如图 5-12 所示。假定有一个航迹 I，关联门为一个二维矩形门，其中除了预测位置之外，还包含了三个观测点迹 1、2、3，直观上看，点迹 2 应为“最邻近”点迹。

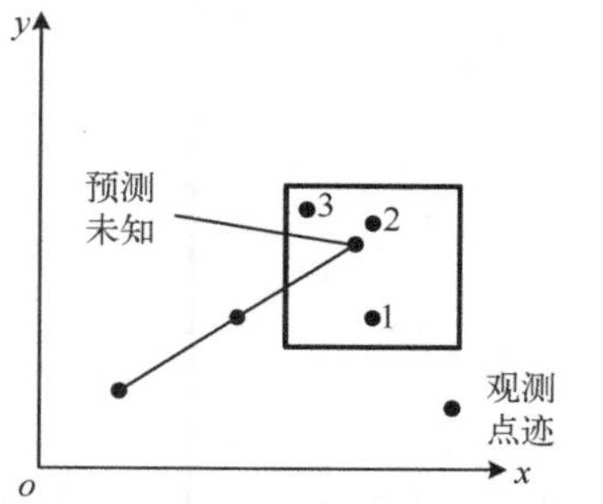

图 5-12　最邻近数据关联示意图

最邻近数据关联主要适用于跟踪空域中存在单目标或目标数较少的情况，或者说只适用于对稀疏目标环境的目标跟踪。

其主要优点：运算量小，易于实现。

其主要缺点：在目标密度较大时，容易跟错目标。

统计距离的定义：假设在第 k 次扫描之前，已建立了 N 条航迹。第 k 次新观测为 $Z_j(k)$，$j = 1, 2,\cdots, N$。在第 i 条航迹的关联门内，观测 j 和航迹 i 的差矢量定义为测量和预测值之间的差，即滤波器残差，

$$e_{ij}(k)=Z_j(k)-H\hat{X}_i(k/k-1)$$

设 $\boldsymbol{S}(k)$ 是 $e_{ij}(k)$ 的协方差矩阵。则统计距离(平方)为

$$d_{ij}^2=e_{ij}(k)S_{ij}^{-1}e_{ij}^T(k)$$

它是判断哪个点迹为“最邻近”点迹的度量标准。

可以证明，这种方法是在最大似然意义下最佳的。假定残差的似然函数为

$$g_{ij}=\frac{\mathrm{e}^{-d_{ij}^2}}{(2\pi)^{\frac{M}{2}}\sqrt{|S_{ij}|}}$$

为了得到残差的似然函数最大，对上式先取对数，然后取导数。就会很容易地看到，其似然函数的最大等效于残差最小。因此，在实际计算时，只需选择最小的残差 $e_{ij}(k)$ 就满足离预测位置最近的条件。但必须指出，按统计距离最近的准则，离预测位置最近的点迹在密集多目标环境中未必是被跟踪目标的最佳配对点迹，这就是此方法容易跟错目标的原因。

2. 全局最邻近数据关联

全局最邻近数据关联方法(又称 JVC)数据关联方法，它在某些重要领域有着广泛的应用。全局最邻近数据关联方法与 NN 方法不同的是，它给出了一个唯一的观测-点迹和航迹对，而通常的最邻近方法，即 NN 方法则是将每个观测-点迹(航迹)与最邻近的航迹(点迹)进行关联。这种全局最邻近数据关联方法寻求的是航迹-点迹之间的总距离最小，用它来表明两者的靠近程度。

假设 $\hat{Z}_{k+1/k}$ 表示预测点迹 Z_{k+1} 的均值，在已知前 k 个观测-点迹的情况下，有

$$\hat{Z}_{k+1/k}=H_{k+1}^T\hat{x}_{k+1/k}\text{，}\quad \hat{x}_{k+1/k}=E\frac{x_{k+1}}{Z_k}$$

进一步假设 $S_{k+1/k}$ 表示关联协方差矩阵：

$$\boldsymbol{S}_{k+1/k}=H_{k+1}^T P_{k+1/k}H_{k+1}+R_{k+1}$$

式中，

$$P_{k+1/k}=E\frac{(x_{k+1}-\hat{x}_{k+1/k})(x_{k+1}-\hat{x}_{k+1/k})^T}{Z_k}$$

如果令 i 表示属于第 i 个航迹的变量，j 表示属于第 j 个观测-点迹的变量，第 j 个观测-点迹的概率分布是高斯的，并有均值为 $\hat{Z}_{k+1/k}^i$，协方差 S_{k+1}^i，则有归一化的残差平方，即两者之间的统计距离

$$d_{ij}^2=(V_{k+1}^{ij})^T(S_{k+1}^i)^{-1}(V_{k+1}^{ij})$$

式中，$V_{k+1}^{ij}=Z_{k+1}^j-\hat{Z}_{k+1/k}^i$ 服从 χ^2 分布，自由度属于观测-点迹的维数。如果令 n 表示观测-点迹数，则 JVC 方法有估计权值 $C_{ij}\,(i, j=1,\cdots,n)$，它反映了所有观测-点迹对之间的概率距离，

$$C_{ij} = P\{\chi^2 > d_{ij}^2\}$$

该权值反映了系统状态估计没有落入关联门的概率。实际上，权值 C_{ij} 就是点迹与航迹不关联的概率，关联门的大小与残差有关。前面已经指出，JVC 方法最大的优点就是它能给出唯一的一个观测-点迹对，它是下面最佳问题的解 $\hat{x}_{ij}$ 。

$$\min\left\{\sum_{i=1}^{n}\sum_{j=1}^{n}C_{ij}x_{ij}\right\}$$

$$\sum_{i=1}^{n}x_{ij}=1\text{，}\ \sum_{j=1}^{n}x_{ij}=1\text{，}\ 0\leqslant x_{ij}\leqslant 1,\forall i,j$$

不难看出方程的解，或者说 x_{ij} 的估计 $\hat{x}_{ij}$ 是唯一的，要么是 1，要么是 0。是 1，意味着只有这一对航迹与点迹对关联，其他均不能关联，否则就不能满足该方程的限制条件。

3. 其他数据关联方法

其他典型的数据关联方法还包括概率数据关联(Probabilistic Data Association，PDA)、联合概率数据关联(Jiont Probabilistic Data Association，JPDA)、简易联合概率数据关联(Cheap JPDA，CJPDA)、准最佳联合概率数据关联(Sub-optimum JPDA，SJPDA)、最邻近联合概率数据关联(Nearest Neighbor JPDA，NNJPDA)、模糊数据关联等。其中 JPDA 方法是针对目标密度比较高的环境，但计算量大；CJPDA、SJPDA、NNJPDA 等方法都是针对 JPDA 的缺点提出来的，大大减少了计算量，但在性能上有所下降。

5.3　航迹及其融合

不管是集中式数据融合系统还是分布式数据融合系统，都存在航迹处理的问题，只不过这一工作是在不同的节点上完成的。在航迹处理过程中，一个非常重要的问题是航迹建立、航迹保持和航迹撤销的规则问题，它们是保持对目标连续跟踪的最关键的技术。

5.2.3 节已经指出，在集中式融合系统中，最佳融合方法是点迹融合。尽管每个传感器均有自己的数据处理系统，可以形成局部航迹，但每个传感器的局部航迹实际上并没有被利用，而是直接将每个传感器的观测-点迹送给融合节点，即融合中心，在融合中心进行点迹与航迹的融合。用线性卡尔曼滤波器就会得到估计误差最小的全局估计结果。这种方法的主要缺点是它需要传送大量的点迹-观测和缺乏鲁棒性。观测-点迹的变化范围很宽，如红外的、电视的、雷达的等非同质传感器的数据，在同一时间对它们进行处理是比较复杂的，特别是在融合中心不能得到可靠的“点迹-观测”时。如果处理的目标量很大，并且在强杂波区，由杂波剩余产生的点迹远远超过目标所产生的点迹，计算量和通信量都很大时，全局估计就不得不利用局部航迹进行航迹到航迹的融合。这时，通信量和计算量就是我们选择分布式融合系统进行全局融合的主要因素。在进行融合结构选择时，可以用下面的两个公式粗略地估计集中式融合系统和分布式融合系统所需要的通信量。

首先假设：

S_i——传感器 i 每个点迹报告的尺寸，以比特表示。传感器报告的内容通常包括距离、方位、仰角或高度、时间、批号和特征参数等。

S_T——每条航迹报告的尺寸，以比特表示。航迹报告通常包括状态估计的各个分量、航迹号、时间和方向信息等。

P_{D_i}——传感器 i 的目标发现概率，对不同距离门上的所有目标均假定是常数。

λ_i——传感器 i 的杂波密度。

N_i——传感器 i 的杂波点数。

T_i——传感器 i 监视范围内的目标总数。

对集中式融合系统，在一个扫描周期中，由每个传感器向融合中心或融合节点传送的数据量用 M_c 表示，即

$$M_c = \sum_{i=1}^{N_s} [P_{D_i} T_i + N_i(\lambda)] S_i$$

其中，N_s 为传感器的数目。上式实际上就是全部传感器的平均目标点迹加杂波点迹与每个点迹尺寸的乘积之和。

对分布式融合系统，在一个扫描周期中，由每个传感器向融合中心或融合节点传送的数据量用 M_d 表示，即

$$M_d = S_T \sum_{i=1}^{N_s} P_{D_i} T_i$$

该式是对典型的没有反馈的分布式融合系统的计算公式。实际上，上式是根据每个目标一条航迹，并假定所有传感器对所监视区域全覆盖的情况下考虑的。

由于传感器所给出的信息量较少，通常航迹报告的尺寸要大于点迹报告的尺寸，即 $S_T > S_i$，但一般不会超过 2～3 倍。在强杂波区，通常杂波的点迹数起码要比目标的点迹数大 3 倍以上。杂波的密度越大，M_c 和 M_d 的差值就越大。两者通信量之差随着传感器数目的增加而线性增长。

需要强调的是，分布式融合系统的信息源是各个传感器，分布式融合系统的源信息是各个传感器给出的航迹。航迹融合通常是在融合节点或融合中心进行的。

定义两个术语：

在多传感器融合系统中，每个传感器的跟踪器所给出的航迹称为局部航迹或传感器航迹。

航迹融合系统将各个局部航迹-传感器航迹融合后形成的航迹称为系统航迹或全局航迹。当然，将局部航迹与系统航迹融合后形成的航迹仍然称为系统航迹。

航迹融合是多传感器数据融合中一个非常重要的方面，得到了广泛的应用。所谓航迹融合，实际上就是传感器的状态估计融合，它包括局部传感器与局部传感器状态估计的融

合和局部传感器与全部传感器状态估计的融合。由于公共过程噪声的原因，在应用状态估计融合系统中，来自不同传感器的航迹估计误差未必是独立的，这样，航迹与航迹关联和融合问题就复杂化了。多年来，许多科技工作者在此领域做了大量的研究工作。当前在各种融合系统中用得比较多的主要有以下几类：加权协方差融合法、信息矩阵融合法、伪测量融合法和基于模糊集理论的模糊航迹融合法等。其中研究得最充分的是加权协方差融合法，它也得到了广泛应用。这里以加权协方差航迹融合法为主，同时也兼顾一些其他融合方法，以扩展知识面。

图 5-13 是一个典型的分布式融合系统。图中有 n 个独立工作的传感器，每个传感器不仅有自己的信号处理系统能够给出目标的点迹，并且有自己的数据处理系统或称局部目标跟踪器。首先，各个传感器将各自的观测-点迹送往本身的跟踪器形成局部航迹，或称传感器航迹，然后将各个跟踪器所产生的局部航迹周期性地送往融合中心进行航迹融合，以形成系统航迹，或称全局航迹。系统航迹是该系统的输出。

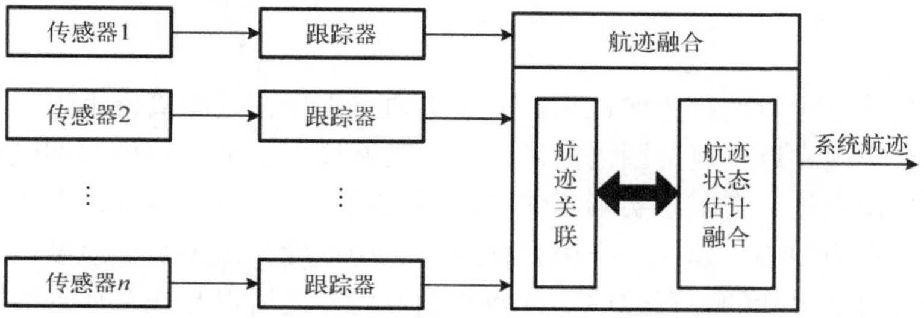

图 5-13　分布式航迹融合系统

由图 5-13 可以看出，航迹融合是以传感器航迹为基础的。只有各个传感器的跟踪器对目标形成稳定的跟踪之后，才能够把它们的状态送给融合中心，以便对各个传感器送来的航迹进行航迹融合。通常，航迹融合分两步。

1) 航迹关联

航迹关联在航迹融合中有两层意思：一层意思是把各个传感器送来的目标的状态按照一定的准则，将同一批目标的状态归并到一起，形成一个统一的航迹，即系统航迹或全局航迹；另一层意思是把各个传感器送来的局部航迹的状态与数据库中已有的系统航迹进行配对，以保证配对以后的目标状态与系统航迹中的状态源于同一批目标。

2) 航迹融合

融合中心把来自不同局部航迹的状态，或把局部航迹的状态与系统航迹状态关联之后，把已配对的局部状态分配给对应的系统航迹，形成新的系统航迹，并计算新的系统航迹的状态估计和协方差，实现系统航迹的更新。

5.3.1　航迹管理

在局部传感器的点迹与航迹完成关联之后，点迹与航迹之间的一对一关系已经完全确定，因而可以进一步确定：

(1) 哪些已有起始标志的航迹可以转换为确认航迹。

(2) 哪些可能是由杂波剩余等产生的虚假航迹应予以撤销。

(3) 哪些点迹在本扫描周期未被录用，而自动变成了下一扫描周期的自由点迹。

(4) 哪些航迹头变成了起始航迹。

(5) 哪些航迹头由于没有后续点迹而被取消。

(6) 哪些已确认航迹在本扫描周期中，没有点迹与它关联，即丢失了点迹。

以上这些应均能按照给定的规则进行自动分类，给予不同的标志，并将本扫描周期的分类结果送入数据库，实现对它们的管理。按照一定的规则、方法，实现和控制航迹起始、航迹确认、航迹保持与更新和航迹撤销的过程，称为航迹管理。显而易见，完成以上各种功能需要多种规则和算法。目前有经验法、逻辑法、纯数学法、直觉法和记分法等。由于考虑问题的出发点不一样，其性能或效果也就不同。直觉法不是一种独立的方法，纯数学法很少有工程应用价值。这里主要介绍两种方法，逻辑法和记分法。

1. 逻辑法

1) 航迹头

每条航迹的第一个点迹称为航迹头。航迹头通常出现在远距离范围内，除非雷达一开机就已经有目标出现在近距离范围之内了。另一类航迹头是前一扫描周期没有被录用的一些孤立点迹或自由点迹。在雷达实际工作中，不管航迹头、孤立点迹或自由点迹在什么地方出现，均要以它为中心，建立一个由目标最大运动速度和最小运动速度以及雷达扫描周期，即采样间隔决定尺寸的环形波门，称为初始波门。之所以是一个环形波门，是因为该点迹所对应的目标不知道往哪个方向运动。

2) 航迹起始

对匀速直线运动的目标，利用同一目标初始的相邻两个点迹的坐标数据推算出第三个扫描周期该目标的预测或外推位置，对可能的一条航迹进行航迹初始化，称为航迹起始。它的问题是如何获得这两个点迹。其一是雷达头，这是毫无疑问的；然后在下一个扫描周期中，凡是在初始波门中出现的点迹都要与雷达头点迹构成一对航迹起始点迹对，并将它送入数据库，等待下一周期的继续处理。

3) 航迹确认

以预测值为中心设置一个门限，即关联门。在关联门内，至少有一个来自相邻第三次扫描周期的观测数据或点迹。初始航迹就可以作为一条新航迹，并加以保存，称为新航迹确认。在这种情况下，新航迹需要三次扫描的观测数据或点迹便可得到确认，这是建立一条新航迹所需要观测数据或点迹的最小数目。这就是说，一条初始化航迹，经过确认之后，才能建立一条新航迹。当然，也可以将这种方法称为航迹检测。

需要指出的是，连续三个扫描周期均出现点迹时，才被确认为这是一个真目标产生的连续点迹，最后建立航迹。这个条件似乎太苛刻了，因为目标的点迹是以概率出现的。因此可以考虑，在航迹起始之后，允许第三次扫描中不出现点迹，进行一次盲目外推，在第四次扫描时再出现点迹，也将其确认为新航迹。这在远距离范围是十分必要的，因为远区的雷达信噪比较小，通常雷达的最大作用距离是按发现概率为50%定义的。实际上，这就涉及航迹的确认准则。假定确认准则如表 5-6 所示。

表 5-6　航迹确认准则

点迹 1	点迹 2	点迹 3	点迹 4	点迹 5	点迹 6
航迹头 O	O	O	正常跟踪		
航迹头 O	O	×	O	正常跟踪	
航迹头 O	O	×	×	O	正常跟踪

在表 5-6 中，有六个点迹位置，其中在对应的周期中有点迹用“O”表示，无点迹用“×”表示。有了航迹头之后，它们分别在第三、第四和第五个扫描周期才被确认为一条真目标航迹，然后开始转入对该目标的正常跟踪状态。

4) 航迹维持/保持

所谓航迹维持/保持是在航迹起始之后，在存在真实目标的情况下，按照给定的规则使航迹得到延续，保持对目标的连续跟踪。这种保持对目标连续跟踪的规则，称为航迹维持准则。这时可以考虑利用信号检测中的小滑窗检测器 N/M 的检测准则使航迹得以维持。假定滑窗宽度 $M=5$，检测门限 $N=3$，这就意味着在滑窗移动的过程中，只要在五个采样周期中至少有三个周期有点迹存在，就判为有航迹存在，继续对目标进行跟踪。根据排列组合规则可知，满足此种规则的组合计有 16 种。由于组合较多，就不一一列举了。

5) 航迹撤销

所谓航迹撤销就是在该航迹不满足某种准则时，将其从航迹记录中抹掉。这就意味着它不是一个真实目标的航迹，或者该航迹所对应的目标已经运动出该传感器的威力范围。航迹撤销可考虑分三种情况：第一种是只有航迹头的情况，第二种是对一条初始化航迹，第三种是对已经确认的航迹。这些在航迹撤销准则上应该是有所区别的。可考虑以下撤销准则。

(1) 对只有航迹头的情况，只要其后的第一个周期中没有点迹出现，就将其撤销。

(2) 对一条初始化航迹来说，如果在以后连续三个扫描周期中，没有出现任何点迹，这条初始航迹便可以在数据库中被消去。

(3) 对一条已确认的航迹，我们以很高的概率确知它的存在，并且已知它的运动方向，当然对它的撤销应该谨慎些。可设定连续 4～6 个扫描周期没有点迹落入相应关联门内作为航迹撤销准则。需要注意的是，这时必须多次利用盲目外推的方法，扩大波门去对丢失目标进行再捕获。当然，也可采用小滑窗检测器，设立一个航迹结束准则，只要满足该准则，就可对该航迹予以撤销。令滑窗宽度 $M=5$，航迹撤销门限 $N1=4$，这就意味着在连续五个采样周期中，只要有四个周期没有点迹存在，就宣布该航迹被撤销。当然，也可以在连续三个周期没有点迹时，宣布该航迹被撤销。显然，4/5 准则与连续三个采样周期没有点迹存在的准则相比，前者被撤销得更容易。在对已确认航迹撤销时，可考虑加大滑窗宽度，以便放宽撤销条件。

(4) 一条跟踪很长时间的稳定航迹所对应的目标，在飞出或运动出该雷达的威力范围时，该航迹当然也应予撤销。这时如果存在友邻雷达的话，就需要完成目标的交接。

需要说明的是，在雷达实际工作中，波门的尺寸可能是变化的，有的种类可能更多；可能还有许多航迹的建立和撤销准则，或者说航迹管理方法。究竟采用什么方法，要根据具体情况来确定。

2. 记分法

每当新点迹并入航迹时，都要根据该点迹质量对航迹质量的贡献大小，按照一定的规则，给该航迹质量 Q_H 加上、减去一定的分值，或者保持不变。点迹质量在数据关联时是由在哪个关联门等级上与航迹实现关联而决定的。原则上，按 5.2.5 节所讲的波门种类，可以将它分为四级：初始波门、大波门、中波门和小波门。在小波门中与航迹相关的点迹质量是最高的。其一，因为波门小，落入的噪声、杂波剩余等较少；其二，小波门一般用在对目标稳定跟踪阶段，这时已经说明有一条真实目标的航迹存在，该点迹几乎就是真实目标的点迹。所以它的质量最高。其次是中波门中的点迹。再次是大波门中的点迹。至于丢失的点迹进行盲目外推预测位置并进行补点时，不仅对航迹质量没有贡献，反而使其质量降低了，应该减去一定的分值。当然，航迹头也要赋予一定的初始值。最后根据航迹质量的大小和给定的门限来确定航迹起始、航迹确认和航迹撤销。

1) 航迹计分规则

假定 Q_H 表示航迹质量，S_1、S_2 分别表示航迹的确认和撤销门限，Q_D 表示点迹质量。Q_H 是 S_1、S_2、Q_D 的函数，即

$$Q_H = f(S_1, S_2, Q_D)$$

不同的航迹质量对应不同的波门尺寸，其对应关系如表 5-7 所示。

表 5-7　不同波门种类对应点迹的加权系数

波门种类	点迹质量 Q_D	波门种类	点迹质量 Q_D
航迹头	1	大波门	0
中波门	1	目标丢失	–2
小波门	2		

航迹质量采用累计计分法：

$$Q_H = Q_H + Q_D$$

显然，Q_H 的初值应该等于 0。

2) 航迹的确认与撤销

(1) $Q_H \geqslant S_1$ 时，该航迹判为真实目标的航迹，予以确认。

(2) $Q_H \leqslant S_2$ 时，不管确认航迹还是非确认航迹均判为假，予以撤销。若撤销了带有分支的主航迹或分支航迹，则另一航迹自动转为主航迹。

(3) $S_2 < Q_H < S_{12}$ 时，若 $n < N$，则航迹判为未确认航迹，予以保留；若 $n \geqslant N$，则予以撤销。其中，S_1 为航迹确认门限，S_2 为航迹撤销门限，n 为相关次数，N 为允许非确认航迹在计算机中逗留的相关次数。

5.3.2　航迹的初始化算法

多传感器航迹初始化算法与单传感器航迹初始化算法类似。为了形成初始航迹，根据算法或初始化方法的不同，需要最初的几次扫描的观测数据也不一样。但初始航迹只用来

自同一传感器的同一个目标的相邻观测数据，即在第一次扫描时来自传感器 1 的第 i 个目标的观测数据只与第二次、第三次等扫描时来自传感器 1 的同一目标的观测数据构成初始航迹。传感器 2、传感器 3 的观测数据也是如此。这里介绍两种初始化方法，即借助于两点预测或外推与三点预测或外推的方法来进行初始化。实际工作中，到底采用两点预测或外推还是三点预测或外推，取决于目标的运动模型。

1. 两点外推

外推时，由于只用某一目标的前两个扫描周期的数据或点迹外推该目标第三点的位置，因此将这种方法称为两点外推。这样，目标运动只能是一阶的，即目标处于匀速直线运动状态。或者反过来说，由于目标处于匀速直线运动状态，利用两点外推也就够了。实际上，它是一个不考虑噪声或干扰的理想模型。

假定第 i 个目标的第一次测量值为 $Z_i(1)$，第二次测量为 $Z_i(2)$，其坐标点分别为(x_1, y_1)和(x_2, y_2)，根据目标运动方程，第三点的预测或外推值为 $Z_i(3)$，其坐标为

$$\begin{cases} x_3 = x_2 + V_x(2) \times T \\ y_3 = y_2 + V_y(2) \times T \end{cases}$$

式中，T 为采样间隔，即扫描周期；V_x 为目标在 x 轴方向上的运动速度；V_y 为目标在 y 轴方向上的运动速度。

目标运动速度分别为

$$\begin{cases} V_x(2) = \dfrac{x_2 - x_1}{T} \\ V_y(2) = \dfrac{y_2 - y_1}{T} \end{cases}$$

最后，可推出

$$\begin{cases} x_3 = 2x_2 - x_1 \\ y_3 = 2y_2 - y_1 \end{cases}$$

这就是两点外推公式，也称一步外推公式，如图 5-14 所示。图中表示预测/外推值。在与第三点的测量值进行关联时，要以改点的预测值为中心，建立一个关联门，然后计算统计距离，按前面介绍的方法进行关联。

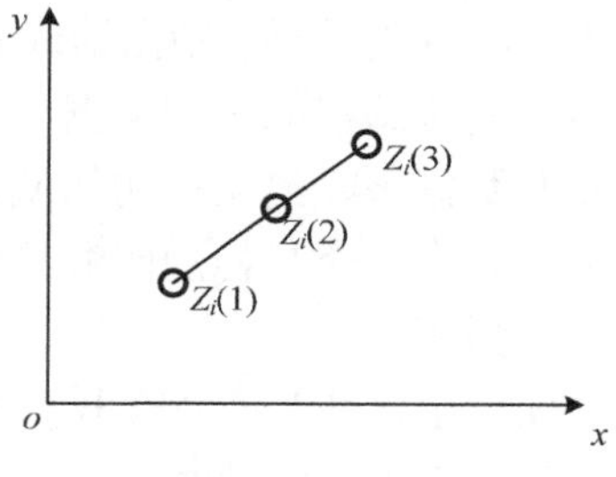

图 5-14　两点外推示意图

2. 三点加速外推

若已知目标的运动方程是二阶的，即目标运动是匀加速的，根据目标运动方程可写出第四点的外推或预测值 $\tilde{Z}_i(4)$ 为

$$\begin{cases} x_4 = x_3 + V_x(3) \times T + \dfrac{1}{2} a_x T^2 \\ y_4 = y_3 + V_y(3) \times T + \dfrac{1}{2} a_y T^2 \end{cases}$$

式中，a_x、a_y 分别为 x、y 方向的加速度。

由匀加速运动的方程，不难推出

$$\begin{cases} V_x(3) = \dfrac{3x_3 - 4x_2 + x_1}{2T} \\ V_y(3) = \dfrac{3y_3 - 4y_2 + y_1}{2T} \end{cases}$$

$$\begin{cases} a_x = \dfrac{x_3 - 2x_2 + x_1}{T^2} \\ a_y = \dfrac{y_3 - 2y_2 + y_1}{T^2} \end{cases}$$

也就是说，

$$\begin{cases} x_4 = 3x_3 - 3x_2 + x_1 \\ y_4 = 3y_3 - 3y_2 + y_1 \end{cases}$$

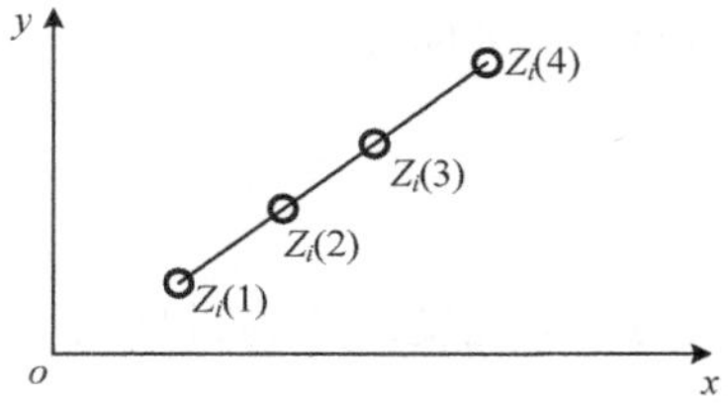

图 5-15　三点加速外推示意图

这就是三点外推公式。在与第四点的测量值进行关联时，要以该点的预测值为中心，建立一个关联门，然后计算统计距离，按最近邻方法进行关联。三点加速外推示意图如图 5-15 所示。

由前面的分析，可以得出结论：对匀速直线运动的目标，在关联门内，只要有一个来自第三次扫描的观测数据，初始航迹就可以作为新航迹并加以保存。在这种情况下，新航迹初始化需要三次扫描的观测数据便可得到确认，这是新航迹初始化所需要观测数据的最小数目。如果用四次扫描的观测数据来初始化一个新航迹，则第三次扫描所形成的初始航迹可利用航迹速度和加速度为第四次扫描预测一个位置。在预测位置的关联门内，如存在观测数据，则建立一个新航迹；如果在预测位置的关联门内不存在观测数据，则撤销或者再盲目外推一个点，这取决于航迹确认准则。在关联门内，来自不同传感器的观测数据中哪一个最接近预测位置，就把哪一个赋给一个初始航迹。这些观测数据被赋给某些初始航迹后，就给出标记，并不再赋给其他的初始航迹。在一次扫描中，来自一个目标的回波只赋给一个初始航迹，其他初始航迹由于没有观测数据赋给它们而被撤销。

实际上，以上只是给出了两种工程上易于实现的航迹初始化方法。航迹初始化是航迹管理中的一个十分关键的问题，不少国内外学者对其进行了广泛的研究，并取得了很多研究成果，给出了很多算法，如哈弗变换法、滑窗法、线性规划法等。其中有些方法尤其理论研究价值，有些方法在实际应用中可能还存在一些问题。如滑窗法，实际上它是从滑窗检测器借鉴来的。滑窗检测器有两种：一种是大滑窗法，其滑窗宽度一般等于目标回波数；另一种是小滑窗法，其滑窗宽度小于目标回波数，在性能上不如大滑窗法。特别需要强调的是，滑窗检测器处理的对象是同一个距离门或距离单元的不同探测周期的雷达回波信号，如直接将它用于航迹检测，由于目标的运动方向是未知的，因此在航迹开始时，难于对航迹进行初始化。当然，在有了航迹起始之后，利用小滑窗法对航迹进行保持，还是一种非常有效的方法。

5.3.3　航迹关联的方法

在对航迹状态估计进行融合之前，必须完成传感器航迹与传感器航迹的关联或传感器航迹与系统航迹的关联，也就是航迹配对。航迹关联由两个关键的步骤组成，即计算关联矩阵和选择最好关联假设，通常由某种分配算法来实现。

1. 统计关联方法

我们讨论来自两个局部传感器的同一目标的两条航迹在信息中心的关联问题。传感器 i 的状态估计用 $\hat{x}_i$ 表示，传感器 j 的状态估计用 $\hat{x}_j$ 表示；它们的协方差分别用 p_i 和 p_j 表示；两个目标状态估计误差的互协方差分别表示为 p_{ij} 和 p_{ji}，并且有 $p_{ij}=p_{ji}^T$。

和点迹与航迹关联时一样，仍然用两者间的统计距离 d_{ij}^2 作为度量标准。当然，也可以将它说成关联矩阵。目前，关联矩阵有多种表示方法。用关联矩阵度量一条航迹对另一条航迹的靠近程度，以便作出关联决策指示。传统的关联矩阵是 Mahalanobis 距离的平方，

$$d_{ij}^2=\left\|\hat{x}_i-\hat{x}_j\right\|^2(P_i+P_j)^{-1} \tag{1}$$

当航迹状态估计误差是相关时，必须考虑互相关，这时的关联矩阵可改写为

$$d_{ij}^2=\left\|\hat{x}_i-\hat{x}_j\right\|^2(P_i+P_j-P_{ij}-P_{ji})^{-1} \tag{2}$$

这种方法是由 Bar-Shalom 在 1980 年给出的。该矩阵是在 χ^2 检验的基础上得到的。由上两个式子不难看出，两个公式实际上是欧氏加权距离方法，其权为协方差矩阵的逆，只是式(1)适用于两个局部航迹估计误差存在互协方差的情况，式(2)适用于互协方差为零的情况。

2. 模糊关联法

为了讨论问题简单起见，假设有两条来自不同传感器的航迹：

$$\boldsymbol{R}_i=\begin{bmatrix} r_1 \\ r_2 \\ \vdots \\ r_n \end{bmatrix},\quad i=1,2$$

相应的分辨率

$$\boldsymbol{\Delta}_i=\begin{bmatrix} \delta_1 \\ \delta_2 \\ \vdots \\ \delta_n \end{bmatrix},\quad i=1,2$$

式中，r_k，$k=1,2,\cdots,n$，表示航迹的特征，如距离、方位和速度等，n 表示特征的个数；δ_k，$k=1,2,\cdots,n$，表示与每个特征相对应的分辨率。假定传感器 1 的精度高于传感器 2，即

$$\delta_1(k)<\delta_2(k),\quad \forall k=1,2,\cdots,n$$

现在的问题是，确定已知的两条航迹是不是属于同一目标的航迹。

把这个问题作为对两个局部传感器的二值假设检验问题来考虑。用 H_1 代表两条航迹是同一目标的航迹，H_0 代表两条航迹是不同目标的航迹，即

$$H=\begin{cases}1 & H_1,\ \text{两条航迹源于同一个目标}\\ 0 & H_0,\ \text{两条航迹源于不同的目标}\end{cases}$$

定义两条航迹的统计距离

$$d_{ij}^2=\begin{cases}\|R_j-R_i\|, & i\neq j\\ \|\varDelta_i\|, & i=j\end{cases}$$

于是，有

$$\begin{cases}d_{11}=\sqrt{\varDelta_1^T\varDelta_1}\\ d_{12}=\sqrt{(R_2-R_1)^T(R_2-R_1)}\\ d_{21}=\sqrt{(R_1-R_2)^T(R_1-R_2)}=d_{12}\\ d_{22}=\sqrt{\varDelta_2^T\varDelta_2}\end{cases}$$

利用模糊均值聚类算法最佳地确定 $\{d_{ij}\}$，$i=1,2, j=1,2$，元素之间的相似性度量

$$u_{ij}=\frac{(1/d_{ij})^{2/(m-1)}}{\sum_{s=1}^{c}(1/d_{sj})^{2/(m-1)}},\quad \forall i,j=1,2$$

式中，c 为目标的总数。将两者的统计距离代入上式，有

$$\begin{cases}u_{11}=\dfrac{\left(\dfrac{1}{\varDelta_1^T\varDelta_1}\right)^{\frac{1}{m-1}}}{\left(\dfrac{1}{\varDelta_1^T\varDelta_1}\right)^{\frac{1}{m-1}}+\left[\dfrac{1}{(R_1-R_2)^T(R_1-R_2)}\right]^{\frac{1}{m-1}}}\\[4ex] u_{12}=\dfrac{\left[\dfrac{1}{(R_1-R_2)^T(R_1-R_2)}\right]^{\frac{1}{m-1}}}{\left(\dfrac{1}{\varDelta_2^T\varDelta_2}\right)^{\frac{1}{m-1}}+\left[\dfrac{1}{(R_2-R_1)^T(R_2-R_1)}\right]^{\frac{1}{m-1}}}\\[4ex] u_{21}=\dfrac{\left[\dfrac{1}{(R_2-R_1)^T(R_2-R_1)}\right]^{\frac{1}{m-1}}}{\left(\dfrac{1}{\varDelta_1^T\varDelta_1}\right)^{\frac{1}{m-1}}+\left[\dfrac{1}{(R_1-R_2)^T(R_1-R_2)}\right]^{\frac{1}{m-1}}}\\[4ex] u_{22}=\dfrac{\left(\dfrac{1}{\varDelta_2^T\varDelta_2}\right)^{\frac{1}{m-1}}}{\left(\dfrac{1}{\varDelta_2^T\varDelta_2}\right)^{\frac{1}{m-1}}+\left[\dfrac{1}{(R_2-R_1)^T(R_2-R_1)}\right]^{\frac{1}{m-1}}}\end{cases}$$

将其写成矩阵形式，

$$\boldsymbol{U}=\begin{bmatrix} u_{11} & u_{12} \\ u_{21} & u_{22} \end{bmatrix}$$

式中，u_{ii} 为传感器 $i(i=1,2)$分辨率的隶属度；u_{ij} 为两个航迹 R_i 和 R_j 之间差值的隶属度，全局关联决策 D_{g} 通常总是根据最小精度传感器作出的。于是，有

$$D_{\mathrm{g}}=\begin{cases}1, & u_{12}>u_{22} \\ 0, & u_{12}<u_{22}\end{cases}$$

最后，就可将两个传感器航迹之间的相关性定义为

$$R(1,2)=\begin{cases}1, & D_{\mathrm{g}}=1, \text{ 同一航迹} \\ 0, & D_{\mathrm{g}}=0, \text{ 不同航迹}\end{cases}$$

根据前面的分析可以看到，将这种方法扩展到多条航迹也是比较容易的。

5.3.4　航迹融合基础

1. 航迹融合结构

对航迹融合来说，可以有两种结构：一种是局部航迹与局部航迹融合结构，或称传感器航迹与传感器航迹融合结构；另一种是局部航迹与系统航迹融合结构。

1) 局部航迹与局部航迹融合

局部航迹与局部航迹融合的信息流程如图 5-16 所示。图中上一行和下一行的圆圈表示两个局部传感器的跟踪外推节点，中间一行的圆圈表示融合中心的融合节点。图中由左到右表示时间前进的方向。不同传感器的局部航迹在公共时间上在融合节点进行关联、融合形成系统航迹。由图可以看出，这种融合结构在航迹融合的过程中并没有利用前一时刻的系统航迹的状态估计。这种结构不涉及相关估计误差的问题，因为它基本上是一个无存储运算，关联和航迹估计误差并不由一个时刻传送到下一个时刻。这种方法运算简单，不考虑信息去相关问题，但由于没有利用系统航迹融合结果的先验信息，其性能可能不如局部航迹与系统航迹融合结构。

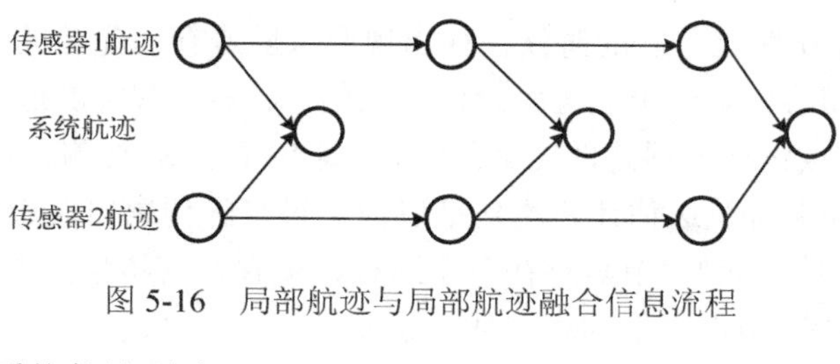

图 5-16　局部航迹与局部航迹融合信息流程

2) 局部航迹与系统航迹融合

局部航迹与系统航迹融合的信息流程如图 5-17 所示。不管什么时候，只要融合中心节点收到一组局部航迹，融合算法就把前一时刻的系统航迹的状态外推到接收局部航迹的时候，并与新收到的局部航迹进行关联和融合，得到当前的系统航迹的状态估计，形成系统

航迹。当收到另一组局部航迹时，重复以上过程。然而，在对局部航迹与系统航迹进行融合时，必须面对相关估计误差的问题。由图 5-17 可以看出，在 A 点的局部航迹与在 B 点的系统航迹存在相关误差，因为它们都与 C 点的信息有关。实际上，在系统航迹中的任何误差，由于过去的关联或融合处理误差，都会影响未来的融合性能。这时必须采用去相关算法，将相关误差消除。

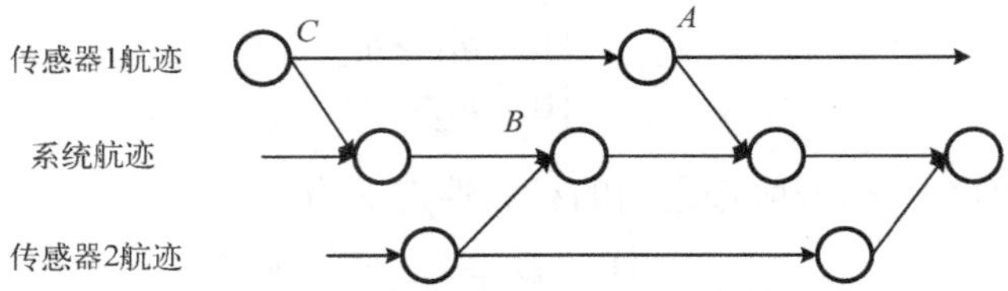

图 5-17　局部航迹与系统航迹融合的信息流程

2. 航迹融合中的相关估计误差问题

如果两个被融合航迹的估计误差是不相关的，融合相对来说比较简单。估计可以被看作是具有独立误差的观测，跟其他的估计进行融合。它们可以利用标准的方法，如关联和卡尔曼滤波法进行航迹融合运算。但有时两条航迹的估计误差之间往往存在相关性，相关的原因如下。

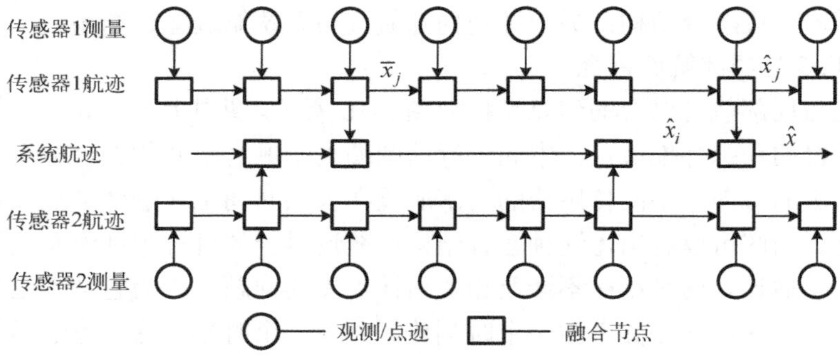

图 5-18　航迹估计中的相关性

1) 两条航迹存在先验的公共信息源

在局部航迹与系统航迹关联的时候往往出现两条航迹存在先验的公共信息源的情况，如图 5-18 所示，该图给出了一个航迹融合问题的信息流程，假定航迹已经被送到公共的时间节点。图中融合节点包含了预处理的全部信息，即包括点迹-观测和航迹。在这个例子中，传感器航迹估计 $\hat{x}_j$ 和系统航迹估计 $\hat{x}_i$ 均包括以前送过来的传感器航迹估计 $\overline{x}_j$。在信息图流程中，只要由观测-点迹到融合节点存在多个路径，就存在与该信息源的相关。

2) 由于公共过程噪声而产生的相关估计误差

在传感器航迹与传感器航迹融合过程中，当目标动态特性不确定时，就形成了公共的过程噪声，使来自两个传感器航迹的测量不独立，导致了来自两个传感器的估计误差不独立。在对航迹进行关联以及在对已关联上的状态进行组合时，必须考虑相关的估计误差，否则，系统的性能便会下降。

5.3.5　航迹状态估计融合

如前面已经指出的，航迹融合包含两部分，即航迹关联、航迹状态估计与融合协方差计算。航迹关联只说明两条航迹以较大的概率来自同一目标，然后对已关联上的航迹按照一定的准则进行合并，以形成系统航迹；并对融合以后的航迹状态和协方差进行计算，以便对航迹更新。

假定现在有两条航迹 i 和 j，它们分别有状态估计 $\hat{x}_i$、$\hat{x}_j$，误差协方差 p_i、p_j 和互协方差矩阵 $\boldsymbol{p}_{ij}=\boldsymbol{p}_{ji}^T$。估计融合问题就是寻找组好的估计 $\hat{x}$ 和误差协方差矩阵 $\boldsymbol{p}$。在传感器到传感器融合结构中，被融合的两条航迹均应来自两个不同的传感器；在传感器航迹到系统航迹融合结构中，两条航迹中一条是系统航迹，另一条是传感器航迹。这里只介绍几种在分布式融合结构中与协方差有关的方法和模糊融合方法。

1. 简单航迹融合(Simple Fusion，SF)

当两条航迹状态估计的互协方差可以忽略时，即 $p_{ij}=p_{ji}\approx 0$ 时，可以证明，航迹的融合算法由下式给出。

系统状态估计：

$$\begin{aligned}\hat{x}&=p_j(p_i+p_j)^{-1}\hat{x}_i+p_i(p_i+p_j)^{-1}\hat{x}_j\\&=p(p_i^{-1}\hat{x}_i+p_j^{-1}\hat{x}_j)\end{aligned}$$

系统误差协方差：

$$p=p_i(p_i+p_j)^{-1}p_j=(p_i^{-1}+p_j^{-1})^{-1}$$

假定

$$\boldsymbol{p}_1=\begin{bmatrix}10 & 0\\ 0 & 2\end{bmatrix}$$

$$\boldsymbol{p}_2=\begin{bmatrix}2 & 0\\ 0 & 10\end{bmatrix}$$

则有

$$\boldsymbol{p}=\begin{bmatrix}5/3 & 0\\ 0 & 5/3\end{bmatrix}$$

其相互关系如图 5-19 所示。

这种方法所以被广泛采用，是因为它实现简单。当估计误差是相关的时候，它是准最佳的。当两个航迹都是传感器航迹，并且不存在过程噪声的时候，则融合算法是最佳的，它是利用传感器观测直接融合有同样的结果。应当指出的是，这时的融合网络不应该有反馈。从系统状态估计和系统误差协方差公式可以看出，如果该融合系统是由 n 个传感器组成的，很容易将其推广到一般形式。

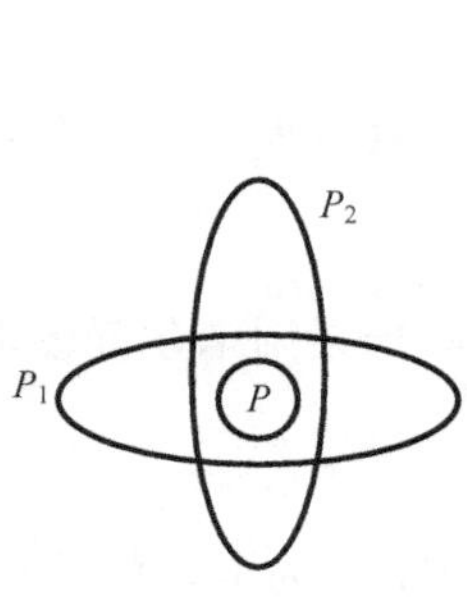

图 5-19　互协方差为 0 时 P 与 P_1 和 P_2 的关系

状态估计：

$$\hat{x} = p(p_1^{-1}\hat{x}_1 + p_2^{-1}\hat{x}_2 + \cdots + p_n^{-1}\hat{x}_n) \\ = p\sum_{i=1}^{n} p_i^{-1}\hat{x}_i$$

每个传感器估计的权值：

$$W_k^i = pp_i^{-1}$$

误差协方差：

$$p = (p_1^{-1} + p_2^{-1} + \cdots + p_n^{-1})^{-1} = \left(\sum_{i=1}^{n} p_i^{-1}\right)^{-1}$$

这里需要说明的是，有些文献中认为这是两种方法，前者用于时序融合，后者用于并行融合，但有相同的精度。从前面的推导可以看出，它们实际上是一种方法，当然要有相同的精度。由于表达式结构不同，其计算机开销是不一样的。在传感器数目相同的情况下，时序算法要比并行算法运算速度快，因为时序算法只需要 $n-1$ 次协方差矩阵求逆运算，而并行算法则需要 $2n-1$ 次协方差矩阵求逆运算。当然，从这个意义上说它们是两种方法也未尝不可。

2. *协方差加权航迹融合*(Weighted Covariance Fusion，WCF)

当两条航迹估计的互协方差不能忽略的时候，即 $p_{ij} = p_{ji} \neq 0$ 时，假定两个传感器 i 和 j 的两个估计之差，即

$$d_{ij} = \hat{x}_i - \hat{x}_j$$

则 d_{ij} 的协方差矩阵为

$$\boldsymbol{E}\{d_{ij}d_{ij}^T\} = \boldsymbol{E}\{(\hat{x}_i - \hat{x}_j)(\hat{x}_i - \hat{x}_j)^T\} \\ = p_i + p_j - p_{ij} - p_{ji}$$

式中，$p_{ij} = p_{ji}^T$ 为两个估计的互协方差。

系统状态估计：

$$\hat{x} = \hat{x}_i + (p_i - p_{ij})(p_i + p_j - p_{ij} - p_{ji})^{-1}(\hat{x}_j - \hat{x}_i)$$

系统误差协方差：

$$p = p_j - (p_i - p_{ij})(p_i + p_j - p_{ij} - p_{ji})^{-1}(p_i - p_{ji})$$

当采用卡尔曼滤波器作为估值器的时候，其中的互协方差 p_{ij} 和 p_{ji} 可以由下式求出：

$$p_{ij}(k) = (I - K\boldsymbol{H})(\boldsymbol{\Phi} p_{ij}(k-1)\boldsymbol{\Phi}^{\mathrm{T}} + \boldsymbol{Q})(I - K\boldsymbol{H})^T$$

式中，K 为卡尔曼滤波器增益；$\boldsymbol{\Phi}$ 为状态转移矩阵；$\boldsymbol{Q}$ 为噪声协方差矩阵；$\boldsymbol{H}$ 为观测矩阵。这种方法只是在最大似然(Maximum Likelihood，ML)意义下是最佳的，而不是在最小均方误差(Minimum Mean Square Error，MMSE)意义下的最佳。由下面的推导可以得到证明。

首先假设融合系统有 n 个传感器，来自传感器 S_i 和传感器 S_j 的稳态估计分别为 $\hat{x}_i$、$\hat{x}_j$，协方差分别为 p_{ii}、p_{jj}，其互协方差为 p_{ij}、p_{ji}。假设系统是高斯的，则可建立对数似然函数。由于概率值小于或等于 1，故取负值。

$$L(x) = -\ln P(\hat{x}_1,\cdots,\hat{x}_n/x)$$
$$= c + \frac{1}{2}\left[\begin{bmatrix}\hat{x}_1\\ \hat{x}_2\\ \vdots\\ \hat{x}_n\end{bmatrix} - \begin{bmatrix}\boldsymbol{I}\\ \boldsymbol{I}\\ \vdots\\ \boldsymbol{I}\end{bmatrix}x\right]^{\mathrm{T}} \boldsymbol{P}^{-1}\left[\begin{bmatrix}\hat{x}_1\\ \hat{x}_2\\ \vdots\\ \hat{x}_n\end{bmatrix} - \begin{bmatrix}\boldsymbol{I}\\ \boldsymbol{I}\\ \vdots\\ \boldsymbol{I}\end{bmatrix}x\right]$$

式中，x 为目标的真实状态；c 为常数；$\boldsymbol{I}$ 为 $n\times n$ 阶矩阵；$\boldsymbol{P}$ 为协方差矩阵，

$$\boldsymbol{P} = \begin{bmatrix} P_{11} & P_{12} & \cdots & P_{1n}\\ P_{21} & P_{22} & \cdots & P_{2n}\\ \vdots & \vdots & & \vdots\\ P_{n1} & P_{n2} & \cdots & P_{nn}\end{bmatrix}$$

值得注意的是，由于存在公共过程噪声，$p_{ij} \neq 0$。将上式对 x 求导，并令其等于 0，最后有最大似然意义下的状态估计，

$$\begin{cases}\hat{x}_{\mathrm{ML}} = (\boldsymbol{E}^{\mathrm{T}}\boldsymbol{P}^{-1}\boldsymbol{E})^{-1}\boldsymbol{E}^{\mathrm{T}}\boldsymbol{P}^{-1}\hat{X}\\ P = (\boldsymbol{E}^{T}\boldsymbol{P}^{-1}\boldsymbol{E})^{-1}\end{cases}$$

式中，$\boldsymbol{E} = [I \quad I \quad \cdots \quad I]^{\mathrm{T}}$，$\hat{\boldsymbol{X}} = [\hat{x}_1 \quad \hat{x}_2 \quad \cdots \quad \hat{x}_n]^{\mathrm{T}}$。这是在 n 个传感器时，最大似然意义下的最佳通用表达式。当 $n = 2$ 时，$\hat{x}_{\mathrm{ML}}$ 化简为

$$\hat{x}_{\mathrm{ML}} = ([I \quad I]\boldsymbol{P}^{-1}[I \quad I]^{\mathrm{T}})^{-1}[I \quad I]\boldsymbol{P}^{-1}\begin{bmatrix}\hat{x}_i\\ \hat{x}_j\end{bmatrix}$$

其中，

$$\boldsymbol{P} = \begin{bmatrix} P_i & P_{ij}\\ P_{ji} & P_j\end{bmatrix}$$

对其求逆，代入得

$$\begin{aligned}\hat{x}_{\mathrm{ML}} &= (P_j - P_{ji})(P_i + P_j - P_{ij} - P_{ji})^{-1}\hat{x}_i + (P_i - P_{ij})(P_i + P_j - P_{ij} - P_{ji})^{-1}\hat{x}_j\\ &= \hat{x}_i + (P_i - P_{ij})(P_i + P_j - P_{ij} - P_{ji})^{-1}(\hat{x}_j - \hat{x}_i)\end{aligned}$$

显然，这就是系统状态估计。当忽略互协方差时，协方差加权融合就退化为简单融合。

这种方法的优点是能够控制公共过程噪声，缺点是要计算互协方差矩阵。如果系统是线性时不变的，则互协方差可以脱机计算。另外，这种方法需要卡尔曼滤波器增益和观测矩阵的全部历史，必须把它们送往融合中心。

小　结

本章介绍了数据链信息融合技术。首先，通过相对导航的基本原理与体系架构、相对

导航软件功能流程、基本相对导航算法和卡尔曼滤波四方面，对数据链中的相对导航进行介绍。接着，通过数据融合的定义和通用模型、数据融合的分类与技术、数据融合的主要内容、多传感器数据关联时的数据准备，以及典型数据关联方法等几方面，对多传感器数据融合与数据关联的原理和方法进行分析。最后，通过航迹管理、航迹的初始化算法、航迹关联、航迹融合基础、航迹状态估计融合、模糊航迹融合、信息去相关算法等几方面，对航迹融合的原理和方法进行介绍。

思 考 题

1．简述 JTIDS 相对导航的基本原理与过程。

2．JTIDS 数据链的网络时间基准单元担任何种功能？

3．JTIDS 数据链的位置基准担任何种功能？

4．请问 JTIDS 数据链的导航控制器与辅助导航控制器的功能有何区别，导航控制器的位置品质是多少？

5．JTIDS 数据链的位置基准担任何种功能？

6．标准卡尔曼滤波算法具有一定的应用条件，试给出这些主要条件。

7．试将卡尔曼滤波器的结构稍加变动，以得到一个抽头，能同时输出向前一步的预测值。

8．给出一般意义上的数据融合定义，并加以解释。

9．数据融合可分为哪几类？各有什么优缺点？

10．简述数据关联的基本过程。

11．简述最邻近数据关联的基本原理。

12．简述全局最邻近数据关联的基本原理。

13．简述航迹管理的基本内容与方法。

14．给出两个传感器简单航迹融合算法的系统状态估计和误差协方差公式。

15．给出两个传感器协方差加权航迹融合算法的系统状态估计和误差协方差公式。

第6章　数据链网络管理技术

数据链系统需要“在恰当的时候，将恰当的信息，以恰当的方式进行分发和显示，使作战人员能够在恰当的时间、以恰当的方式、完成恰当的事情”。为实现上述目标，一个重要的前提基础是要保证数据链网络能够正常启动、高效可靠运行，并以较高的匹配度满足实际作战任务的信息交互保障需求，在此过程中，数据链网络管理发挥着不可或缺的关键性作用。数据链系统常被比作是战场上的“神经中枢”，而网络管理功能/分系统则相当于是数据链系统的“神经中枢”。在网络开通前，网络管理功能/分系统负责根据任务保障需求初始化配置数据链网络运行的各项参数，这些参数涉及网络结构、网络资源、网络职责等方方面面。在网络开通运行后，还需要实时地监视网络运行状态，并在必要的时机对网络内全局或局部的参数进行调整，以维护数据链网络的正常运行，因此网络管理是直接关系到数据链系统组网运用和效能发挥的关键技术。

从组织运用流程来看，数据链网络管理包含网络设计规划、网络初始化、网络运行监管和网络撤收等环节，其中在网络设计规划和网络运行监管两个主要环节中有许多要解决的技术性问题。本章首先介绍数据链网络管理相关基础知识，然后分别介绍网络设计规划环节和网络监控管理环节的相关技术。

6.1　网络设计规划

数据链系统是一种定制性很强的系统，其使用方法与特定的战术任务紧密结合，这是由作战需求的多样性、网络资源的有限性、数据链消息的实时性、系统运行环境的复杂性等因素共同作用的结果，也是数据链系统与一般通信系统之间一个很明显的区别。在进行作战行动数据链保障之前，通常需要针对给定的战术任务和保障环境，立足于已有的数据链装备条件，对数据链网络进行组网设计规划，尽可能地制定出贴合作战需求的、合理高效的数据链组网方案，生成相应的网络参数并分发加载后，才能开通运行网络。以上过程被称为数据链网络设计规划或数据链网络规划。

数据链网络规划对数据链网络的有效使用具有至关重要的作用，其必要性体现在如下几方面。

首先，网络规划是数据链网络管理的重要组成部分，是数据链网络运行的先决条件。数据链网络管理是根据作战任务和行动计划，组织数据链网络，为作战行动提供信息保障的过程，包括网络规划、网络初始化、网络运行监控管理和网络撤收等环节。其中，网络规划是其他环节的基础和前提，只有将网络规划生成的参数注入入网平台，各参与平台才能完成网络初始化和参与网络运行，网络监控管理软件也需要根据网络规划参数实现对数据链网络的监视和管理。因此，网络规划是数据链网络管理的起点，是数据链网络运行的先决条件。

其次，网络规划可有效适应作战任务需求的变化，使数据链网络更加具有针对性。随着作战行动、作战地域和参战平台的不同，不同的作战任务对数据链网络提出了不同的使用需求。同时，在同一次作战任务中，随着任务的推进，数据链网络的使用需求也在连续发生变化。具体来说，数据链网络的使用需求变化体现在：一是数据链网络保障的通信范围和战场环境存在变化；二是各任务平台信息交互关系、收发的消息类型、容量需求和实时性要求等存在变化。面对这些变化，想要设计一个适用所有变化，满足所有使用要求的数据链网络是不可能的，也是不合理的。只有针对这些变化，根据作战的任务需求，进行合理的网络规划，使得数据链网络结构和资源与该次战术任务达到最佳匹配。

此外，网络规划将有限的数据链网络资源进行合理分配，从而达到数据链网络性能的最大化。数据链系统是一种战术无线通信系统，其无线网络的本质决定了数据链网络的资源是十分有限的，具体表现在：一是频谱资源有限，如美军 Link-11 和 Link-22 数据链使用的频率范围为 2～30MHz 和 225～400MHz，Link-16 数据链使用的频率范围为 960～1215MHz；二是数据链网络的覆盖范围有限，如 Link-11、Link-16 和 Link-22 数据链中无中继情况下的最大覆盖范围均为 300 海里；三是单个数据链网络能够接入的平台数量有限，如 Link-11 数据链中最多能够接入 62 个平台，Link-22 数据链中最多能够接入 125 个平台；四是数据链网络的传输速率有限，如 Link-11 数据链的最大传输速率为 1.8Kbit/s，Link-16 数据链中单网的最大传输速率为 107.52Kbit/s，Link-22 数据链中单网的最大传输速率为 12.666Kbit/s。因此，需要通过网络规划，在任务需求和网络资源限制之间找到最好的平衡点，能够使数据链网络的优势和特点得到充分发挥。

下面分别介绍网络规划的基本流程、网络资源分配的基本原理和基于优化技术的网络资源分配方法。

6.1.1　网络规划的基本流程

数据链网络规划以给定的战术任务、作战计划为起点，以生成网络设计规划参数为终点。具体来说，数据链网络规划可以分为需求分析和网络参数生成两个主要步骤，如图 6-1 所示。

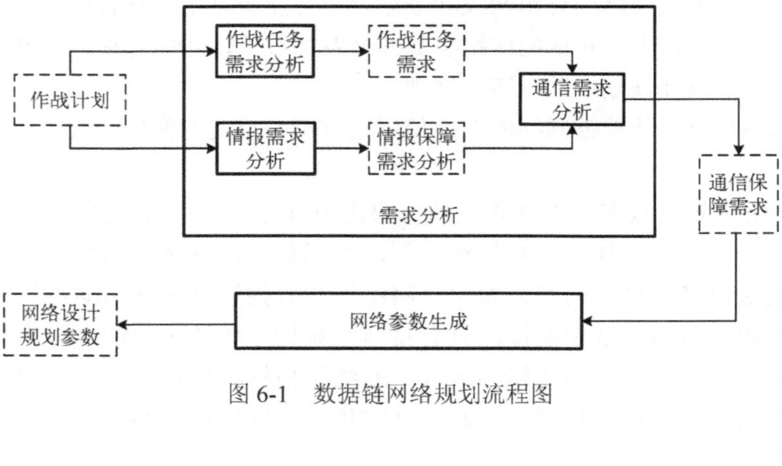

图 6-1　数据链网络规划流程图

1. 需求分析

需求分析主要是指根据作战任务和情报保障任务，分析作战行动组成、行动编成、行动区域、行动时间、行动信息交互需求，提出基于数据链的通信保障需求。具体来说，需求分析又可分为作战任务需求分析、情报保障需求分析和通信需求分析三个步骤。

1) 作战任务需求分析

作战任务需求分析，综合考虑作战对象、作战任务、作战规模、作战环境和数据链使用等因素，根据数据链应用范围、作战任务，对数据链提出一系列的作战使用要求的过程。作战任务需求分析主要考虑参战力量、兵力编成、作战部署、行动计划、指挥关系、协同关系、信息交换要求等内容。作战任务需求分析必须在作战计划已明确各战术行动时间、地点(或行动路线)、编成、指挥活动、协同活动、情报组织活动等的基础上进行。

2) 情报保障需求分析

情报保障需求分析主要明确报告单位、责任区域和航迹报告容量等信息。其中，报告单位是指具有雷情报告职责的平台，包括地面、空中和水面预警探测平台；责任区域用一组地理坐标值表示该单位的报告区域。

3) 通信需求分析

通信需求分析是指根据作战任务需求分析确定的兵力编成和任务编组以及情报保障需求分析确定的雷达保障需求，研究确定数据链通信保障任务，拟制数据链通信需求，确定通信保障范围、数据链网络成员组成，以及各成员之间的信息交互需求等信息。

根据作战地域，确定需数据链保障的通信范围，通常为一组地理坐标值，也可以是作战区域中心点经度、纬度、作战区域半径等。具体来说，通信范围应该覆盖任务区域所有的地面、海面和空中平台，以及所有机动平台从部署地到任务区域的航路覆盖需求。

2. 网络参数生成

网络参数生成是指根据通信保障需求，确定数据链网络结构和入网成员组成，并为各入网平台分配网络资源，生成数据链初始化启动参数的过程。具体来说，网络参数生成应当完成以下内容。

(1) 确定是否采用多网的数据链保障方式。若作战任务中只有一个任务编组，则可采用单网配置方案；若可分为多个任务编组，则可采用多网配置方案，为每个任务编组开设一个数据链子网络。

(2) 为每个入网单元分配平台编识号。在数据链网络中，每个入网单元均具有一个全网唯一的平台编识号，作为它在数据链网络中的身份标识。

(3) 确定消息打包格式。在 Link-11 数据链中，有慢速和快速两种数据传输格式：在慢速格式下，传输速率较低，为 1.09Kbit/s，但抗干扰性能较好，相比快速格式，信噪比提高了 3dB；在快速格式下，传输速率较高，为 1.8Kbit/s，但抗干扰性能较差。在 Link-16 数据链中有 STD-DP、P2SP、P2DP 和 P4SP 四种消息打包格式。不同消息格式对应的传输速率和抗干扰性能各不相同：采用 STD-DP 格式时，传输速率最低，为 26.88Kbit/s，但抗干扰性能最好；采用 P2SP 和 P2DP 两种格式时，传输速率相同，均为 53.76Kbit/s，但 P2DP

的抗干扰性能优于 P2SP；采用 P4SP 格式时，传输速率最高，到达了 107.52Kbit/s，但抗干扰性能最差。因此，要根据任务区域的电磁环境和网络上的信息交互需求，合理地选择消息打包格式。

(4) 确定信号传输频率。在 Link-11 和 Link-22 数据链中，有低和高两个信号传输频段：其中，低频段为 2～30MHz，提供了超视距传输能力，传输距离能达到 300 海里；高频段为 225～400MHz，仅提供视距传输能力，舰对舰最大传输距离仅为 25 海里。同时，在 Link-22 数据链中，当工作在低频段时，传输速率较低，为 1.493～4.053Kbit/s；当工作在高频段时，传输速率较高，可达 12.666Kbit/s。在 Link-16 数据链中，信号有 50 多个信号传输频点，在此基础上，可以选取不同数量和区间的频点构建多套跳频图案。因此，应当根据任务背景、任务区域范围、网络上的交互需求等信息，合理地选择信号传输频率。

(5) 合理设置中继和转发单元。如果网络保障范围超过了数据链最大通信覆盖范围，可以合理地设置中继平台(中继平台应当与其他平台具有良好的传输可达性)，扩展通信覆盖范围；如果在网络中同时配置了多种数据链，由于不同数据链中采用的消息标准和协议有所不同，信息不能直接互通，因此还需要配置转发节点，用来实现消息的链间传输。对中继和转发单元也要额外分配相应的网络资源，以实现消息的中继和转发。

(6) 指定网络成员职责。例如，在 Link-11 数据链中，点名呼叫是网络的正常运行方式，需要指定一个单元为网络控制站，由网络控制站采用轮询方式对其他入网单位进行点名呼叫；在 Link-16 数据链中，采用 TDMA 多址接入技术，整个网络中需要有统一的时间，因此需要指定一个单元为时间基准。

(7) 合理分配网络资源。数据链网络规划的核心问题就是要解决在多种约束条件下合理地分配数据链网络资源。数据链网络的使用存在多方面的制约因素，如战场环境约束、数据链资源约束和数据链能力约束等方面，在进行数据链网络规划时应充分考虑各种约束对数据链资源分配的制约。因为各种约束之间存在相互制约和影响，数据链网络规划很难满足所有约束的要求，此时需要根据约束的重要性和其他原则来进行折中和选择。例如，使用中继可以增加网络的通信覆盖范围，但同时中继转发会额外占用数据链网络资源，从而降低网络的吞吐量。在分配数据链网络资源时需要充分考虑保障任务的特点做出恰当选择。

合理地进行网络资源分配是数据链网络规划的核心问题，也是制约数据链网络性能的关键因素。因此，本节的后两部分重点讲解数据链网络资源分配时的制约约束，以及如何利用优化技术对网络资源分配问题进行优化求解。

6.1.2 网络资源分配的基本原理

网络资源分配是指在数据链网络划分、网内成员，以及信息交互需求已经给定的情况下，确定网络成员如何使用网络资源完成信息的交互。数据链网络的使用存在多种制约因素，网络资源分配就是要在满足各种约束的情况下实现网络性能的最大化。具体来说，数据链网络使用时的制约因素主要有以下几种。

1. 信号的传输距离约束

电磁波信号在传播过程中信号会衰减，并可能被其他物体遮挡，导致信号的传输距离受限。例如，在 Link-11 和 Link-22 数据链中，使用 2～30MHz 的低频段时，电磁波信号的最大传输距离为 300 海里；当使用 225～400MHz 的高频段时，电磁波的最大传输距离为 25 海里；在 Link-16 数据链中，电磁波信号仅能进行视距传输，信号的最大传输距离受到收发双方的天线高度和地形遮挡的影响，如图 6-2 所示。

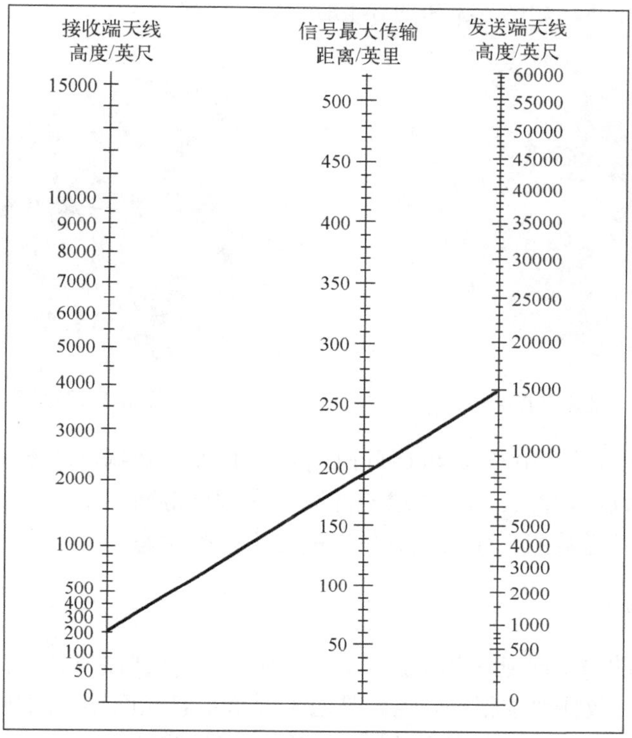

图 6-2　Link-16 数据链的最大传输距离示意图

如图 6-2 所示，在 Link-16 数据链中，当发送端天线高度为 15000 英尺①(4572m)时，接收端天线为 200 英尺(60.96m)时，信号的最大传输距离为 190 英里②(305.77km)。通常可以认为，舰对舰的最大传输距离为 25 海里，舰对空的最大传输距离大约为 150 海里，空对空的最大传输距离为 300 海里。当且仅当通信双方的距离不超过信号的最大传输距离时，双方才能直接通信；否则，需要在通信双方之间布置中继节点，并且确保中继节点与通信双方均能够直接通信。

2. 网络容量约束

在数据链网络中，网络的最大吞吐量是受限的。例如，Link-11 数据链的最大传输速率为 1.8Kbit/s，Link-16 数据链中单网的最大传输速率为 107.52Kbit/s，Link-22 数据链中单网的最大传输速率为 12.666Kbit/s。在一定时间内整个网络中所能传输的消息数量是受限的。

① 1 英尺＝0.3048 米(m)。
② 1 英里＝1.6093 千米(km)。

3. 传输互斥约束

在无线传输环境下，一个网络成员发送的消息，能被信号最大传输距离之内的其他所有网络成员所接收。因此，若数据链网络中有多个成员同时发送消息，将可能在接收端出现信号干扰而导致冲突，如图 6-3 和图 6-4 所示。

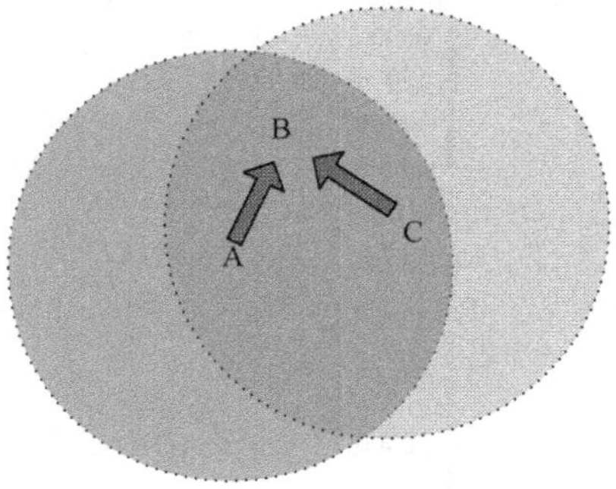

图 6-3　一跳邻节点冲突

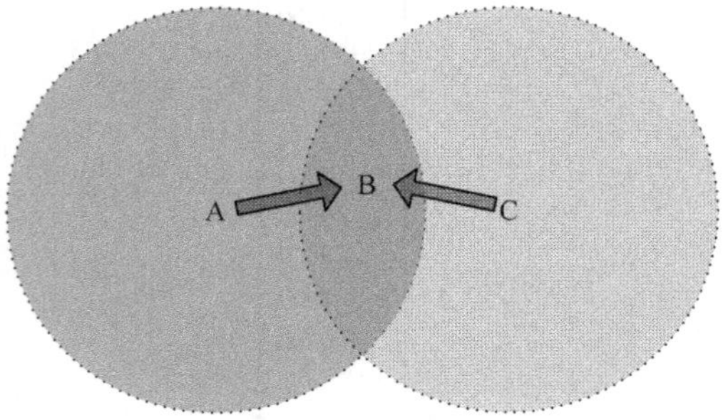

图 6-4　两跳邻节点冲突

在图 6-3 和图 6-4 中，节点 A 和 C 同时向节点 B 发送数据，将会导致在节点 B 处出现信号干扰，从而导致传输冲突。为了避免冲突，在数据链网络中，会要求同一时间内最多只能有一个成员在发送数据，而其他成员只能处于接收状态。

4. 传输时延约束

消息在网络上的传输时延是指消息从产生到接收端收到该消息所花费的时间。在数据链网络中，消息的时效性要求很高，也就是通常要求消息在网络上的传输时延很短。例如，情报单元在探测到敌方作战飞机的信息后，应当实时地将情报传送出去。假设该作战飞机以 1 马赫①的速度在飞行，并且消息的传输时延为 1s，则当该消息被接收到时，该飞机距被探测到时已经飞离了约 340m，导致使用该条消息的单元得到的态势信息与实际情况会有较大的偏差。可见消息的传输时延越大，该消息的价值就越低，甚至会失效。

5. 端机性能约束

在数据链网络中，端机装备的使用还受到其性能约束影响。例如，在 Link-16 数据链中，端机最多只能占用全网 30%的时隙用来发送数据。

网络资源分配问题的本质是在满足各种约束条件下，实现数据链网络资源利用的最大化。因此，该问题可以建模成约束优化问题，并利用优化技术来进行求解。

6.1.3　基于优化技术的网络资源分配方法

我们考虑一个简化的数据链网络资源分配问题。在一个采用 TDMA 多址接入的数据链

① 马赫是速度与音速的比值，1 马赫即 1 倍音速，其具体数值受高度、温度、大气密度等状态影响；在 10000m 高空，1 马赫约为 1062km/h。

网络中有 n 个入网单元$\{1, 2, 3,\cdots, n\}$，其中前 $q(q<n)$个单元$\{1, 2, 3,\cdots, q\}$具有中继能力，并且网络中只允许使用一级中继(即一次通信过程中最多允许使用一个中继单元进行转发)。在一小段时间 w 内，整个网络中共有 s 个时隙可以用来发送 m 个消息$\{t_1,t_2,t_3,t_m\}$。一个消息 t_i 可以用 4 元组$\langle s,r,d,p\rangle$来表示，其中 $t_i(s)$ 表示消息的发送者，$t_i(r)$ 表示消息的接收者，$t_i(d)$表示消息在无中继传输时所需的时隙数，$t_i(p)$表示消息的优先级(数值越大表示优先级越高)。例如，消息 $t_i=\langle 2,4,2,3\rangle$表示消息的发送者为 2 号入网单元；接收者为 4 号入网单元；消息在网络中无中继传输需要 2 个时隙，若采用中继传输则总共需要 4 个时隙(中继该消息也需要 2 时隙)；消息的优先级为 3。为了方便，对问题进行简化，限定同一个时限只能有一个入网单元在传输消息，因此网络中不会出现传输冲突；同时，网络中传输的消息没有时限性要求，因此不关心消息的传输顺序。该网络资源分配的目标是在时隙资源不够用的情况下，从 m 个待传输消息中选择若干个高优先级的在网络上进行传输，使得累计传输的消息优先级最大，同时考虑如下的一些约束条件。

(1) 传输距离约束。通过给定传输可达性矩阵 $\boldsymbol{B}$ 对该约束进行了简化，即对任意两个入网单元 i 和 j，$B[i,j]=1$ 表示 j 在 i 的最大传输距离之内，双方可直接通信；$B[i,j]=0$ 表示 j 在 i 的最大传输距离之外，此时，j 必须通过中继单元才可能收到来自 i 的消息。

(2) 中继传输约束。若入网单元 i 发送给入网单元 j 的消息需要通过中继单元 l，则 i 和 l 的通信以及 l 和 j 的通信同样也必须满足传输距离约束，即要求 $B[i, \mathrm{l}]=1$ 并且 $B[\mathrm{l},j]=1$。

(3) 网络容量约束。所有在网络中成功传输的消息所用的时隙之和不能超过网络中总共可用的时隙数 s。

(4) 端机性能约束。给定端机的最大负载能力 L，对任意入网单元 i，$0\leqslant L[i]\leqslant 100$，表示在时间 w 内，入网单元 i 最多能够使用 $s\times\dfrac{L[i]}{100}$个时隙发送消息。

上述数据链网络资源分配可以建模成约束优化问题，然后通过局部搜索和全局搜索两种优化求解方法进行求解。

1. 约束优化问题建模

给定一组变量 $X=\{X_1,X_2,X_3,\cdots,X_v\}$ 共 v 个变量，其中变量 X_i 的取值范围为 $D(X_i)$；给定一组约束 $C=\{C_1,C_2,C_3,\cdots,C_u\}$ 共 u 个约束，其中约束 C_i 可以看成一个函数，即

$$C_i:\{D(X_1)\times D(X_2)\times\cdots\times D(X_v)\}\to\{\text{true},\text{false}\}$$

给定一组值 $A=\{A_1,A_2,A_3,\cdots,A_v\}$，其中 $A_i\in D(X_i)$，若 $C_i(A)=\text{true}$，表示当变量 $X=A$ 时，约束 C_i 将被满足，否则表示该约束将不被满足；给定一个目标函数 f 为

$$f:\{D(X_1)\times D(X_2)\times\cdots\times D(X_v)\}\to\mathbb{R}$$

则求解一个最优解 $\overline{A}$，使得所有约束 C 都被满足，且使目标函数 f 取得最大值的优化问题可以描述成如下的约束优化问题：

$$\begin{gathered}\max f\\ \text{s.t.}C\end{gathered}$$

式中，$\max f$ 为优化的目标是最大化目标函数 f 的取值；s.t. 为英文 subject to 的简写，表

示要满足某些满足约束条件。回顾之前定义的数据链网络资源分配问题，该问题需要从 m 个消息 $\{t_1, t_2, t_3, t_m\}$ 中选取一些高优先级的在数据链网络中进行传输，如果某个消息 t_i 的传输过程需要中继，还需要指定其传输该消息所使用的中继节点。下面将该问题建模成一个约束优化问题。

1) 确定变量 X

对每一个消息 t_i，需要确定该消息是否能在网络上进行传输，如果传输，则可能需要使用中继。定义如下的变量 $\boldsymbol{X}$：

$$\boldsymbol{X}=\left\{\begin{matrix} X_1 & X_2 & \cdots & X_{q+1} \\ X_{q+2} & X_{q+3} & \cdots & X_{2(q+1)} \\ & \vdots & & \\ X_{(m-1)(q+1)+1} & X_{(m-1)(q+1)+2} & \cdots & X_{m(q+1)} \end{matrix}\right\}$$

对消息 $t_i\,(1\leqslant i\leqslant m)$，若 $X_{(i-1)(q+1)+1}=1$，则表示消息 t_i 将被选中在网络上进行传输；若 $X_{(i-1)(q+1)+1}=0$，则表示消息 t_i 未被选中在网络上进行传输。对中继单元 $j\,(1\leqslant j\leqslant q)$，若 $X_{(i-1)(q+1)+1+j}=1$，则表示消息 t_i 的传输过程中需要中继单元 j 进行中继；若 $X_{(i-1)(q+1)+1+j}=0$，则表示消息 t_i 的传输过程中不需要中继单元 j 进行中继。因此 $\sum_{j=1}^{q}X_{(i-1)(q+1)+1+j}=0$ 时，表示消息 t_i 的传输不需要中继。根据上面的分析，可以得到所有变量的取值范围均为 $\{0,1\}$。

2) 确定约束 C

(1) 一级中继约束。

在每一个消息 t_i 的传输过程中，最多使用一级中继，即

$$\forall 1\leqslant i\leqslant m,\quad \sum_{j=1}^{q}X_{(i-1)(q+1)+1+j}\leqslant 1$$

(2) 中继传输距离约束。

在每一个消息 t_i 的传输过程中，若使用中继单元 j 进行中继，则 j 处于该消息 t_i 的发送者 $t_i(s)$ 的最大传输距离之内，同时该消息 t_i 的接收者 $t_i(r)$ 处于 j 的最大传输距离之内，即

$$\forall 1\leqslant i\leqslant m,\forall 1\leqslant j\leqslant q,\quad X_{(i-1)(q+1)+1+j}\leqslant \max\{B[t_i(s),j]+B[j,t_i(r)]-1,0\}$$

上式表明，仅当 $B[t_i(s),j]=1$ 且 $B[j,t_i(r)]=1$ 时，$X_{(i-1)(q+1)+1+j}$ 才有可能等于 1。

(3) 最大传输距离约束。

对消息 t_i，若其接收者 $t_i(r)$ 处于发送者 $t_i(s)$ 的最大传输距离之外，则消息 t_i 的传输必须依赖中继，即

$$\forall 1\leqslant i\leqslant m\quad \text{s.t.}\quad B[t_i(s),t_i(r)]=0,\quad X_{(i-1)(q+1)+1}=\sum_{j=1}^{q}X_{(i-1)(q+1)+1+j}$$

(4) 中继需求约束。

对消息 t_i，若其接收者 $t_i(r)$ 处于发送者 $t_i(s)$ 的最大传输距离之内，则消息 t_i 的传输不需要依赖中继，即

$$\forall 1 \leqslant i \leqslant m \quad \text{s.t.} \quad B[t_i(s), t_i(r)] = 1, \quad \sum_{j=1}^{q} X_{(i-1)(q+1)+1+j} = 0$$

(5) 网络容量约束。

网络上传输的消息所用的时隙数之和不能超过网络上总计可用的时隙数 s，即

$$\sum_{i=1}^{m} t_i(d) \times \left(X_{(i-1)(q+1)+1} + \sum_{j=1}^{q} X_{(i-1)(q+1)+1+j} \right) \leqslant s$$

式中，$t_i(d)$ 为消息 t_i 在网络中无中继传输时需要的时隙数量，该消息在网络上中继所耗费的时隙数为 $t_i(d) \times \sum_{j=1}^{q} X_{(i-1)(q+1)+1+j}$。

(6) 端机性能约束。

对入网单元 $j\,(1 \leqslant j \leqslant n)$，其装备负载能力限制最多能使用 $s \times \dfrac{L[j]}{100}$ 个时隙发送消息，即

$$\forall 1 \leqslant j \leqslant q, \quad \sum_{1 \leqslant i \leqslant m \ \ \text{s.t.} \ \ t_i(s)=j} t_i(d) \times X_{(i-1)(q+1)+1} + \sum_{i=1}^{m} t_i(d) \times X_{(i-1)(q+1)+1+j} \leqslant s \times \frac{L[j]}{100}$$

$$\forall q < j \leqslant n, \quad \sum_{1 \leqslant i \leqslant m \ \ \text{s.t.} \ \ t_i(s)=j} t_i(d) \times X_{(i-1)(q+1)+1} \leqslant s \times \frac{L[j]}{100}$$

对中继单元 $j\,(1 \leqslant j \leqslant q)$，作为消息的发送者占用的时隙数为 $\sum_{1 \leqslant i \leqslant m \ \ \text{s.t.} \ \ t_i(s)=j} t_i(d) \times X_{(i-1)(q+1)+1}$，作为中继转发消息占用的时隙数为 $\sum_{i=1}^{m} t_i(d) \times X_{(i-1)(q+1)+1+j}$；对非中继单元 j $(q < j \leqslant n)$，只有作为消息的发送者所占用的时隙数

$$\sum_{1 \leqslant i \leqslant m \ \ \text{s.t.} \ \ t_i(s)=j} t_i(d) \times X_{(i-1)(q+1)+1}$$

3) 确定目标函数

网络资源分配的目标是尽量传输优先级高的消息，可以定义目标函数：

$$f(X) = \sum_{i=1}^{m} t_i(p) \times X_{(i-1)(q+1)+1}$$

式中，$t_i(p)$ 为消息 t_i 的优先级。优化的目标是最大化 $f(X)$ 的值。

通过上面的分析，给出了针对一个简化的数据链网络资源分配问题的约束优化问题模型。很明显，在上述模型中，目标函数 f 是变量 x 的线性函数，所有约束 C 也都是变量 X 的线性函数，同时所有变量 X 的取值范围都是{0, 1}的整数，该模型属于 0-1 整数规划问题。通常，该类问题的求解可以使用运筹学中特定的整数规划算法进行求解，感兴趣的可以参考整数规划方面的文献。然而，在实际的数据链网络资源分配问题中，通常存在着大量非线性约束，此时这类特定的整数规划算法就不适用了。下面介绍求解一般约束优化问题的两类通用方法：全局搜索和局部搜索方法。

2. 基于全局搜索的优化求解

给定一个约束优化问题 $P=\langle X,D,C,f\rangle$，其中 $X=\{X_1,X_2,\cdots,X_v\}$ 为 v 个变量，变量 X_i 的取值范围为 $D(X_i)$，$C=\{C_1,C_2,\cdots,C_u\}$ 为优化问题 P 的解需要满足的 u 个约束条件，f 为优化目标函数。该问题的解空间为 $\{D(X_1)\times D(X_2)\times\cdots\times D(X_v)\}$，该空间含有 $\prod_{i=1}^{v}|D(X_i)|$ 个候选解。通常来说，求解该优化问题的最优解，需要遍历整个解空间的 $\prod_{i=1}^{v}|D(X_i)|$ 个候选解：依次判断当前候选解是否满足约束条件 C，如果所有约束均满足，则称该候选解为优化问题的一个解，并用目标函数 f 对该解的优化性进行评估；直到最后一个候选解被遍历后，具有最优目标函数值的解才能被确定。这种遍历全部解空间搜索最优解的方法称为全局搜索。

下面看一个具体的例子。在一个约束优化问题 $P=\langle X,D,C,f\rangle$ 中，$X=\{X_1,X_2,X_3\}$ 为 3 个变量，$D(X_1)=D(X_2)=\{1,2,3\}$，$D(X_3)=\{1,2\}$，即变量的 X_1 和 X_2 取值范围为 1～3 的整数，变量 X_3 的取值范围为 1～2 的整数；$C=\{C_1,C_2\}$ 为 2 个约束条件，如图 6-5 所示。

$$C_1:\quad X_1+X_2\geqslant 3$$
$$C_2:\quad X_2+X_3\leqslant 2$$

式中，约束条件 C_1 要求两个变量 X_1 与 X_2 的和不能小于 3，约束条件 C_2 要求两个变量 X_2 与 X_3 的和不能大于 2。该问题的优化目标是找到一个解使目标函数 f 的取值最小，其中目标函数 f 的定义为

$$f=X_1\times X_2+X_3$$

在全局搜索的过程中，需要依次遍历解空间的所有候选解，通常采用基于深度优先的搜索树的形式，如图 6-5 所示。其中，每一个节点上的分枝代表着相应变量的一次赋值操作。例如，根节点 X_1 上的第一个分枝代表着赋值 $X_1=1$；树中的每一个叶节点代表着解空间中的一个候选解，该例中解空间中含有 $\prod_{i=1}^{3}|D(X_i)|=3\times3\times2=18$ 个候选解，因此搜索树中含有 18 个叶节点；每个叶节点回溯到根节点的路径上包含的所有分枝构成了相应候选解上所有变量的赋值，如第一个叶节点代表的候选解为$(X_1=1, X_2=1, X_3=1)$。

在全局搜索过程中，依次遍历着树上每一个叶节点，判断相应的候选解是否满足所有约束条件 C。很明显，第一个叶节点代表的候选解$(X_1=1, X_2=1, X_3=1)$不是该问题的解，因为约束 C_1 不能被满足；第二个叶节点代表的候选解$(X_1=1, X_2=1, X_3=2)$也不是该问题的解，因为约束 C_1 和 C_2 都不能被满足；该过程一直持续下去，直到遍历到最后一个叶节点$(X_1=3, X_2=3, X_3=2)$，可发现解空间共有两个解分别为$(X_1=2, X_2=1, X_3=1)$和$(X_1=3, X_2=1, X_3=1)$。分别用目标函数评估两个解的优劣性，可以得到$(X_1=2, X_2=1, X_3=1)$是该问题的最优解。

在上面的搜索过程中，仅是在每一个叶节点处，使用约束条件 C 判断相应的候选解是否为该问题的解。实际上，可以在中间节点，甚至根节点处使用约束条件剔除变量值域中

不合理的值，充分利用约束来提高全局搜索方法的性能。例如，在根节点应用约束条件 $C_2: X_2 + X_3 \leqslant 2$，很明显仅当 $X_2 = 1$ 且 $X_3 = 1$ 时，该约束条件才能被满足。因此在根节点处，就能将 2 和 3 从变量 X_2 的值域中剔除，将 2 从变量 X_3 的值域中剔除，即将变量 X_2 和 X_3 的值域修改为 $D(X_2) = \{1\}$ 和 $D(X_3) = \{1\}$，如图 6-6 所示。

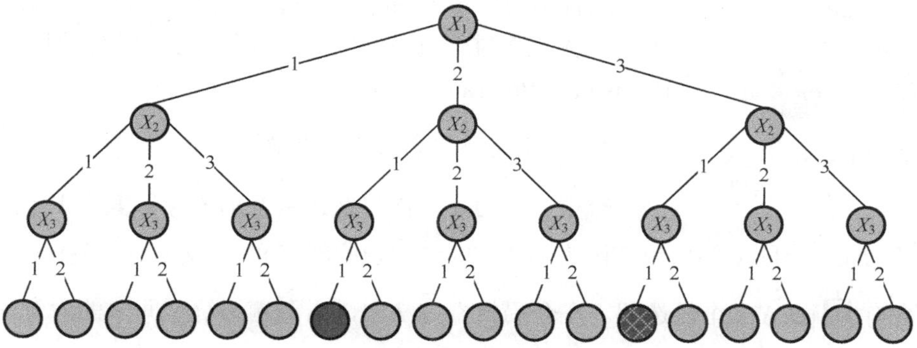

图 6-5　基于深度优先的搜索树

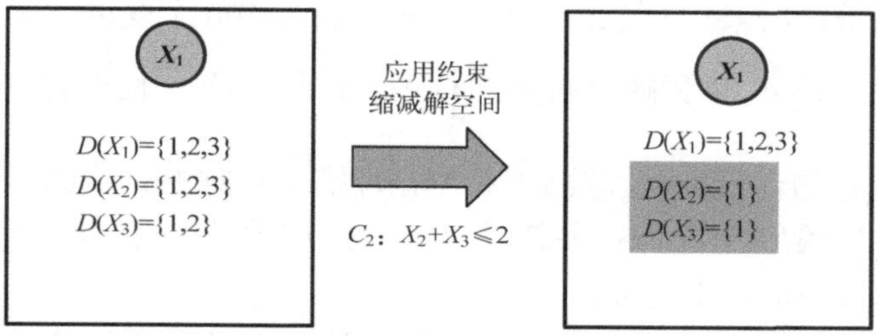

图 6-6　在根节点应用约束以 C_2 缩减解空间

此后，继续在根节点处应用约束条件 $C_1: X_1 + X_2 \geqslant 3$。由于变量 $X_2 = 1$，要使约束 C_1 被满足，那么变量 X_1 只能为 2 或 3。因此，应用约束 C_1，能将 2 从变量 X_1 的值域中剔除，即将变量 X_1 的值域修改为 $D(X_1) = \{2,3\}$，如图 6-7 所示。

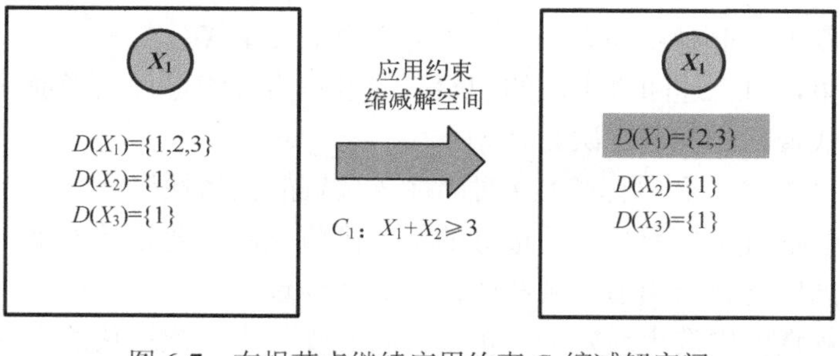

图 6-7　在根节点继续应用约束 C_1 缩减解空间

此时，继续应用约束条件 C 已经无法压缩解空间，可以在根节点进行分枝操作。由于在根节点应用约束 C 缩减解空间后，变量 X_2 和 X_3 都只能取值 1，此时在根节点进行分枝 $X_1 = 2$ 和 $X_1 = 3$ 操作后，所有变量 X_1、X_2 和 X_3 都已被赋值，形成了一个仅含有 2 个叶节点的搜索树，如图 6-8 所示。

相比图 6-5 中的搜索树有 18 个叶节点，图 6-8 中仅有 2 个叶节点，搜索性能提高了 9 倍。因此，在全局搜索方法中，提前应用约束条件能有效缩减求解空间，能有效提高算法的性能。当然在每个节点都应用约束条件也会在中间节点带来计算消耗，但通常这点消耗远小于压缩求解空间后带来的收益。基于这样的理念，在 20 世纪 90 年代，人工智能领域诞生了一个活跃的子研究领域约束规划(Constraint Programming)。

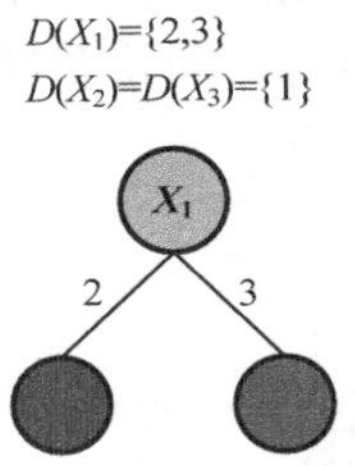

图 6-8　在根节点应用约束 C 缩减解空间后的搜索树

3. 基于局部搜索的优化求解

给定一个约束优化问题 $P=\langle X,D,C,f\rangle$，其中 $X=\{X_1,X_2,\cdots,X_v\}$ 为 v 个变量，变量 X_i 的取值范围为 $D(X_i)$，则该问题的解空间为 $\{D(X_1)\times D(X_2)\times\cdots\times D(X_v)\}$，该空间含有 $\prod_{i=1}^{v}|D(X_i)|$ 个候选解。在全局搜索方法中，需要遍历解空间中的所有候选解，如果解空间中候选解的数量很大，则该方法的求解性能可能会急剧下降，甚至可能无法在有效时间内把问题求解出来。假定 $X=\{X_1,X_2,\cdots,X_{100}\}$ 为 100 个变量，每个变量 X_i 的取值范围为 $D(X_i)=\{1,2,3,\cdots,10\}$，则该解空间含有 $\prod_{i=1}^{v}|D(X_i)|=10^{100}$ 个候选解。在一台 CPU 为 Intel i5 3.19Hz、4GB 内存的台式机上，做 10^9 个空循环需要耗时 1s，据此推算，使用该计算机遍历含有 10^{100} 个候选解的解空间需要耗时 10^{91}s(约为 10^{83} 年)。因此，对于复杂的问题，全局搜索方法通常求解性能并不是很好。

与全局搜索方法相对应，还有一种方法叫局部搜索，它不保证能够遍历解空间的所有解，可能无法找到优化问题的最优解，但该方法通常能够在限定的时间内找到一个比较优化的解。因此，求解复杂的问题，通常会采用该方法。与基于搜索树的搜索过程不同，局部搜索方法的搜索过程通常如下所示：

```
1  循环遍历 X 中的每一个变量 Xi
2  随机选取一个值 Ai ∈ D(Xi)，并将 Ai 赋值给变量 Xi
3  循环结束，将上述随机生成的初始候选解作为搜索过程的当前候选解
3  循环迭代搜索过程一定次数
4  使用约束条件 C 和目标函数 f 对当前候选解的优劣性进行评价
5  若当前候选解是目前找到的最好的解，则将该候选解记录下来
6  在解空间中，找出当前候选解的几个邻居候选解
7  从邻居候选解中选出最好的一个，并将它作为下一次迭代的当前候选解
8  循环结束，输出上述搜索过程中记录下来的最优解
```

上述搜索过程，如第 6 和 7 行所示，每一步搜索迭代中，只能从当前的邻居中找出最好的一个邻居。由于对整个解空间缺乏了解，该搜索过程容易陷入一个局部最优解的陷阱中，导致求解性能不佳，如图 6-9 所示。

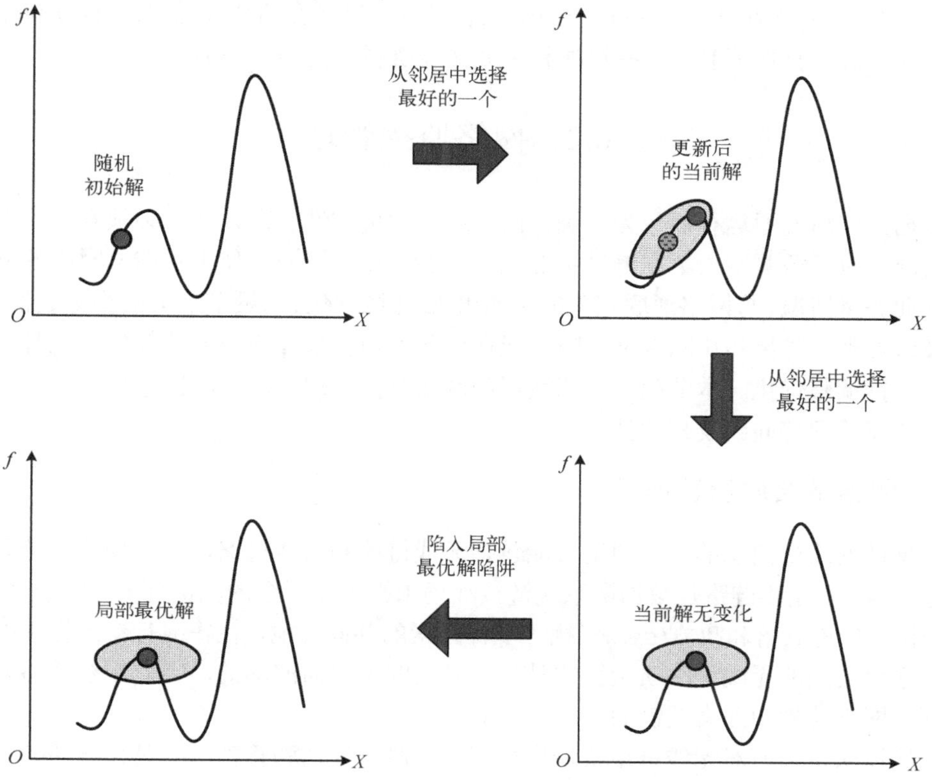

图 6-9　局部搜索中的局部最优解陷阱问题

为了克服局部最优解陷阱问题，通常会在局部搜索过程中增加陷阱检测和逃离机制，如下所示：

```
循环遍历 X 中的每一个变量 X_i
随机选取一个值 A_i ∈ D(X_i)，并将 A_i 赋值给变量 X_i
循环结束，将上述随机生成的初始候选解作为搜索过程的当前候选解
循环迭代搜索过程一定次数
使用约束条件 C 和目标函数 f 对当前候选解的优劣性进行评价
若当前候选解是目前找到的最好的解，则将该候选解记录下来
在解空间中，找出当前候选解的几个邻居候选解
从邻居候选解中选出最好的一个，并将它作为下一次迭代的当前候选解
局部最优解陷阱检测
如果陷入局部最优解陷阱，则启动跳出陷阱机制
循环结束，输出上述搜索过程中记录下来的最优解
```

在检测到搜索过程陷入局部最优解陷阱后，通过随机对当前候选解进行一些修改以期盼能够跳出陷阱。例如，在基于约束的局部搜索(Constraint-based Local Search)中采用的重

启操作、在禁忌搜索(Tabu Search)中的禁忌表操作，以及在遗传算法(Genetic Algorithm)中的变异操作等，具体可参考这些算法相关的文献资料，此处不作展开。

6.2 网络监控管理

数据链网络开通运行后，为了确保网络运行的可靠性和高效性，必须实时监视网络的运行情况，包括监测网内数据链设备的工作状态、信道资源的使用状态、网内各节点的信息交互业务量情况、与网络通联相关的自然/电磁环境变化、入网节点间的实际通信质量等，从而及时发现、隔离和排除网络故障，或在任务保障需求、组网条件发生变化时对网络参数配置进行调整优化。本节简要介绍数据链网络监控管理中涉及的链路质量管理、移动性管理、故障管理等问题及相关技术。

6.2.1 网络链路质量管理

数据链网络中消息的传递通道可能包括无线链路和有线链路，二者均涉及链路质量管理问题。其中，无线链路是数据链系统链接战场末端机动平台的关键部分，由于平台机动、设备故障、信道衰落和敌方/己方干扰等多种因素的共同影响，在作战行动过程中网络中任意两个平台之间的无线链路质量往往是随着时间的推移而波动的，因此无线链路质量管理是数据链网络管理中非常关键的一环。

长期以来，如何对无线链路质量进行精准预测、评估和管理一直是无线通信系统设计和应用中的一个基础性问题。目前学术界对于无线通信、无线传感器网络等场景下的链路质量估计与管理问题已开展了大量研究，形成了许多可供借鉴的成果，而针对战术数据链系统无线链路质量研究的公开资料则相对较少。以下对数据链网络无线链路质量管理，尤其链路质量评估相关的问题和技术进行简要介绍。

1. 数据链无线链路特点

战术数据链系统通常选用的频段包括短波、超短波和微波频段，其中频段资源较宽、可实现高速率传输的微波频段应用尤其广泛。一方面，不同频段的无线信道在通信系统中将各自表现出一些独有的特点；另一方面，与普通通信系统相比，数据链系统无线链路的设计实现和使用场景也具有许多独特之处，这些因素都将对链路质量估计的具体需求和实现产生影响。总体而言，数据链系统的无线链路通常具有如下特点。

(1) 时变性。短波等无线信道参数天然具有随时间变化的特点，加上作战区域内复杂的地形、电磁等环境因素的影响，以及飞机、舰船等数据链网络成员之间的高速相对运动，使得数据链系统的无线链路具有时变性。

(2) 对抗性。鉴于数据链系统在作战体系中所的核心地位和关键作用，在交战过程中，敌我双方必然会针对开放的数据链无线信道进行激烈的攻、防对抗，数据链系统的无线链路情况将很大程度上取决于双方各种干扰、抗干扰技术手段和战术的运用。

(3) 远距离大范围。在现代信息化、体系化作战背景下，数据链网络支撑的常常是立体化、大范围、多军兵种的体系作战行动，网络成员之间通信距离可从数十米至数百千米，在这种高动态范围组网模式下，链路特点以及相应的无线链路质量估计问题都与普通蜂窝移动通信、自组织传感器网络等有明显差异。

(4) 不对称性。链路不对称是指通信连接双向(即通常所谓的上行链路和下行链路)之间的差异大于一定阈值。在数据链系统中，由于地面、舰船、飞机等不同平台加载的数据链装备在尺寸、功率、器件等级、收发天线数量和位置等方面存在着差异，因此两个数据链网络平台之间的双向无线链路常常是不对称的，这一方面带来了对链路双向分别进行质量估计(并用于指导网络配置的调整优化)的需求，另一方面也增加了链路质量估计方法的实现复杂度。

2. 链路质量评价方法

对于无线链路的质量进行评价估计的方法通常称为 LQE(Link Quality Estimator)，目前，国内外学术界、工业界在无线网络链路质量度量/估计方面已经开展了大量的研究，针对各种场景和网络类型提出了许多链路质量度量/估计方法，从不同的角度出发，对这些方法可以有多种分类方法，如图 6-10 所示。

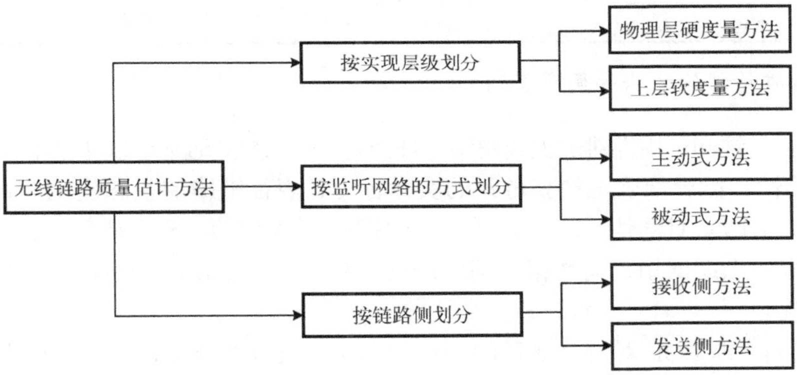

图 6-10　无线网络链路质量估计方法分类

按照度量/估计方法在网络参考模型中的实现层级，可以大致分为硬度量和软度量方法，其中硬度量方法是在物理层通过无线收发硬件测量的 RSSI、SNR、LQI 等物理指标参数，软度量方法则是在网络参考模型上层通过诸如接收分组计数统计等软件算法实现度量估计。按照实施度量/估计过程中节点监听网络的方式，可以分为主动式方法和被动式方法，主动式方法是指节点主动地广播或单播发送专门的探测分组以评估链路质量，而被动式方法则仅通过被动监听和分析网络中的业务流量实现对链路质量的评估。按照获取度量/估计结果的节点在链路收发的哪一侧，可分为发送侧方法和接收侧方法，大部分链路质量度量/估计方法属于接收侧方法，接收节点通过从接收机中读取物理指标参数或从接收的分组中提取流水号、时间戳等信息计算度量/估计结果，由于重传、拥塞控制等网络协议机制的存在，发送节点通过分析被发送分组的时间戳、流水号、重传计数等，也可以实现一些发送侧的链路质量度量/估计。

表 6-1 列出了一些典型的无线链路质量估计方法。

表 6-1　常用无线链路质量指标

指标	定义	特点及说明
RSSI	接收信号强度指示器：无线电收发器的 RSSI 寄存器指示接收数据包的信号强度	在有的设备中，当没有传输时，RSSI 指示本底噪声强度
SNR	信噪比：纯接收(即无噪声)信号强度和噪声强度之间的比值，常以分贝表示	与 PRR 关联性强，可作为 PRR 的良好指标，有时甚至可用于预测 PRR
LQI	链路质量指示器：该指标在 IEEE 802.15 标准中被提出，但其具体定义和估算方法由各设备商确定	以硬件 CC2420 为例，其 LQI 根据接收数据包的前八个符号进行测量，取值范围为 50～110(数值越高越好)
PRR	分组接收率：也称为分组成功率(PSR)，成功接收的包数与发送的包数的比率	PER(分组差错率)是与 PRR 类似的度量，它等于 1-PRR。PRR 在路由协议中得到了广泛的应用，并常被用作无偏度量以评估硬度量评估方法的准确性
WMEWMA	指数加权滑动平均：使用 EWMA 滤波器平滑 PRR 得到的近似 LQE	与 PRR 相比，使用 EWMA 滤波器的 LQE 更为稳定，且足够灵活
RNP	分组需传输次数：分组成功接收之前所需传输/重传的平均次数	属于发送侧 LQE，因未考虑分组丢失的具体情况，其稳定性易受链路不对称性影响
Four-bits	四位度量-综合来自物理层、链路层和网络层的四种信息，通过 EWMA 滤波器通过组合 RNP 和 WMEWMA 两个度量进行链路质量评估	既是发送侧 LQE 也是接收侧 LQE，考虑了链路的不对称性。结合使用被动方式和主动方式进行链路监控

3. 链路质量评价方法的衡量标准

LQE 的科学性和可用性对于无线网络管理而言非常关键，通常可以从以下方面进行衡量。

(1) 准确性。能否准确地捕获链路的实际行为、表征链路的状态变化，直接关系到该 LQE 的有效性，即它对其他网络协议或用户的指示/参考价值。无论是高估还是低估链路质量，都可能导致系统或用户对数据链网络的真实状态作出错误的判断，进而导致错误的决策和应对处理。

(2) 敏感性。即 LQE 对链路质量的变化做出快速反应的能力，对于突发的链路变化(如设备故障、敌方干扰)，足够的 LQE 敏感性可以保证路由协议、拓扑控制机制或用户及时掌握链路情况，进而在允许的时限内根据底层链路的变化，快速作出适应性的调整。

(3) 稳定性。即 LQE 容忍链路质量瞬态(短期)变化的能力，敏感性与稳定性之间存在一定的矛盾，高敏感性 LQE 可能更容易受链路瞬变、噪声的影响，就某些应用场合而言，过度敏感可能会不必要地频繁触发数据链网络模式切换、路由更新、流量控制等机制，或是通过频繁告警给数据链网络维护管理人员及节点用户带来额外的认知负担，此时稳定性是衡量 LQE 不可或缺的标准。LQE 的稳定性可以通过链路质量估算的变异系数来评估。

(4) 资源开销。进行链路质量的估计将不可避免地计算、通信、能量等方面的资源开销，在无线传感器网络等节点资源受限的领域中，节点的计算和能力开销都是需要重点考虑的因素。在数据链网络中，由于频率、时隙等网络通信资源非常宝贵，因此引入的通信开销大小是衡量 LQE 性能及可用性的重要依据。

在不同的应用场合下，对数据链无线链路质量评估的具体需求可能存在差异，设计和选择 LQE 时需要根据具体需求在准确性、敏感性、稳定性及资源开销等指标之间进行权衡和折中。

6.2.2　成员移动性管理

飞机、舰艇等机动平台是数据链网络保障的重要对象，这些平台在网络运行期间通常处于运动状态中，这导致网络的状态也将时刻发生变化，例如随着网络节点的移动，节点间通信距离、通视条件、环境干扰等因素都将发生变化，导致网络链路通信质量也发生变化，进而产生调整接入点、网络中继、网络资源(如时隙或频率)等网络管理需求。

移动性管理是无线通信网络领域的一个重要问题，其目的是通过跟踪网络节点的位置，及时调整优化节点和网络的参数配置，以保证节点间通信的可达性、连续性。在移动性管理中，一个核心问题是越区切换管理，当机动平台节点大范围机动，即将超出原地面主控节点的通信覆盖范围时，需及时将其切往新的主控节点，即将新的主控节点和机动节点的通信参数调整为互通状态。

为实现及时、准确的越区切换管理，首先需要解决的问题是对切换时机的准确把握。由于标准的切换过程需要原主控站、新主控站和机动平台三者之间进行通信联络，如果切换时机把握不当，可能导致机动平台与原主控站的通信中断，同时未能与新主控站建立通信。较为简单的判断方法是，在进入越区切换流程前，先分别监测机动平台与原主控站、新主控站的通信质量，当机动平台与原主控站通信质量低于切出阈值，且与新主控站通信质量高于切入阈值时，可以进入切换流程。然而，由于数据链网络链路环境具有很大的不确定性，上述切换时机判断方法在某些情况下可能导致不必要的频繁来回切换(称为“乒乓效应”)，因此更合理的方式是结合机动平台运动趋势、网络覆盖统计等信息进行综合判断。

当确定要进行越区切换时，根据系统的组网原理特点，机动平台与地面主控站的一方或双方需要对网络参数进行调整。例如，在轮询网络中，通常以地面节点为主控站并保持波道不变，因此在越区切换过程中机动平台将其波道参数从与原主控站一致状态切换为与新主控站一致，而原主控站、新主控站在切换过程中需分别在其轮询表中删除和增加该越区机动节点。由于在切换过程中涉及三方之间的多次交互及参数调整。切换过程可能不成功，并导致三者网络参数进入不一致状态，因此越区切换管理还涉及对切换失败情况下的状态回退技术。

6.2.3　网络故障管理

网络及其所含节点、设备能否保持健康稳定运行，将直接影响着数据链对行动任务的保障效能。在激烈的战场对抗中，因设备故障、平台战损、环境变化等原因，导致数据链网络出现异常甚至故障的情况通常难以避免。因此，对数据链网络进行故障管理非常必要。

数据链网络故障管理就是以数据链系统组网原理、数据链设备功能性能、网络链路特性等知识为基础，以网络故障检测、故障诊断、故障处理等工具为手段，从故障现象入手，获取诊断信息，确定故障位置，查找问题根源，消除故障条件，直至恢复网络正常运行的过程。与其他类型网络和系统的故障管理过程相似，数据链网络的故障管理过程主要包括故障检测、故障诊断、故障修复等环节，具体流程如图 6-11 所示。在上述每个环节中，都涉及许多技术问题。

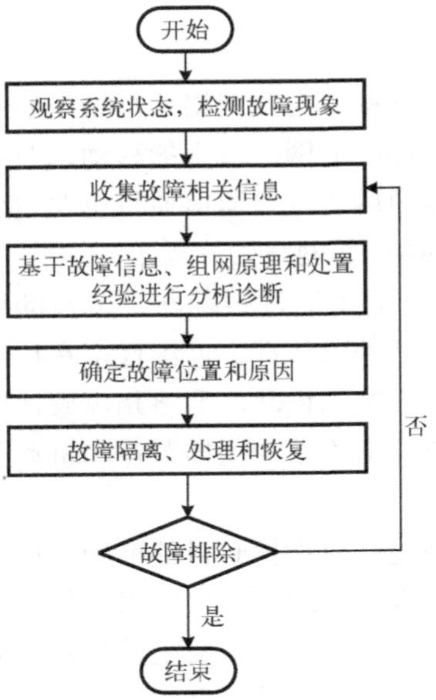

图 6-11 数据链网络故障处理流程

1. 故障检测技术

数据链系统关联的节点要素多，系统组成复杂，可能引起数据链网络故障的原因很多，如由节点硬件装备引起、由系统或应用软件缺陷引起、由网络传输环境引起、由网络配置引起、由网络攻击引起等。可以按网络故障的位置、性质、对象、原因、层次等方式对其进行分类。

对于一些常见的、影响较为严重的故障类型，数据链系统通常会设计相应的故障自动检测与告警机制，以实现对故障的快速反应和处置。例如，数据链端机设备可能设计自检功能，在开机初始化过程及运行过程中，均可实现板卡级的故障检测定位。故障自检和报告警示机制的不足之处是，设备发生严重故障(如供电故障)后，其自带的故障自检功能无法运作和发挥所用。不同于自检的故障检测方式是，由系统内其他设备或功能模块(记为 A)对可能发生故障的关键设备或功能模块(记为 B)进行健康检测。例如，A 在必要时刻或周期性地向 B 发送健康状态探测/询问信号或报文，然后从反馈信号/报文中确定 B 的运行状态是否正常，也可由 B 自动周期性向外报告自身健康状态报文或简单的“心跳”信号，当 A 在一段时间内持续接收不到 B 的健康报告，即可判断 B 发生了故障或 A 与 B 之间的通信链路出现了故障。

2. 故障诊断技术

数据链网络故障诊断技术的作用是基于数据链系统和设备的当前状态、故障现象、运行环境和历史记录等信息，结合网络组网工作原理，通过一些分析方法对网络内与当前故障相关的各种难以直接观测的深层次隐含状态进行识别估计，进而确定导致故障的问题根源。由于数据链系统具有高度的复杂性，对数据链网络故障进行准确诊断需要网络运维管理者具有很高的洞察力、判断力和故障处理相关经验。在各种复杂系统运维保障领域，涌现了故障树、关联分析、规则推理等行之有效的故障分析、诊断技术，近年来，随着人工智能技术的发展，故障诊断技术也朝着智能化方向发展。

故障树分析(Fault Tree Analysis，FTA)是一种面向故障诊断的图形演绎分析方法，它通过对可能导致故障的硬件、软件、环境，人为因素等各种因素或事件，按照由整体至局部逐渐细化的方式进行分解分析，形成树状结构的、较为严密的分析模型，如图 6-12 所示，其中故障因素/事件之间的分解、组合逻辑关系用逻辑与、或门标识。FTA 诊断技术兼顾了定性和定量模型诊断的优点，可以将系统理论模型和人工经验融入其中，利用 FTA 可以确定故障发生的概率，评价引发故障的各种因素的相关重要度。

规则推理(Rule Based Reasoning，RBR)诊断技术利用系统规则、搜索策略和推理技术，实现从故障现象到故障原因的映射。诊断推理规则可以来自于专家经验知识，也可以来自系统工作原理或客观世界的基本规律。由于规则知识表达和推理过程与人的认知和思考具有较大的相似度，基于规则推理的故障诊断技术天然具有表示直观、易解释等优点，因此其应用非常广泛，尤其是其可以应用于难以建立数学模型的系统。

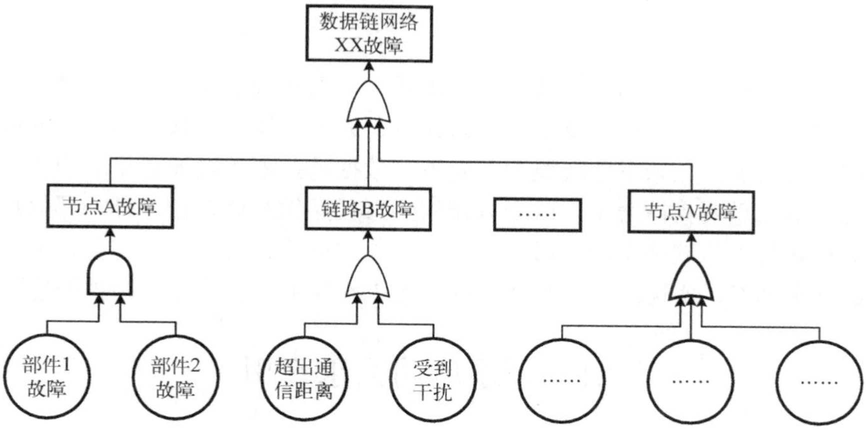

图 6-12　故障树诊断

小　　结

本章从网络设计规划和网络监控管理两方面简要介绍了数据链网络管理相关问题和技术。在网络设计规划方面，介绍了数据链网络设计规划的基本流程、网络资源分配的基本原理、基于优化技术的网络资源分配方法等内容；在网络监控管理方面，重点介绍了网络链路质量管理、成员移动性管理、网络故障管理等内容。

思 考 题

1．数据链系统中为什么需要进行网络规划，并简述网络规划的基本流程。
2．数据链网络资源分配过程中需要考虑哪些约束？
3．使用优化技术对数据链网络资源分配问题进行建模的基本步骤是什么？
4．简述数据链无线链路的主要特点。

第 7 章　数据链发展趋势

当前，由机械化战争、信息化战争向智能化、无人化战争发展已经形成共识。为适应未来作战新特点、新要求，结合物联网、云计算、人工智能等新兴技术，数据链系统也将面临全面创新与发展。在未来作战概念牵引下，数据链技术的发展必将成为加速军事智能化作战样式变革的重要支撑力量，以全域作战要素互操作及侦、控、打、评信息高效流转为核心特征构建智能跨域杀伤网，通过智能决策处理前移、机器一致态势理解、智能微端控制等关键技术创新，实现网络信息体系向战场末端聚能，支撑发现即摧毁能力的形成。

7.1　军事应用需求牵引

数据链的发展是与作战理念的演进、作战模式和作战任务的变化密切相关并相互促进的。以美军为例，其作战理念经历了平台中心战、战术数字化作战、网络中心战三个阶段，相应的空战形式经历了指挥控制、态势共享、态势与指挥控制综合、目标瞄准/武器控制，对应的数字化战场经历了从 C2→C4ISR→C4KISR 的演变。近年来，美军相继提出了“多域战”“马赛克战”“联合全域作战”等新型作战概念，对未来战争进行了全新设计，推动战争形态向多维跨域、灵活机动等方向发展，对数据链系统建设提出了更高的新要求。

7.1.1　新型作战概念发展需求

作战概念研究是军事思想和军事理论研究在装备发展和作战能力建设领域的具体体现，作战概念研究的实质就是设计未来战争。面向未来的发展，通过科学预测，可以预先主动设计未来战争；面对现实威胁，通过合理判断，可以主动应对未来危机。战争设计是改变未来战争“游戏规则”的重要手段，是连接战略需求与作战能力的桥梁，是探求未来战争是什么样、未来战争怎么打、打赢战争需要什么能力的根本途径，是未来先胜之基。

外军认为：“概念是思想的表达，作战概念是未来作战的可视化表达。”“通过开发作战概念，一体化作战思想可得到详细说明，然后通过实验和其他评估手段对作战概念进行进一步的探索，作战概念是探索组织和使用联合部队的新方式。”近年来，美军国防部和各军种积极开展新型作战概念开发，对未来作战进行了全新设计，在新的作战概念牵引下推动武器装备升级换代。例如，美军正加快创新新型作战概念体系，陆续提出了“空海一体战”“陆军多域战”“海军分布式杀伤”“空军敏捷作战部署”“马赛克战”“联合全域作战”等新型作战概念，同步设计研发新型舰艇、作战飞机、导弹和无人系统等武器装备，融入新一代信息通信技术，企图在未来联合全域作战能力方面持续保持非对称优势。2014 年美国海军战争学院提出了“分布式杀伤作战”概念，是指广域分散部署各种作战平台，借助网络信息技术，通过融合共享和数据链联通方式进行分布式探测、感知、指挥控制和火力打击，在确保己方安全的情况下对敌形成全面饱和压力。杀伤链将打击一个目标的过程分为六个相互依赖的环节，分别为发现(Find)、定位(Fix)、跟踪(Track)、瞄准(Target)、交战(Engage)和评估(Assess)六个阶段，即 F2T2EA。同时，通过制定数字工程战略、C3(指挥、控制、通信)现代化等专项战略，加快了数据链装备体系化转型发展，整合了现有的情报侦察监视数据链、指挥控制数据链和武器协同数据链，打造支撑“网络中心战”“决策中心战”的新质数据链装备体系，支持根据战场态势灵活组合作战资源，构建系列化、快速闭合的杀伤链(网)。

7.1.2 “多域战”概念

2016 年 10 月，美国陆军正式提出“多域战”概念，自提出以来，得到美国各军种的共鸣和响应。2016 年 11 月，“多域战”概念正式写入美陆军新版《作战条令》；2017 年 2 月，美陆军与海军陆战队联合发布《多域战：21 世纪合成兵种》白皮书；2017 年 4 月，洛马公司与美空军合作，举行了“多域战”演习；同年 11 月，再次进行了演习。

1. 概念内涵

“多域战”的核心是打破军兵种编制、传统作战领域之间的界限，将陆地、海洋、空中、太空、网络空间、电磁频谱等领域的各种力量要素融合起来，形成联合作战能力，以实现同步跨域协同、跨域火力和全域机动，对敌实施一体化攻击，夺取物理域、认知域以及时间域方面的优势。“多域战”是对“空地一体战”“空海一体战”的继承和发展，是美国陆军超越传统地面战的作战新模式，是美军联合作战理论的重大转变，是从“军种联合”向“多域融合”的转型，是美陆军为提升其地位作用的一次表现，旨在提升陆军在美军未来联合作战体系中的地位和作用。其基本内涵是在所有领域协同运用跨域火力和机动，以达成物理、时间、位置和心理上的优势；作战空间包括陆地、海洋、空中、太空、网络空间、电磁频谱、信息环境和战争的认知维度；陆军的新角色是打军舰，打卫星，打导弹，网络攻击等；核心思想是跨域协同；基本作战样式包括防空反导、以岸制海、对地突击、网电攻防等。

2. 制胜机理

“多域战”的制胜机理在于打破军种、领域界限，实现力量要素“跨域融合”。在“多域战”概念之下，各军种建立具有弹性的作战编成，同联合、跨机构和多国伙伴融为一体；运用合成兵种，不仅包括物理领域的能力，而且更加强调在太空、网络空间和其他竞争性领域(如电磁频谱、信息环境及战争的认知维度)的能力；机动至相对优势的位置，向所有领域投送力量，确保行动自由；创造领域优势窗口，确保联合部队机动自由；协同运用跨域火力和机动，利用暂时的领域优势，达成物理、时间、位置和心理上的优势；创造多重困境，让敌人防不胜防；达成跨域协同，实现军事目标。

“多域战”体现了联合地面作战的几个原则：一是同时行动，在陆地、海洋、空中、太空和网络空间多个地点、多个领域同时行动，给予敌军多重打击，从物理上和心理上压倒敌人；二是纵深行动，打敌预备队，打指控节点，打后勤，使敌难以恢复；三是持久行动，连续作战，不给敌方以喘息之机；四是协同行动，同时在不同地点遂行多个相关和相互支持的任务，从而在决定性的地点和时间生成最大战斗力；五是灵活行动，灵活运用多种能力、编队和装备。通过这种多领域全纵深同时协同行动，就能给敌方造成多重困境，削弱敌方行动自由，降低敌方灵活性和持久力，打乱敌方计划和协调，从而确保联合部队在多个领域的机动和行动自由。

7.1.3 “联合全域作战”概念

2019 年，美国国防部成立了由参谋长联席会议和四大军种组成的联合委员会，旨在研发新的联合作战概念，这一新的联合作战概念就是“联合全域作战”(JADO)。自提出以来，“联合全域作战”得到了美国国防部以及各军种的重视，2020 年 2 月，美国国防部表示，联合全域作战是未来预算的重点，美军将推动该概念逐步实现；同年 3 月，美空军将 JADO 概念写入空军条令，正式成为官方认可的作战概念。

1. 概念内涵

“联合全域作战”包括陆地、海上、空中、太空、电磁领域、网络的作战，目标是整合所有域的资源，提高适应能力，同时降低敌方的适应能力；在合适的时机快速决策，选择适当的行动来击败敌方；将大量多源数据转化为可操作的情报，让指挥官能够基于这些信息进行观察、判断、决策和行动，实现持续优势。

2. 制胜机理

“联合全域作战”的制胜机理在于以下几方面。

(1) 协同多域作战力量，增强己方作战效果。“全域战”构想力图无缝聚合“陆、海、空、天、电、网”所有领域的能力，发挥己方最大的作战效能。与单个作战域能力相比，多域作战力量的协同使联合部队能够优化来自各领域的能力，弥补作战环节的漏洞，产生优于各部分总和的整体效果，进而创造出单一领域行动无法实现的效应。

(2) 融合多域战场态势，建立己方决策优势。取得己方决策优势是实施“联合全域作战”的出发点。一是“联合全域作战”的基础仍然是信息优势，基于联合全域指挥控制可以融合所有作战领域的感知信息，构建更为全面的战场态势，帮助决策者理解来自不同领域的信息关联及其对联合部队行动的影响，从而大大改善感知和判断。二是“联合全域作战”的关键在于建立己方决策优势，在掌握全面的战场态势的基础上，通过高效行动，实现己方正确决策，同时使得敌方做出错误决策。“联合全域作战”仍然是基于 OODA 理论，不同于“通过加速 OODA 循环以达成作战优势”的传统理念，“联合全域作战”更侧重于控制决策(D 环节)和行动(A 环节)的节奏。通过在决策和行动之间建立自适应的反馈过程，达成扰乱敌方决策的目的，即所谓的使敌方陷入“决策困境”，从而达成作战优势。

7.1.4 “马赛克战”概念

2017 年 8 月，美国国防部高级研究计划局(DARPA)提出了赢得未来冲突胜利的升级版战略——“马赛克战”。2018 年 9 月，DARPA 在成立 60 周年的研讨会再次强调：要赢得未来和规避冲突的最新战略，就是将作战方式由传统形式向“马赛克战”转变。2019 年 9 月，DARPA 资助米切尔航空航天研究所发布报告，研究了“马赛克战”的核心思想、组成和原则等，被 DARPA 视为引领美军未来 20 年国防科技发展的顶层兵力设计概念，将为美军作战力量构建、作战概念和技术研发、作战规划、作战指挥控制提供指导原则。

1. 概念内涵

“马赛克战”的概念是基于人工智能、多域有人-无人协同与高速网络技术，将多域传感器、指挥控制节点、武器，以及大量低成本、低复杂度的有人-无人系统等战场作战资源，根据 OODA 进行功能要素分解、灵活自由组合集成，构建出按需服务、弹性灵活、规模可扩、通道最优的新型跨域杀伤网，实现全域感知、全域指控、全域打击，即“从任意传感器获取信息、从任意平台发射武器”，极大缩短“传感器到射手”时间，从而获取并维持对敌方不对称优势。

“马赛克战”的核心思想是借鉴马赛克拼图功能简单、可快速拼接等特点，将传统武器系统分解为具有发现、锁定、瞄准、跟踪、交战和评估等单一功能的作战要素；依托先进的网络、数据链、自主和人工智能/机器学习等技术，各作战要素平时分散部署，战时可以自适应组合，并与现有高性能武器系统跨域协同，形成一种杀伤力、生存力和弹性兼具的新型作战体系。

2. 制胜机理

“马赛克战”的制胜机理主要体现在以下几方面。

(1) 突出以任务为中心，动态编组分布式作战单元。“马赛克战”的概念强调，将过去少数多功能、高价值的单一平台，分解为众多功能单一且可灵活组合的作战单元，它们依据任务，按需编成侦、控、打、评模块，组成多域杀伤网链路，并具备在全纵深遂行任务的能力。相比传统作战使用少数多功能武器系统，分布式作战依赖海量的小、微型作战平台，将单一多功能作战平台功能分解到若干平台上，降低体系“中心化”程度，分散作战风险，可最大限度提高己方作战体系的稳定性和生存力。

(2) 遵循决策中心理念和机动战思想，干扰、迟滞和欺骗敌方决策。“马赛克战”是一种以决策中心为理念的作战概念，也是一种机动战理论。它强调，由众多任务单元组成的动态分布式集群，在有利的时机和方向上实施机动，在多个领域对敌方同时实施快速多重打击，在加快美军“决策-行动”周期、倍增美军作战体系和打击冗余度的同时，增加敌方应对的复杂度，以干扰、迟滞和欺骗敌方决策。其核心内容包括精确计算和编组作战力量。依据人工智能算法对比敌我作战能力，精确计算打击兵力需求，快速动态形成作战方案供指挥官选择，以提高完成任务的概率。快速灵活构建杀伤链网络。在前期筹划的基础上，根据任务需求，依托 AI、自主控制和自组网通信技术，跨域匹配打击链，动态构建杀伤网络，做到先敌发现、先敌攻击，有利于达成战术的突然性。作战过程中，马赛克式作战体系也可基于不确定威胁，快速调整打击方案，快速灵活重组打击链，快速变换战法，争夺战场主动权，使美军的“决策-行动”周期始终快于敌方，并使敌“难以跟上美军战术创新的步伐”。

(3) 利用多链路打击网，同时在多个方向和领域，全纵深范围内对敌方多个目标实施多轴多向攻击。可增加美军指挥官方案选择的范围，并显著加快己方作战节奏和任务进度，同时使敌方陷入应接不暇的决策困境中，增加了敌方应对的复杂度。对敌方作战体系实施"断层打击"。运用"马赛克战"概念，可"彻底清除"敌方作战体系中某类高价值目标群。以往战争中，这些目标地位突出、作用重要，但数量众多，需要耗费大量资源和时间，属于"高价值、低效益目标"。例如，在后勤补给线上活动的众多运输车辆和小型存储仓库，或者由大量各类防空武器组成的一体化防空网络。而分布式作战可采用"以多对多""以分散对分散"的方式打击这类目标群，可使敌方作战体系中某些关键功能出现"断层"。从这个意义上说，"马赛克战"概念进一步丰富和发展了"瘫痪战"理论。欺骗敌方决策认知。通过在佯动方向上集结海量小、微型作战平台，"马赛克战"可有效隐瞒己方真实部署和意图，欺骗敌方决策认知，将敌方关注点和主要资源引偏到次要方向上，从而掩护美军主要方向上行动。

此外，2018 年 7 月，美国国防部高级研究计划局发布了自适应跨域杀伤网(ACK)项目的招标书。该项目旨在利用分布式方法，快速决策整合传感器资源和武器资源。未来的态势感知优势更多取决于如何比敌方更快、更好地获取和处理传感器数据，实现杀伤链前端的发现、锁定、跟踪能力，并进行连续评估。美军认为这些杀伤链需要同步加强，建立跨域杀伤网，由空、天、赛博空间传感器数据与其他数据网络快速整合，确保拒止条件下信息的持续穿透组网能力，使任意飞机、舰艇等武器平台能够跨域快速获取任意传感器的信息，以实现在更快时间、更广空域内发现、锁定、跟踪和评估，利用工具软件辅助决策更高效快速制定决策，更快速实施打击。

7.1.5　新型作战概念的典型特征

"马赛克战""多域战""联合全域作战""自适应跨域杀伤链"等都是美军根据联合和军种作战构想开发的关于未来战争和作战的前沿理论，主要围绕未来中长期安全挑战与威胁，针对军事力量的运用与建设而提出的理性思考，目的是预测战争、设计战争，牵引武器装备发展。虽然外军提出的各类作战概念各有侧重，但也反映了未来作战的一些特点。

1. 跨域多维

未来作战区别于传统主要基于物理域的战争，作战边界突破陆地、海洋、空中、太空向网电和认知域扩展，对抗双方需要在多维战场空间运用一体化联合作战力量，从而更高效地释放作战能力。在这个过程中，军兵种、各作战要素需要实现跨域协同、跨域机动、跨域支援和跨域火力，融合运用战场资源实现各域对敌优势。

2. 灵活机动

未来多维战场意味着作战空间更加广阔，作战形式更加复杂多样。为了在全维全域战场保持战争主动，需要灵活应对战场上的突发情况，敏捷快速机动以应对战争态势的瞬息变化。同时，作战任务和作战力量要素之间形成的是一种松耦合关系，作战力量通过快速柔性重组，适应多样化作战任务需求。

3. 智能无人

由于无人作战系统具有不受地形天候限制、顽存能力强、作战速度快、后装保障便捷、造价成本低等优势，在未来战场上人机协同、机器与机器协同必将成为一种重要的作战形式。在智能化程度还比较低的阶段，机器人在一定范围内和人一同理解上级意图，同步认知战场态势，共同进行作战决策，相互协作完成任务，机器人对人主要起到辅助的作用。随着大数据、新型算法、超级计算和深度学习等技术的快速进步，无人作战系统的智能化水平进入更高阶段，着眼“智能驱动、聚焦决策”，必将逐步实现自主化“侦、控、打、评”全流程、全要素的决策控制。机器人将从辅助人作战转向代替人作战，独立即可完成诸多高危作战行动。此时，人作为智能的生成和控制核心，主要为机器设定作战规则和范围，必要时进行介入和干预。在作战力量编成无人化的背后，“制智权”成为未来夺取智能化战争胜利的关键。核心在于，通过研究开发新算法、提升学习速度和效率，人和机器不断提升整体“认知力”。在应用层面，人与机器共同训练、学习，逐步达到统一智力模型下的“人智融合”。最终以智能优势实现决策优势和行动优势。

7.2 数据链能力发展需求

数据链作为信息化作战中的“神经中枢”，在未来智能化战场上将承担“集智”的重要角色。由于智能化作战新形态力量投送集群化、规模化成为常态，作战节奏更快，指挥决策基于的数据规模更为庞杂，对平台间能力互补和行动协调的要求更高，使得现有数据链系统很难满足作战保障需要。

未来数据链装备能力建设以新型作战概念需求为牵引，与作战理念和作战方式协同创新、快速迭代演进。一是由单链单系统装备形态加快向多链多系统一体化成体系发展。以指挥控制功能为核心，融合战场态势感知、武器协同打击等功能，逐步实现指挥控制、情报监视和武器协同多层次数据链有机融合、同步发展，支持根据作战任务按需组合、体系集成和综合运用，快速敏捷地应对突发威胁，提升联合作战体系效能。二是由面向有人作战平台数据链应用加快向无人作战平台拓展。结合无人作战平台中长期发展需求，加快研制系列化、网络化的情报数据链，利用人工智能技术整合人工指挥和机器控制，实现有人无人协同控制、无人自主协同和无人集群协同等作战功能，支持无人作战网络化体系并融入有人作战体系。三是由支撑指控 OODA 环路加快向“发现即摧毁”的打击 OODA 环路发展。以“发现即摧毁”的作战理念为牵引，依托数据链对分散部署的各种传感器、武器平台和指控平台作战要素进行快速重构，实现 OODA 环的功能柔性组合，缩短作战行动各环节处理时间以及流程驱动时间，着力达成“传感器到射手”的杀伤链，同时向敌方施加不确定性，形成体系对抗新优势。四是数据链装备技术发展加快与新型作战概念、武器平台技术和新一代信息技术融合创新。新型作战概念和武器平台应挖掘和利用新一代信息技术潜力，推动数据链与作战指挥、武器控制、雷达探测、电子对抗、导航定位等领域交叉融合，同时利用数字工程方式，综合人工智能、大数据、云技术等，将装备建设和运用经验转化为知识，与作战概念共同演进、互为迭代。具体表现如下。

1. 多域一体组网能力

传统的“大网”模式将传感器、指控系统、武器平台牢牢地束缚在同一个网络空间，极大地降低了参战力量的灵活性，从而限制了各类平台作战效能发挥。未来作战，参战平台集群化编组运用使得传统的“大网”在覆盖能力、个性化服务、信息实时性传输等方面不再适用。因此，未来的数据链网络将根据作战任务的需要，在时间域、空间域、频率域实现分域化组网，网内成员之间经集智决策完成相关作战任务；外网成员可以通过入网申请和安全认证实现与现有网络的移动自组网；网与网之间也可建立数据链路，实现跨网态势共享和作战协同。

2. 多链跨域协同能力

未来作战的复杂性和武器平台的多样化运用要求数据链系统在传输距离、通信容量、信道方式等方面满足不同层次、不同用户和不同作战任务的需要，多数据链协同运用将成为常态。其中，近程数据链主要为网内成员提供视距范围内的态势共享和战术协同；距离扩展卫星战术数据链具备全球覆盖能力，主要用于分域网与地面指挥所之间的信息传输；宽带数据链能够满足侦察情报分发所需的带宽要求，主要用于支持侦查和监视作战任务。在多链协同的过程中，除基本的多链互通问题以外，作战任务规划、智能频谱管理等将是数据链网络需要重点考虑的问题。

3. 小型化、标准化能力

小型化、轻型化、模块化、可扩展、经济可承受一直以来都是数据链装备发展的基本要求，是系统配置选择和设计时首要考虑的因素。在这些基本发展需求变化不大的同时，未来作战平台对数据链的发展更加关注标准化、安全性、网络化等问题。

数据链的核心在于其使用的格式化消息和达到的“黏合剂”作用，这其中蕴含了“标准化”“一致性”的思想。但是从各国军队实际情况来看，现有各种数据链之间消息标准、通信协议、关键链路和运行规则等的不统一，已经成为制约传感器到指控平台再到武器装备高效、精准、一体化运作的障碍。未来作战基于多域一体的联合作战，必将涉及大范围、多领域、多平台、跨系统的信息组织和流转，为确保平台之间的实时互联、互通、互操作，最终实现“集智”作战，并在统一的标准下开展数据链系统研发。例如，美军一直将政策、法规和体制作为数据链装备体系化发展的一部分，由国防部统一发布管理计划，参谋长联席会议、信息系统局和作战司令部共同参与标准制定、平台互操作认证和作战评估，确保各军种武器平台数据链系统的互操作性和高效运用。为适应未来作战需求，在数据层应规范各类数据标准，以提高数据处理的速度和准确度，快速实现数据信息向格式化消息的转换。对于数据链格式化消息，应充分理解消息背后所蕴含的战术思想，整合现有系列消息标准，并基于新型作战样式需要，开发配套数据链消息条目，最大限度减少平台之间的消息转换，避免不同标准下的消息语义模糊与歧义。

7.3　数据链技术发展需求

未来数据链通过任务驱动、紧耦合的方式实现传感器到射手的高效信息流，实现信息增值，支撑跨域分布式杀伤链的形成信息优势、决策优势和火力优势，支撑拓展单平台战场感知范围，增强跨平台自主协同作战能力，提升作战体系侦、控、打、评运转效率，是构建动态分布式杀伤链的必要条件。

7.3.1　信息自动抽取技术

随着战争复杂性的不断增加，反映联合作战战场状态的信息量呈现爆发式增长，数据链网络的使用需求也在不断发生变化。面对复杂多变的战场状态，作战参谋人员需要快速掌握当前战场局势，并从非结构化的联合作战计划中提取结构化数据链通信保障需求，这对指挥员快速认知和决策能力提出了更高的要求，仅靠指挥员的智慧和经验已无法满足快速、精确的需求采集要求；且操作员的经验和认知程度的差异所带来的不确定性很难保障需求采集的准确性和完备性。因此，在人工智能技术的推动下，数据链需求自动采集与生成将成为新的研究热点。

通过使用循环神经网络、注意力机制、迁移学习等深度学习方法，提高数据链网络保障需求采集的时效性和准确性，提升数据链组网运用的智能化水平，从而为下一代数据链智能化发展提供理论和方法支持。基于深度循环神经网络的信息抽取技术(实体抽取、关系抽取和事件抽取)，实现数据链保障需求三元组信息抽取，自动生成需求采集文件，支持按照标准格式导入需求分解软件，从而完成从联合作战计划到数据链通信保障需求采集的自动化过程。基于人工智能技术的数据链保障需求信息抽取，其信息的准确性和完备性不受信息量增长的影响，因而在复杂多变的战场环境中比人脑更具优势，更适应现代战争的需求。

7.3.2　机器视觉技术

未来联合作战呈现出陆地、海洋、空中、太空、电磁、网络多维立体战场一体化作战特点，通过多平台，多源传感器等途径可以获得海量的图像、视频数据信息，数据来源具有“5V+1C”的特点，即 Volume(大容量)、Variety(多样性)、Velocity(时效性)和 Veracity(准确性)、Value(价值)和 Complexity(复杂性)。因此，如何从这些不同类型、不同时机、不同分辨率的海量图像、视频大数据中查找需要的军事目标类别、位置信息，从而为指挥员决策提供情报支持，显得尤为重要。数据链作为一种军事信息系统，其担负着对军事目标侦察、导航、识别、跟踪，以支持战场统一态势生成。因此，迫切需要一种智能高效的自动目标识别技术来对海量图像、视频资源做自动分析，进而为战术决策提供重要依据。

作为人工智能领域的一个重要分支，机器视觉技术的快速发展，迅速替代了以往基于先验知识的人工构造特征的方式。基于深度学习的军事目标识别技术可采用自动数据处理方法，对多源探测信息中的目标数据进行识别和分类，实现在不同场景、不同分辨率等复杂情况下较传统方法仍具有较高的准确率和鲁棒性。同时，运动目标识别为其行为分析提供了基础，运动目标识别在军事侦察、军事制导、视觉导航、智能路径规划等领域有着广泛的应用。机器视觉技术在数据链领域的应用，将会极大地减少战时数据链保障人员投入，提高武器装备智能化水平，加强战场信息获取能力，扩宽信息的维度和广度，保证战场信息获取的及时性、准确性和处理智能化，更好地实现对作战各个过程进行控制，显著提高军事效益。

7.3.3 无线电信号识别技术

无线电信号识别技术主要用于军事电子战和政府频谱监管领域。在数据链中，可以运用无线电信号识别来进行无线电信号调制类型、抗干扰技术等信息，为战场侦察、目标识别提供支撑。将人工智能与传统无线电信号识别技术深度融合，利用人工智能的机器学习方法，特别是深度学习算法，自动提取无线电波的模式特征，避免基于经验的人工特征提取，提高复杂电磁环境下无线电信号的识别能力。利用图像深度学习解决无线电信号识别问题的技术思路，如图 7-1 所示。首先把无线电信号具象化为一张二维时频图像或分为实部和虚部，将无线电信号识别问题转化为图像识别领域的目标检测问题；进而充分利用人工智能在图像识别领域的先进成果，提高无线电信号识别的智能化水平和复杂电磁环境下的识别能力。

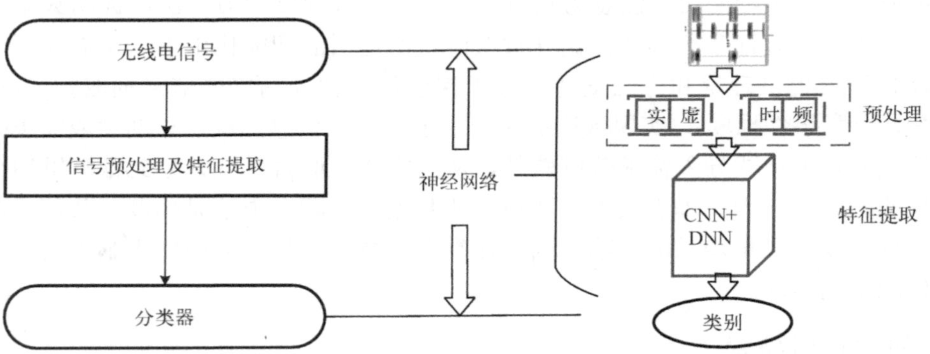

图 7-1 基于人工神经网络架构的无线电信号自动识别

7.3.4 智能辅助决策技术

数据链 OODA 环路，即由观察(Observe)、判断(Orient)、决策(Decide)、行动(Action)四个环节组成的相互关联、相互重叠的循环周期。“观察”即全面观察战场态势，为决策提供充足的信息依据；“判断”基于观察精准判断所处现状及未来发展，为决策提供参考结论；“决策”制定较优的决策方案，为整个决策流程的关键；“行动”基于前三步的成果采取相应措施。在整个决策周期中，能否理想地完成观察、判断及决策环节，决定了作战决策的整体质量和效果。而以人为中心的 OODA 环路，将极大依赖人的诸多主/客观因素，且实时性也无法满足日益快速的战争节奏。因此将人工智能技术融入 OODA 环路，自主实现 OODA 环路高效运转将成为研究热点。

信息化条件下的联合作战都是在非完全信息环境下进行的，即存在战场迷雾，因此，军事智能辅助决策的首要问题在于对战场态势的认知。人工智能，尤其是强化学习在复杂环境中可以逐步探索更多的战场态势状态空间和同时处理更多样化的动作组合，能够通过与战场环境的交互达到甚至超越人类能探索到的决策能力。

7.3.5　智能运维管理技术

智能运维是指通过人工智能技术，自动地从海量运维数据中学习并总结规则来作出决策的运维方式。智能运维能快速分析处理海量数据，并得出有效的运维决策，执行自动化脚本以实现对系统的整体运维，能有效运维大规模系统。随着数据链的快速发展，网络结构的复杂化和网络业务的多样化，使得数据链网络运维也正面临更大的挑战和压力，因此，将人工智能引入数据链网络是数据链网络智能化的必要步骤。

通过利用众多场景下数据链网络的多维度历史流量数据、网络质量数据及关键网络指标(KPI、关键业绩指标和 KQI、关键质量标准)等，结合时间和场景特征基于人工智能技术进行网络数据分析挖掘，综合网络实际需求，进行流量预测，并使用负载均衡、动态资源调度、智能告警、智能异常检测、智能决策分析等策略，使网络智能化变得更为现实，给网络运营成本、效率和管理带来新的突破方向。

7.3.6　认知抗干扰技术

抗干扰能力是指在各种干扰条件或复杂电磁环境中保证通信正常进行的各种技术和战术措施的总称。通常，干扰信号包括自然环境中产生的各类电磁干扰、无意的人为干扰，如电力线路以及其他无线通信系统引入的干扰、恶意释放的通信干扰等。特定类型的干扰会降低接收端的信噪比，从而影响通信系统的性能。通信抗干扰技术是为了抑制这些不同类型的干扰，保证通信系统的正常运行。目前，不同的数据链系统发展出了不同的抗干扰能力，下面以 Link-16 数据链为例，其抗干扰能力主要体现在以下方面。

1. 软扩频抗干扰

Link-16 数据链中使用了 CCSK(32, 5)编码技术，此技术属于一种软扩频的方式。在 Link-16 中使用的 CCSK 编码在第 4 章中已经叙述，在此对其不再重复。通过 CCSK 编码，能够将原始的基带信号扩展到更宽的频谱范围上，根据香农定理，在传输相同信息量时，这种扩展能够降低通信系统对信道信噪比的要求，从而降低了信号被检测截获的概率。

2. 跳频抗干扰

Link-16 数据链将所使用的频段划分为三部分：969～1008MHz、1053～1065MHz 和 1113～1206MHz，频率间隔为 3MHz，共包含 51 个频点。数据链在工作的时候根据跳频图案随机选择 51 个频点作为载波频率，进行 225MHz 的宽带跳频。在跳频图案中，每个脉冲进行一次跳变，相邻载波频率大于 30MHz，对于单脉冲信号，其脉冲间隔为 13μs，跳频速率为 76923 次/s，对于双脉冲信号，其脉冲间隔为 26μs，跳频速率为 38461.5 次/s。通过这种宽带的快速跳频，能够迫使敌方干扰机工作在很宽的频段上，从而降低干扰效能，也能够有效对抗对跳频的跟踪式干扰。

3. 跳时抗干扰

Link-16 数据链采用了 TDMA 的体制，只有在分配的时隙内才对外发送消息，从而降低了信息被干扰、截获的概率。同时，在每个时隙内发射脉冲的位置还存在随机时延，这种时延变化使得敌方不易掌握发射时间的规律性，从而使得干扰机很难对该系统实施有效的干扰。

除上述抗干扰能力之外，Link-16 数据链中还采用了编码、交织等技术，同样能够提供一定的抗干扰能力。但目前看来，以 Link-16 为代表的数据链还存在以下抗干扰能力上的缺陷：①抗干扰模式单一，信息特征固定，抗干扰能力有限；②缺乏综合运用时域、频域、空域等抗干扰手段，综合抗干扰性能较弱；③缺乏根据战场电磁干扰环境变化、自适应进行调整的能力。此外，随着智能干扰技术的不断发展，常规抗干扰手段的效能也在逐渐下降。从 2009 年开始，美军为提高现役装备的认知能力及作战效能，逐步将认知的概念引入电子战设备中，这也标志着认知电子战概念的形成。认知电子战系统能实时感知外部电磁态势，评估作战效能，自主学习与经验积累，并自主调整攻击与防护策略。认知电子战系统的出现，使数据链原有的抗干扰策略面临失效的风险。为了解决上述问题，一个可行的方案是采用认知无线电技术对现有数据链的抗干扰能力进行改进升级，并推进新一代数据链认知抗干扰能力的研发。

认知无线电技术的出现主要是用于缓解频谱资源的匮乏以及授权频段频谱利用率低下的问题。随着无线通信的快速发展，人们越来越清楚地认识到无线电频谱是一种有限又宝贵的自然资源，甚至是一种重要的战略资源，它应该在无线通信领域得到合理、有效、经济的利用，发挥其最大价值。目前频谱资源管理国际上采用的通用做法是实行授权和非授权频率管理体制：对于授权频段、非授权用户不得随意使用。但由此带来的问题是，在某些授权频段，频谱利用率很低，而在非授权频段，信号又非常拥挤，导致频谱资源利用极不均衡的状态。为了解决频谱资源的有效利用问题，软件无线电的创始人 Mitola 博士于 1999 年在软件无线电的基础上又提出了认知无线电。

认知无线电的主要目的是要提高无线电频谱的利用率和用户的通信可靠性。认知无线电具有感知、学习和适应无线电环境的能力，其基本思想是对所处位置的电磁环境进行感知，实时(或动态)检测出在某个时刻、某个位置未使用的频段，并且自主动态地改变所发射信号的参数(如功率等级、载波频率、调制样式、频谱特性等)，在不干扰已授权用户的基础上最佳使用这些频段。

由于认知无线电具有感知、学习和适应能力，使得这种技术不仅能被用于解决频谱短缺问题，同时在通信抗干扰领域也能发挥重要作用。与前面提到的跳频扩频等传统抗干扰手段相比，基于认知的抗干扰技术在接收端通过对电磁环境的监测、感知和识别，能够从时域、频域、空域、时频域对干扰进行自动感知和识别，并根据感知和识别结果采取最佳的抗干扰措施。

当前的数据链系统虽然具备一定的抗干扰能力，但在认知抗干扰能力上还有较大缺陷，难以面对未来战场复杂电磁环境带来的挑战。针对认知电子战，世界各国目前均开展了相关领域的研究，一些研究成果也被用于数据链系统的升级改造。在此，以 DARPA 的 CommEx 项目为例进行介绍。

极端射频环境下的通信(Communications Under Extreme RF Spectrum Conditions，CommEx)项目是由 DARPA 联合 BAE 公司开发的自适应无线通信架构。该项目的目的是研发可感知干扰环境、主动压制敌方频谱干扰并使得己方飞机可以在高对抗射频环境中进行通信。BAE 公司在 2011 年首先开展了 CommEx 计划。在 2015 年第二阶段结束时，该公司成功在实验室环境中展示了该项目；在项目的第三阶段被移交给美国国防部进行生产，并在政府实验室中进行测试和展示。目前，该项目的自适应抗干扰系统已经在 Link-16 系统中进行了集成测试，并在飞行中测试了它的一些抗干扰特性。CommEx 完整的系统测试已于 2017 年完成。项目完成后，CommEx 将会安装到飞机中，并用以更新 Link-16 网络。

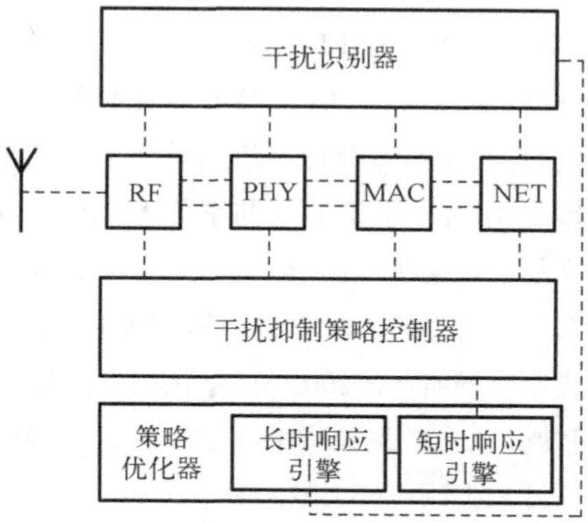

图 7-2 CommEx 的基本架构

CommEx 的基本架构如图 7-2 所示。为了实现在高动态以及强干扰环境下进行通信，该项目中研发了如下技术：自动干扰波形识别；局部环境评估(时间、空间、频率、极化)；解决已知攻击策略和干扰特性的技术；以及天线、信号处理、调制和网络优化技术。根据将预测的通信系统性能与任务要求性能进行对比，项目中的认知无线电系统将选择最能满足任务要求的干扰抑制技术。认知无线电包括在任务的各方面分析和选择最佳频率、波形和网络配置的能力。CommEx 的工作将设计全新的无线通信架构、更稳健的通信网络，以及更好地理解干扰躲避和干扰抑制策略之间的优化。该项目使分布式发射器和接收器之间的通信成为可能，为定位发射器和评估电子攻击的有效性提供容量倍增器，该技术将逐步应用到美军的各兵种。

随着智能化无人化时代的到来，数据链将是主战武器平台接入作战体系的关键“链接”手段，是构建动态“杀伤链”的神经系统，是催生未来作战样式发展演变的重要推动力量。

小 结

本章从军事应用需求牵引、数据链能力发展需求和技术发展需求三个维度分析了数据链发展趋势。首先以军事应用需求牵引为切入点，阐述目前新型作战概念并对新型作战概念典型特征进行了分析；然后分别从能力发展方向和技术发展方向分析了数据链发展趋势，重点在人工智能和数据链技术融合发展方向上展开了深度剖析。

参 考 文 献

樊昌信，曹丽娜，2012 年. 通信原理[M]. 北京：国防工业出版社.

PROAKIS J G，SALEHI M，2019. 数字通信[M]. 5 版. 张力军，等译. 北京：电子工业出版社.

李琳琳，魏振华，2015. 数据链技术及应用[M]. 西安：西北工业大学出版社.

骆光明，2008. 数据链：信息系统连接武器系统的捷径[M]. 北京：国防工业出版社.

吕娜，2018. 数据链理论与系统[M]. 2 版. 北京：电子工业出版社.

梅文华，蔡善法，2008. JTIDS/Link-16 数据链[M]. 北京：国防工业出版社.

孙继银，付光远，车晓春, 等，2009. 战术数据链技术与系统[M]. 北京：国防工业出版社.

孙义明，杨丽萍，2005. 信息化战争中的战术数据链[M]. 北京：北京邮电大学出版社.

姚富强，2008. 通信抗干扰工程与实践[M]. 北京：电子工业出版社.

赵文栋，张磊，彭来献，等，2019. 战术数据链[M]. 北京：清华大学出版社.

BACCOUR N, KOUBÂA A, MOTTOLA L, et al., 2012. Radio link quality estimation in wireless sensor networks: a survey[J]. ACM Transactions on Sensor Networks, 8(4): 1-33.

KAO C，ROBERSTON C，LIN K，2008. Performance analysis and simulation of cyclic code-shift keying[C]. IEEE Military Communication Corrference. San Diego: 1211-1215.

MICHEL L，VAN HENTENRYCK P，2018. Constraint-Based Local Search[M]// Martí R, Pardalos P, Resende M. Handbook of Heuristics. Cham：Springer-Verlag.